Allgemeine Ausgabe

Fundamente
der Mathematik
Gymnasiale Oberstufe
mit CAS/MMS
Analysis

LÖSUNGEN

Cornelsen

Autoren: Reinhard Oselies, Dr. Wilfried Zappe
Redaktion: Maya Brandl
Illustration: Golnar Mehboubi

Technische Zeichnungen: Christian Böhning
Umschlaggestaltung: SYBERG GbR
Layoutkonzept: zweiband.media, Berlin
Technische Umsetzung: Compuscript Ireland and Chennai

Abbildungen

Cover/stock.adobe.com/OliverFoerstner; **3**/Shutterstock.com; **5**/ Shutterstock.com/Karen Brough; **30**/Shutterstock.com/Africa Studio; **40**/Shutterstock.com/schulzfoto; **55**/Shutterstock.com/Solodov Aleksei; **57**/Shutterstock.com/Kevin Klarer; **65**/Shutterstock.com/Ian 2010; **75**/Shutterstock.com/Minverva Studio; **77**/Shutterstock.com/2happy; **85**/Shutterstock.com/pryzmat

Screenshots: Cornelsen/©Texas Instruments.Nutzung mit Genehmigung von Texas Instruments: 29, 45, 49, 63, 89, 101, 102, 106, 109

1 Grenzwerte von Zahlenfolgen ... 2
Zahlenfolgen ... 2
Grenzwerte und Grenzwertsätze ... 4
Test – Grenzwerte von Zahlenfolgen ... 6

2 Funktionen und deren Eigenschaften ... 8
Grundlagen zu Funktionen ... 8
Ganzrationale Funktionen ... 10
Globalverhalten, Monotonie und Extrema ... 12
Symmetrie ... 18
Nullstellen ... 20
Verschieben, Strecken und Spiegeln ... 24
Strecken und Verschieben kombinieren ... 26
Umkehrfunktion ... 28
Test – Funktionen und deren Eigenschaften ... 30

3 Gebrochen-rationale Funktionen ... 32
Definitionslücken, Nullstellen und Polstellen ... 32
Verhalten im Unendlichen und Asymptoten ... 34
Test – Gebrochen-rationale Funktionen ... 36

4 Grenzwert und Stetigkeit, Steigung und Ableitung ... 38
Grenzwert an einer Stelle und Stetigkeit ... 38
Mittlere und lokale Änderungsrate ... 40
Differenzierbarkeit ... 44
Ableitungsfunktion ... 46
Ableitung von Potenzfunktionen ... 48
Faktor- und Summenregel ... 50
Ableitung der Sinus- und Kosinusfunktion ... 52
Tangenten, Steigungs- und Schnittwinkel ... 54
Test – Grenzwert und Stetigkeit, Steigung und Ableitung ... 56

5 Untersuchung ganzrationaler Funktionen ... 58
Monotoniekriterium ... 58
Lokale Extrempunkte und Sattelpunkte ... 60
Globale Extrema ... 62
Krümmung ... 64
Wendepunkte ... 66
Test – Untersuchung ganzrationaler Funktionen ... 68

6 Anwendungen der Differenzialrechnung ... 70
Newton-Verfahren ... 70
Extremalprobleme ... 72
Rekonstruktion ... 74
Test – Anwendungen der Differenzialrechnung ... 78

7 Integralrechnung ... 80
Rekonstruktion aus Änderungsraten ... 80
Bestimmtes Integral ... 82
Stammfunktionen ... 84
Hauptsatz der Differential- und Integralrechnung und Flächenberechnung ... 86
Bestandsänderungen und Bestandsfunktionen ... 88
Test – Integralrechnung ... 90

8 Exponentialfunktionen und weitere Funktionsklassen ... 92
Natürliche Exponentialfunktion und Kettenregel ... 92
Natürlicher Logarithmus und Exponentialgleichungen ... 94
Natürliche Logarithmusfunktion ... 96
Produktregel ... 98
Quotientenregel ... 100
Integration durch Substitution und partielle Integration ... 102
Bestände und Änderungsraten bei verknüpften Funktionen ... 104
Verknüpfungen mit Logarithmusfunktionen ... 106
Verknüpfungen mit Wurzelfunktionen ... 108
Test – Exponentialfunktionen und weitere Funktionsklassen ... 110

Zahlenfolgen

Basisaufgaben

1 Vervollständigen Sie die Definition:
Eine Folge (a_n) ist eine Funktion, die jeder __natürlichen__ Zahl n eine __reelle__ Zahl a_n zuordnet.

2 Die Anfangsglieder a_1 bis a_6 jeder Zahlenfolge sind nach einem bestimmten Muster gebildet. Versuchen Sie, diese Muster zu erkennen und nach diesem Muster a_7 zu bilden. Beschreiben Sie kurz jedes Muster.

	a_1	a_2	a_3	a_4	a_5	a_6	a_7	Beschreibung
a)	3	4	6	9	13	18	24	+1; +2; +3; +4; ...
b)	3	3	5	7	11	13	19	Primzahlen
c)	3	5	7	9	11	13	15	ungerade Zahlen

3 Ergänzen Sie den Text zu den Bildungsvorschriften für Zahlenfolgen. (Beispiel: Folge der ungeraden Zahlen)

Explizite Darstellung:
$a_n = 2n - 1$
Gegeben ist das n-te Folgenglied a_n durch __einen Term, der n enthält.__
a_n lässt sich __direkt__ berechnen.

Rekursive Darstellung:
$a_{n+1} = a_n + 2$ mit $a_1 = 1$
Gegeben sind das erste Folgenglied a_1 und eine Gleichung, mit der zu jedem Folgenglied a_{n+1} das nächste Folgenglied a_n berechnet werden kann.

4 Ordnen Sie durch Pfeile zu, welche expliziten und rekursiven Darstellungen ein und dieselbe Zahlenfolge beschreiben.

$a_n = 2n$ ↔ $a_{n+1} = 2 \cdot a_n$ mit $a_1 = 2$

$a_n = n^2$ ↔ $a_n = 2^n$

$a_{n+1} = a_n + 2n - 1$ mit $a_1 = 1$ ↔ $a_{n+1} = a_n + 2$ mit $a_0 = 0$

5 Ergänzen Sie die Definitionen für Monotonie und Beschränktheit von Zahlenfolgen.
a) Eine Folge (a_n) heißt __monoton steigend__, wenn für alle n ∈ N gilt: $a_{n+1} \geq a_n$
b) Eine Folge (a_n) heißt __nach oben beschränkt__, wenn es eine obere Schranke $S_o \in \mathbb{R}$ gibt, sodass für alle n ∈ N gilt: $a_n \leq S_o$. Eine Folge (a_n) heißt __nach unten beschränkt__, wenn es eine __untere Schranke $S_u \in \mathbb{R}$__ gibt, sodass für alle n ∈ N gilt: $a_n \geq S_u$.

6 Geben Sie zutreffende Eigenschaften an. S_u: größte untere Schranke, S_o: kleinste obere Schranke.

Graph	(Graph 1)	(Graph 2)	(Graph 3)	(Graph 4)
Gleichung	$a_n = 1 - \frac{1}{n}$	$a_n = 1 + \frac{1}{n}$		$a_n = (-1)^n \cdot (1 + \frac{1}{n})$
Monotonie	monoton steigend	monoton fallend		keine (alternierend)
Schranken	$S_u = 0$, $S_o = 1$	$S_u = 1$, $S_o = 2$	$S_u = -2$, $S_o = 1{,}5$	

Weiterführende Aufgaben

7 Berechnen Sie für die Zahlenfolge (a_n) mit n ∈ N; n ≥ 1 die ersten vier Glieder.
a) $a_n = 2n - 1$ $a_1 = 1$ $a_2 = 3$ $a_3 = 5$ $a_4 = 7$
b) $a_n = 0{,}2^n$ $a_1 = 0{,}2$ $a_2 = 0{,}04$ $a_3 = 0{,}008$ $a_4 = 0{,}0016$
c) $a_n = (-1)^{n+1}$ $a_1 = 1$ $a_2 = -1$ $a_3 = 1$ $a_4 = -1$
d) $a_n = \cos(2\pi \cdot n)$ $a_1 = 1$ $a_2 = 1$ $a_3 = 1$ $a_4 = 1$
e) $a_n = 2 + \left(-\frac{1}{2}\right)^n$ $a_1 = \frac{3}{2}$ $a_2 = \frac{9}{4}$ $a_3 = \frac{15}{8}$ $a_4 = \frac{33}{16}$
f) $a_n = (-1)^n \cdot \left(1 - \frac{1}{n}\right)$ $a_1 = 0$ $a_2 = \frac{1}{2}$ $a_3 = -\frac{2}{3}$ $a_4 = \frac{3}{4}$

8 Ermitteln Sie die die nächsten vier Glieder der mit rekursiver Bildungsvorschrift gegebenen Zahlenfolgen.
a) $a_{n+1} = 2 \cdot a_n - 1$ mit $a_1 = 5$: $a_2 = 9$ $a_3 = 17$ $a_4 = 33$ $a_5 = 65$
b) $a_{n+1} = \frac{a_n}{2} + 1$ mit $a_1 = 0$: $a_2 = 1$ $a_3 = \frac{3}{2}$ $a_4 = \frac{7}{4}$ $a_5 = \frac{15}{8}$
c) $a_{n+2} = a_{n+1} + a_n$ mit $a_2 = -1$; $a_1 = 1$: $a_3 = 0$ $a_4 = -1$ $a_5 = -1$ $a_6 = -2$
d) $a_{n+1} = \frac{1}{2} \cdot \left(a_n + \frac{1}{a_n}\right)$ mit $a_1 = 1$: $a_2 = 1$ $a_3 = 1$ $a_4 = 1$ $a_5 = 1$

9 Tragen Sie die Nummern der Zahlenfolgen der Aufgaben 7a-7f bzw. 8a-8d ein, auf welche die Eigenschaft zutrifft.

Die Zahlenfolge ist alternierend.	7c, 7f
Es handelt sich um eine konstante Zahlenfolge.	7d, 8d
Die Zahlenfolge ist monoton steigend.	7a, 8a, 8b, 7d, 8d
Die Zahlenfolge ist monoton fallend.	7b, 8c, 7d, 8d
Die Zahlenfolge ist beschränkt.	7b, 7c, 7d, 7e, 7f, 8b, 8d

10 Geben Sie eine explizite und, wenn möglich, auch eine rekursive Bildungsvorschrift für die Zahlenfolge an, für die die ersten fünf Glieder gegeben sind.

Anfang der Zahlenfolge	explizit mit n ∈ N; n ≥ 1	rekursiv
{2; 4; 6; 8; 10}	$a_n = 2 \cdot n$	$a_{n+1} = a_n + 2$ mit $a_1 = 2$
$\left\{\frac{2}{3}; \frac{4}{9}; \frac{8}{27}; \frac{16}{81}; \frac{32}{243}\right\}$	$a_n = \left(\frac{2}{3}\right)^n$	$a_{n+1} = \frac{2}{3} \cdot a_n$ mit $a_1 = \frac{2}{3}$

11 Ein Fahrrad hat nach acht Jahren noch ungefähr 25 % des Neuwertes. Kreuzen Sie an, wie groß der durchschnittliche prozentuale Wertverlust pro Jahr ist. (Annahme: Der prozentuale Wertverlust ist von Jahr zu Jahr konstant.)
☐ 12,5 %   ☐ 84 %   ☐ 20 %   ☒ 16 %

12 Geben Sie die nächsten sechs Zahlenfolgenglieder der Zahlenfolge an, für die $a_1 = a_2 = 1$ und $a_{n+2} = a_{n+1} + a_n$ gilt. Diese berühmte Zahlenfolge ist nach dem Mathematiker Leonardo Fibonacci (ca. 1170-1240 in Pisa) bezeichnet.
$a_3 = 2$; $a_4 = 3$; $a_5 = 5$; $a_6 = 8$; $a_7 = 13$; $a_8 = 21$

13 Begründen Sie: sin(1000°), sin(10 000°), sin(100 000°), ... ist eine konstante Folge.
$1000° = 2 \cdot 360° + 280°$, $10\,000° = 27 \cdot 360° + 280°$; $100\,000° = 277 \cdot 360° + 280°$
Da sin(n · 360° + 280°) = sin(280°) für alle n ∈ Z gilt, ist die Zahlenfolge konstant.

Basisaufgaben

1 Grenzwert: Ergänzen Sie die Definition.
Eine Folge (a_n) heißt konvergent mit dem Grenzwert g, wenn für jede noch so kleine reelle Zahl $\varepsilon > 0$ eine natürliche Zahl $n > 0$ existiert, so dass von diesem n an immer $|a_n - g| < \varepsilon$ gilt.

2 Kreuzen Sie an, welche Beschreibung für den Grenzwertbegriff zutreffend ist.

[x] Die Zahl g ist Grenzwert einer Zahlenfolge (a_n), wenn ab einem beliebigen Folgenglied a_r für alle nachfolgenden Folgenglieder der Abstand zum Grenzwert g kleiner als eine noch so kleine Zahl $\varepsilon > 0$ ist.

[x] Die Zahl g ist Grenzwert einer Zahlenfolge (a_n), wenn fast alle a_r in jeder noch so kleinen ε-Umgebung von g liegen, d. h. wenn nur endlich viele Folgenglieder außerhalb jeder ε-Umgebung liegen.

[ ] Die Zahl g ist Grenzwert einer Zahlenfolge (a_n), wenn unendlich viele Folgenglieder a_n in jeder noch so kleinen ε-Umgebung von g liegen.

3 Ordnen Sie die grafischen Darstellungen den Zahlenfolgen (a_n) bzw. (b_n) mit $a_n = 2 + \frac{1}{n^2}$, $b_n = (-1)^n \cdot \left(1 - \frac{1}{n}\right)$ zu.
Begründen Sie, weshalb (a_n) einen Grenzwert besitzt, (b_n) hingegen nicht konvergent ist.

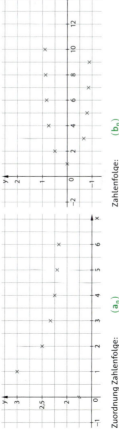

Zuordnung Zahlenfolge: (a_n) Zahlenfolge: (b_n)

Begründung: Die Zahlenfolge (a_n) besitzt den Grenzwert g = 2, denn für jede positive, noch so kleine Zahl ε liegen fast alle Folgenglieder in der ε-Umgebung von g = 1. Bei (b_n) liegen für jede ε-Umgebung von g = 1 zwar unendlich viele Folgenglieder in der Umgebung, aber zugleich auch unendlich viele Folgenglieder außerhalb. Das steht im Widerspruch zur Definition des Grenzwertbegriffs für Zahlenfolgen.

4 Kreuzen Sie die richtige Antwort an.

a) Gegeben sind die Zahlenfolge $(a_n) = \left(\frac{1}{n}\right)$ und die reelle Zahl $\varepsilon = 10^{-3}$. Die Zahlenfolgenglieder liegen in der ε-Umgebung des Grenzwertes g von (a_n) ab
[ ] n = 100   [ ] n = 1000   [ ] n = 1010   [x] n = 1001

b) Gegeben sind die konstante Zahlenfolge $(b_n) = (1)$ und die reelle Zahl $\varepsilon = 10^{-4}$. Die Zahlenfolgenglieder liegen in der ε-Umgebung des Grenzwertes g von (b_n) ab
[ ] n = 100   [ ] n = 10   [ ] n = 10001   [x] n = 1

c) Gegeben sind die Zahlenfolge $(c_n) = \left(2 - \frac{1}{2^n}\right)$ und die reelle Zahl $\varepsilon = 10^{-4}$. Die Zahlenfolgenglieder liegen in der ε-Umgebung des Grenzwertes g von (c_n) ab
[ ] n = 1   [ ] n = 10   [ ] n = 13   [x] n = 14

d) Gegeben sind die Zahlenfolge $(d_n) = \left(\frac{2n+1}{n-1}\right)$ und die reelle Zahl $\varepsilon = 10^{-2}$. Die Zahlenfolgenglieder liegen in der ε-Umgebung des Grenzwertes g von (b_n) ab
[ ] n = 100   [ ] n = 301   [ ] n = 1000   [x] n = 302

5 Grenzwertsätze: Vervollständigen Sie zu wahren Aussagen.
Gegeben seien die Folgen a_n und b_n, die jeweils die Grenzwerte g_a und g_b haben. Dann gilt:

$$\lim_{n\to\infty}(a_n + b_n) = \lim_{n\to\infty}(a_n) + \lim_{n\to\infty}(b_n) = g_a + g_b \qquad \lim_{n\to\infty}(a_n - b_n) = \lim_{n\to\infty}(a_n) - \lim_{n\to\infty}(b_n) = g_a - g_b$$

$$\lim_{n\to\infty}(a_n \cdot b_n) = \lim_{n\to\infty}(a_n) \cdot \lim_{n\to\infty}(b_n) = g_a \cdot g_b \qquad \lim_{n\to\infty}\left(\frac{a_n}{b_n}\right) = \frac{\lim_{n\to\infty}(a_n)}{\lim_{n\to\infty}(b_n)} = \frac{g_a}{g_b}; g_b \neq 0$$

Weiterführende Aufgaben

6 Ordnen Sie den Zahlenfolgen (a_n) den richtigen Grenzwert g zu.

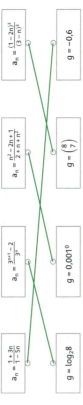

$a_n = \frac{1 + 3n}{1 - 5n}$ $a_n = \frac{3^{n+1} - 2}{3^n}$ $a_n = \frac{n^2 - 2n + 1}{2 + n + n^2}$ $a_n = \frac{(1 - 2n)^3}{(3 - n)^3}$

$g = \log_2 8$ $g = 0{,}001^0$ $g = \left(\frac{8}{7}\right)^0$ $g = -0{,}6$

7 Ein Teich hat eine Gesamtoberfläche von einem Hektar. Davon sind beim Beobachtungsbeginn 10 m² von einer Algensorte bedeckt, von der man annimmt, dass sie kontinuierlich wöchentlich um 5 % zunimmt.

a) Ermitteln Sie die Größe der von Algen bedeckten Fläche nach einer Woche, zwei Wochen, drei Wochen, vier Wochen nach Beobachtungsbeginn. (Tipp: Nutzen Sie die Konstantenautomatik des Taschenrechners.)

b) Bestimmen Sie die Länge der Zeit, bis der Teich zur Hälfte von Algen bedeckt ist.
5000 m² = (10 m²) $\cdot$ 1,05$^x \Rightarrow$ 500 = 1,05$^x \Rightarrow$ x = $\frac{\lg(500)}{\lg(1{,}05)} \approx$ 127,4 Wochen

8 Ergänzen Sie die Sätze zum Konvergenzkriterium für Zahlenfolgen.
① Jede monoton fallende und nach unten beschränkte Folge ist konvergent.
② Jede monoton steigende und nach oben beschränkte Folge ist konvergent.

9 Begründen Sie, dass die Folge 0,6; 0,66; 0,666; 0,6666; ... konvergent ist. Geben Sie den Grenzwert an.
Die Folge ist monoton steigend (die Folgenglieder werden immer größer) und z. B. durch die Zahl 0,7 nach oben beschränkt, also nach dem Konvergenzkriterium konvergent. Ihr Grenzwert ist g = $\frac{2}{3}$.

10 Kreuzen Sie an, ob die Aussage wahr ist.
[ ] Jede monotone Folge ist konvergent.   [ ] Jede beschränkte Folge ist konvergent.
[x] Die Folge $\left(\frac{1 + (-1)^n}{n}\right)$ ist konvergent.   [ ] Wenn (a_n) divergent ist, so ist $\left(\frac{1}{a_n}\right)$ konvergent.

11 Stellen Sie eine Vermutung über den Grenzwert der Folge $\left(1 + \frac{1}{n}\right)^{n+1}$ auf. Nutzen Sie ggf. ein CAS.

$\lim_{n\to\infty}\left(1 + \frac{1}{n}\right)^{n+1}$ = e (Eulersche Zahl), denn für immer größere Werte von n wird die Differenz $a_n - e$ immer kleiner, z. B. $a_{10} - e \approx$ 2,853116706 − 2,718281828 ≈ 0,1348; $a_{100} - e \approx$ 2,731861796772 − 2,718281828 ≈ 0,0136; $a_{1000} - e \approx$ 0,001359

Grenzwerte von Zahlenfolgen

5 Geben Sie folgende Eigenschaften von (a_n) mit $a_n = \frac{3n+2}{5n}$ mit $n \in \mathbb{N}$; $n \geq 1$ an.

(a_n) hat die kleinste obere Schranke $S_o = 1$. (a_n) hat die größte untere Schranke $S_u = 0{,}6$.

(a_n) hat den Grenzwert $g = \frac{3}{5}$. (a_n) ist streng monoton __fallend__ .

Für $\varepsilon = 10^{-4}$ liegen nur 4000 Zahlenfolgenglieder außerhalb der ε-Umgebung von g.

6 Geben Sie eine explizite Bildungsvorschrift und die ersten zehn Folgenglieder einer Zahlenfolge an, die nicht den Grenzwert 2 hat, obwohl in jeder ε-Umgebung von 2 unendlich viele Glieder der Zahlenfolge liegen.

Beispiel: $(a_n) = (-1)^n \cdot \left(2 - \frac{1}{n}\right)$

n	1	2	3	4	5	6	7	8	9	10
a_n	−1	1,5	−1,667	1,75	−1,8	1,833	−1,857	1,875	−1,889	1,9

7 Ordnen Sie den Zahlenfolgen (a_n) den richtigen Grenzwert g zu.

$a_n = \frac{1}{1-2n}$ — $g = 2^0$
$a_n = \frac{2^n - 1}{2^n}$ — $g = -\sqrt{4}$
$a_n = \frac{1 - 2 \cdot n^2}{2 + n + n^2}$ — $g = \left(\frac{4}{3}\right)$
$a_n = \frac{(1+2n)^2}{(1-n)^2}$ — $g = \log_{10} 1$

8 Ein Patient nimmt täglich 10 mg eines Medikamentes ein. Im Laufe des Tages baut der Körper 45% des am Morgen bereits im Körper befindlichen Wirkstoffs ab und scheidet diesen Anteil aus.

a) Kreuzen Sie an, welche der rekursiven Bildungsvorschriften die Anreicherung des Wirkstoffes im Körper mathematisch zutreffend modelliert.

☐ $a_{n+1} = 10 - 0{,}45 \cdot a_n$ und $a_1 = 10$ ☐ $a_{n+1} = 10 + 0{,}45 \cdot a_n$ und $a_1 = 0$

☒ $a_{n+1} = 10 + 0{,}55 \cdot a_n$ und $a_1 = 10$ ☒ $a_n = 10 + 0{,}55 \cdot a_{n-1}$ und $a_1 = 10$

b) Geben Sie an, wie groß die Menge des Wirkstoffes im Körper nach 1, 5, 10, 15, 20 Tagen ist.

Tag	1	5	10	15	20
Menge in mg (auf 2 Dezimalstellen gerundet)	10	21,10	22,17	22,22	22,22

Zusatzaufgabe: Äußern Sie eine Vermutung über die Höhe des Medikamentenspiegels, auf die sich das Medikament längerfristig einpegelt. __Individuell (z. B. 23 mg), exakt: $\frac{200}{9}$ mg = 22,22 mg__

9 Gegeben ist die Zahlenfolge $a_{n+1} = 300 \cdot a_n \cdot (1 - a_n)$ und $a_1 = \frac{299}{300}$.

a) Zeigen Sie, dass die Zahlenfolge konstant ist.

$a_2 = 300 \cdot a_1 \cdot (1 - a_1) = 300 \cdot \frac{299}{300} \cdot \left(1 - \frac{299}{300}\right) = 299 \cdot \frac{1}{300} = \frac{299}{300} = a_1$

Wenn $a_2 = a_1$ ist, dann gilt auch $a_3 = a_2 = a_1$, usw. $a_n = ... = a_2 = a_1$ usw.

b) Bestimmen Sie die ersten zehn Folgenglieder als Dezimalzahlen mit einem Taschenrechner. Erläutern Sie das dabei zu beobachtende Phänomen.

__Für Bruchzahlen wird angezeigt, dass die Folge konstant ist. Bei der Anzeige als Dezimalzahlen beginnt der Wert, sich zu verändern, weil der Startwert ein unendlicher periodischer Dezimalbruch ist, den der Rechner intern runden muss. Der dabei auftretende Rundungsfehler pflanzt sich fort. Das führt zu immer größer werdenden Abweichungen.__

Test – Grenzwerte von Zahlenfolgen

1 Die Anfangsglieder a_1 bis a_6 jeder Zahlenfolge sind nach einem bestimmten Muster gebildet. Versuchen Sie, dieses Muster zu erkennen und nach diesem Muster a_7 zu bilden. Beschreiben Sie kurz jedes Muster.

	a_1	a_2	a_3	a_4	a_5	a_6	a_7	Beschreibung
a)	1	4	9	16	25	36	49	Quadratzahlen
b)	1	2	1	2	1	2	1	z. B. +1; $\frac{1}{2}$
c)	0	1	1	2	3	5	8	Summe der beiden Vorgänger
d)	1	$\frac{1}{2}$	$\frac{1}{4}$	$\frac{1}{8}$	$\frac{1}{16}$	$\frac{1}{32}$	$\frac{1}{64}$	$\cdot \frac{1}{2}$

2 Ermitteln Sie die die nächsten vier Glieder der mit rekursiver Bildungsvorschrift gegebenen Zahlenfolgen.

a) $a_{n+1} = a_n + 2$ mit $a_1 = 5$: $a_2 = 7$ $a_3 = 9$ $a_4 = 11$ $a_5 = 13$

b) $a_{n+1} = \frac{a_n}{2} + 1$ mit $a_1 = 0$: $a_2 = 1$ $a_3 = \frac{3}{2}$ $a_4 = \frac{7}{4}$ $a_5 = \frac{15}{8}$

c) $a_{n+2} = a_{n+1} - a_n$ mit $a_2 = -1$; $a_1 = 1$: $a_3 = -2$ $a_4 = -1$ $a_5 = 1$ $a_6 = 2$

d) $a_{n+1} = \sqrt{a_n}$ mit $a_1 = 64$: $a_2 = 8$ $a_3 = 2 \cdot \sqrt{2}$ $a_4 = 2^{\frac{3}{4}}$ $a_5 = 2^{\frac{3}{8}}$

3 Tragen Sie die Nummern der Zahlenfolgen der Aufgaben 2a-2d ein, auf welche die Eigenschaft zutrifft.

Die Zahlenfolge ist nach unten beschränkt.	2a, 2b, 2c, 2d
Die Zahlenfolge ist nach oben beschränkt.	2b, 2c, 2d
Die Zahlenfolge ist monoton steigend.	2a, 2b
Die Zahlenfolge ist monoton fallend.	2d
Die Zahlenfolge ist konvergent.	2b, 2d

4 Gegeben ist die Zahlenfolge $(a_n) = \left(\frac{3n+1}{2+4n}\right)$.

a) Geben Sie die Folgenglieder als dezimale Näherungswerte auf vier Nachkommastellen gerundet an.

$a_1 = 0{,}6667$ $a_{10} = 0{,}7381$ $a_{100} \approx 0{,}7488$ $a_{1000} \approx 0{,}7499$

b) Zeigen Sie, dass sich der Term $\frac{3n+1}{2+4n}$ in der Form $\frac{3}{4} - \frac{1}{4 \cdot (2n+1)}$ schreiben lässt.

$\frac{3}{4} - \frac{1}{4 \cdot (2n+1)} = \frac{3 \cdot (2n+1) - 1}{4 \cdot (2n+1)} = \frac{6n+2}{4 \cdot (2n+1)} = \frac{3n+1}{2 \cdot (2n+1)} = \frac{3n+1}{4n+2} = \frac{3n+1}{2+4n}$

c) Erläutern Sie, wie man an der Form $\frac{3}{4} - \frac{1}{4 \cdot (2n+1)}$ erkennen kann, dass (a_n) monoton steigend ist.

__Der Term $\frac{1}{4 \cdot (2n+1)}$ wird mit wachsendem n immer kleiner, weil n im Nenner steht.__

__Deshalb wird die Differenz $\frac{3}{4} - \frac{1}{4 \cdot (2n+1)}$ mit wachsendem n immer größer.__

d) Begründen Sie mithilfe von Grenzwertsätzen, dass die Folge konvergiert und $g = \frac{3}{4}$ Grenzwert der Folge ist.

$\lim\limits_{n \to \infty} \left(\frac{3n+1}{2+4n}\right) = \lim\limits_{n \to \infty} \left(\frac{3}{4} - \frac{1}{4 \cdot (2n+1)}\right) = \lim\limits_{n \to \infty} \left(\frac{3}{4}\right) - \lim\limits_{n \to \infty} \left(\frac{1}{4 \cdot (2n+1)}\right) = \frac{3}{4} - 0 = \frac{3}{4}$

e) Ergänzen Sie die Berechnung dafür, ab welcher Zahl n alle Folgenglieder a_n in der $\frac{1}{100}$-Umgebung des Grenzwertes g liegen.

Es muss gelten: $|a_n - g| < \varepsilon$ für fast alle natürlichen Zahlen n.

$\left|\frac{3}{4} - \frac{1}{4 \cdot (2n+1)} - \frac{3}{4}\right| < \frac{1}{100} \Rightarrow \left|\frac{-1}{4 \cdot (2n+1)}\right| < \frac{1}{100} \Rightarrow \frac{1}{4 \cdot (2n+1)} < \frac{1}{100}$

$\Rightarrow 8n + 4 > 100 \Rightarrow n > 12$

Ab a_{13} liegen alle Folgenglieder in der $\frac{1}{100}$-Umgebung des Grenzwertes g.

Basisaufgaben

1 Eine lineare Funktion f hat den Anstieg −2 und ihr Graph verläuft durch den Punkt P(0|4).

a) Zeichnen Sie den Graphen von f.

b) Kreuzen Sie alle wahren Aussagen an.

[x] f hat die Nullstelle x = 2.

[ ] Anstiegswinkel des Graphen von f: α = 120°.

[x] Der Punkt $Q\left(-\tfrac{2}{3}\big|\tfrac{16}{3}\right)$ liegt auf dem Graphen.

[x] Der Graph von f schließt mit den Koordinatenachsen eine Fläche mit dem Inhalt A = 4 FE ein.

[x] Die Gerade $y = g(x) = \tfrac{1}{2}x + 1$ schneidet den Graphen von f im Punkt $R\left(\tfrac{6}{5}\big|\tfrac{8}{5}\right)$.

c) Geben Sie eine Gleichung der Geraden h durch die Punkte $Q\left(-\tfrac{2}{3}\big|\tfrac{16}{3}\right)$ und $R\left(\tfrac{6}{5}\big|\tfrac{8}{5}\right)$ an.

Da P und Q auf dem Graphen von f liegen, gilt: h(x) = f(x) = 4 − 2x.

2 Ermitteln Sie die Koordinaten des Scheitelpunktes und die Nullstellen der Funktion $y = f(x) = x^2 - 4x + 3$.

Skizzieren Sie den Graphen von f.

Scheitelpunkt:

$x^2 - 4x + 3 = x^2 - 4x + 4 - 4 + 3$
$= (x-2)^2 - 1 \Rightarrow S(2|-1)$

Nullstellen: $x_{1;2} = -\left(-\tfrac{4}{2}\right) \pm \sqrt{\left(\tfrac{4}{2}\right)^2 - 3} = 2 \pm 1$

$\Rightarrow x_1 = 1; x_2 = 3$

3 Ordnen Sie jeder Funktion den passenden Graphen zu. Eine Funktion bleibt übrig, skizzieren Sie ceren Graphen.

$f(x) = -x^3$ **A** $g(x) = x^4 - 2$ **B** _____

$h(x) = \tfrac{1}{x-2} + 3$ **C** $k(x) = \tfrac{1}{x-3}$ **D** _____

Geben Sie den Definitions- und Wertebereich an.

	f	g	h	k
D: x ∈	ℝ	ℝ	ℝ; x ≠ 2	ℝ, x ≠ 3
W: y ∈	ℝ	ℝ; y ≥ −2	ℝ; y ≠ 3	ℝ; y ≠ 1

4 Kreuzen Sie wahre Aussagen an.

[x] Jede Potenzfunktion f mit $f(x) = -x^n$ (n ∈ ℕ) ist symmetrisch zur y-Achse.

[ ] Jede lineare Funktion f mit $f(x) = 2x - n$ (n ∈ ℝ) hat einen konstanten Differenzenquotienten $\tfrac{\Delta y}{\Delta x}$.

[ ] Jede quadratische Funktion f mit $f(x) = a \cdot x^2$ (a ∈ ℝ; a ≠ 0) hat einen größten Funktionswert.

[x] Jede quadratische Funktion f mit $f(x) = a \cdot x^2 - 1$ (a ∈ ℝ; a > 0) besitzt genau zwei Nullstellen.

5 Ralf läuft um 08:00 Uhr los. Chris folgt ihm drei Minuten später.

a) Ermitteln Sie aus dem Weg-Zeit-Diagramm die Geschwindigkeiten (in km/h), mit denen jeder läuft.

Ralf: $\tfrac{400\,m}{3\,min} = \tfrac{0{,}4\,km}{\tfrac{3}{60}\,h} = 8\,\tfrac{km}{h}$

Chris: $\tfrac{300\,m}{1\,min} = \tfrac{0{,}3\,km}{\tfrac{1}{60}\,h} = 18\,\tfrac{km}{h}$

b) Kreuzen Sie an, wie lange Chris laufen muss, bis er Ralf eingeholt hat.

[ ] 6 min   [ ] er holt ihn nie ein

[x] 5,4 min   [x] $\tfrac{1}{12}$ h und 24 s

Weiterführende Aufgaben

6 Geben Sie an, welche der Aussagen über die Funktionen f und g mit $f(x) = \tfrac{1}{2}x^2 + x + 4$ und $g(x) = x + n$ mit n ∈ ℝ wahr sind. Korrigieren Sie falsche Aussagen.

Aussage	Wahr?	Korrektur
Der Graph von g ist streng monoton steigend für alle n ∈ ℝ.	ja	
Der Graph von f ist streng monoton steigend für alle x > 1.	nein	Der Graph von f ist streng monoton steigend für alle x ≤ 1.
Die Graphen von f und g haben genau zwei Schnittpunkte für n = 4.	nein	Die Graphen von f und g haben genau zwei Schnittpunkte für n < 4, und einen für n = 4.
Die Graphen von f und g berühren einander für n = 4.	ja	
Für n = 2 schneiden sich die Graphen von f und g in den Punkten A(2|2) und B(−2|0).	nein	Für n = 2 schneiden sich die Graphen von f und g in den Punkten A(2|4) und B(−2|0).

7 Bestimmen Sie näherungsweise auf grafischem Wege und exakt durch eine Rechnung den Punkt auf der Geraden $y = -\tfrac{2}{3}x + 5$, der vom Ursprung den kleinsten Abstand hat.

Zeichnung:

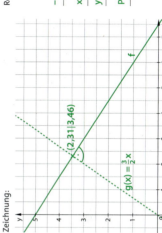

Rechnung:

$f \perp g$
$\Leftrightarrow m_f \cdot m_g = -1$

$-\tfrac{2}{3}x + 5 = \tfrac{3}{2}x$

$x_P = \tfrac{30}{13}$

$y_P = f(x_P) = \tfrac{45}{13}$

$P\left(\tfrac{30}{13}\big|\tfrac{45}{13}\right)$

Ganzrationale Funktionen

Basisaufgaben

1 Grad einer ganzrationalen Funktion und Punkte auf ihrem Graphen:

Funktion	Grad	Punkte
$f_1(x) = x^3 - 2x^2 + 1$	3	E; F
$f_2(x) = 4x \cdot (x - x^2)$	3	D; F
$f_3(x) = -2$	0	C; K
$f_4(x) = 1{,}5 + x$	1	H
$f_5(x) = (x + 1) \cdot (x - 1)$	2	A; B; F

$H(-1 | \tfrac{1}{2})$ $A(0|-1)$ $G(\tfrac{1}{2}|\tfrac{1}{16})$

$K(1000|-2)$ $B(3|8)$ $E(\sqrt{2}|2\sqrt{2} - 3)$

$C(-2|-2)$ $F(1|0)$ $D(-0{,}5|1{,}5)$

a) Geben Sie den Grad der ganzrationalen Funktion an.
   Ordnen Sie die Punkte den Graphen der ganzrationalen Funktionen zu.
   Hilfe: 6z = 3 − 2⋅2 = 3 − ₅x²·2 uuǝp 'Z = ₅x ɟnɐ ʇbǝıl (6Z|Z) uǝpnɐ ʇxıǝ x =... Der höchste Exponent gibt den Grad an.

b) Einer der Punkte lässt sich keinem der Graphen der gegebenen Funktionen zuordnen.
   Geben Sie eine Gleichung einer ganzrationalen Funktion an,   z. B.   **Punkt G liegt auf $f(x) = x^4$.**
   auf deren Graph dieser Punkt liegt.

c) Ermitteln Sie die fehlenden ganzzahligen Koordinaten der Punkte auf dem Graphen von $f_1(x) = x^3 - 2x^2 + 1$.
   $P(-1 | \underline{-2}\ )$ $Q(10 | \underline{801}\ )$ $R(\ \underline{3}\ | 10)$ $S_1(\ \underline{2}\ | 1)$ und $S_2(\ \underline{0}\ | 1)$

2 Koeffizienten ganzrationaler Funktionen: Die Koeffizienten sind die Faktoren bei den Potenzen.

a) Markieren Sie, soweit möglich, die Koeffizienten der ganzrationalen Funktion.
   Geben Sie den häufigsten Koeffizienten an.
   $f(x) = \underline{x}^3 + \underline{0{,}2}x^6 + x^5 \cdot \underline{6} - \underline{7}x^4 - \underline{x} - \underline{1}$ Der häufigste Koeffizient ist $\underline{-1}$.   (2-mal)

   $x^0 = 1$ $(x \neq 0)$
   $5x^0 = 5$ $(x \neq 0)$
   $0x^4 = 0$

b) Die Gleichung $f(x) = 2x^4 + 3x^3 + 2x^2 + 2x + 3$ ist ein Beispiel für eine ganzrationale Funktion
   vierten Grades, in der ausschließlich die Koeffizienten 2 oder 3 vorkommen. Notieren Sie drei Gleichungen
   von ganzrationalen Funktionen vierten Grades, in denen ausschließlich die Koeffizienten 1 oder 5 vorkommen.

   z. B.: $f(x) = 5x^4 + 5x^3 + 5x^2 + 5x + 5;\ g(x) = x^4 + 5x^3 + x^2 + 5x + 1;\ h(x) = x^4 + x^3 + x^2 + 5x + 1$

   Zusatzaufgabe: Wie viele derartige Funktionen gibt es? $2^5 = 32$

c) Geben Sie den Grad und die Koeffizienten von $f(x) = (x^3 - x^2) \cdot (x + 5)$ an.
   $f(x) = (x^3 - x^2) \cdot (x + 5) = x^4 - x^3 + 5x^3 - 5x^2 = x^4 + 4x^3 - 5x^2$ **Grad: 4   Koeffizienten: −5; 1; 4**

3 Graphen und Funktionsgleichungen: Beschriften Sie die Graphen, ohne ein digitales Hilfsmittel zu nutzen.

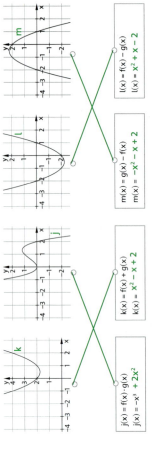

$f(x) = x^3 + x$ $g(x) = x^3 + x$ $h(x) = x^3 + x^4$ $i(x) = -x^4 + x^3 + 3$ $k(x) = -x^3 + x^2$ $l(x) = x^3 + 4x^2$

Zusatzaufgabe: Zwei Funktionsgleichungen bleiben übrig. Skizzieren Sie passende Graphen.

Funktionen und deren Eigenschaften

4 Gegeben sind die Funktionen $f(x) = x^2$ und $g(x) = 2 - x$, beide sind für $x \in \mathbb{R}$ definiert.

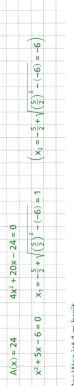

$j(x) = f(x) \cdot g(x)$
$j(x) = -x^3 + 2x^2$

$k(x) = f(x) + g(x)$
$k(x) = x^2 - x + 2$

$m(x) = g(x) - f(x)$
$m(x) = -x^2 + x + 2$

$l(x) = f(x) - g(x)$
$l(x) = x^2 + x - 2$

a) Ergänzen Sie die Funktionsterme und ordnen Sie diese den abgebildeten Graphen zu.
   Zusatzaufgabe: Begründen Sie eine Ihrer Entscheidungen.
   individuelle Lösung   (Begründung z. B. anhand der Nullstellen oder der Punktprobe)

b) Kreuzen Sie die ganzrationalen Funktionen an.
   ☐ $m(x) = 2 \cdot g(x)$ ☒ $n(x) = 2 \cdot g(x)$ ☒ $o(x) = g(x) : 2$ ☒ $p(x) = g(x)^2$
   $= \tfrac{2}{2-x}$ $= 2 \cdot (2 - x) = 4 - 2x$ $= (2 - x) : 2 = 1 - 0{,}5x$ $= (2 - x)^2 = x^2 - 4x + 4$

c) Beschreiben Sie den Einfluss des reellen Parameters a auf die Nullstellen der Funktionen $s_a(x) = f(x) \cdot (a - x)$.
   Eine Nullstelle liegt immer bei $x = 0$ und für $a \neq 0$ gibt es eine zweite Nullstelle bei $x = a$ ($a \in \mathbb{R}$).

Weiterführende Aufgaben

5 Ein rechteckiges Beet ist 4 m lang und 6 m breit.
Es wird von gleich breiten Wegen umgeben.

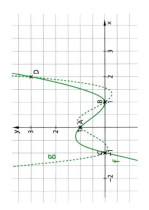

a) Beschriften Sie die Zeichnung so, dass der Flächeninhalt des Weges
mit $A(x) = (4 + 2x) \cdot (6 + 2x) - 6 \cdot 4$ berechnet werden kann.

b) Der gesamte Weg und das Beet haben gleich große Flächeninhalte.
Ermitteln Sie die Breite des Weges.

$A(x) = 24$ $\qquad 4x^2 + 20x - 24 = 0$

$x^2 + 5x - 6 = 0 \qquad x_1 = -\tfrac{5}{2} + \sqrt{\left(\tfrac{5}{2}\right)^2 - (-6)} = 1 \qquad \left(x_2 = -\tfrac{5}{2} - \sqrt{\left(\tfrac{5}{2}\right)^2 - (-6)} = -6\right)$

Der Weg ist 1 m breit.

6 Graphen ganzrationaler Funktionen mit den Punkten A, B, C und D

Funktion 3. Grades: $f(x) = \underline{1}\ x^3 \underline{-1}\ \cdot x^2 \underline{-1}\ \cdot x \underline{+1}$

Funktion 4. Grades: $g(x) = \underline{1}\ \cdot x^4 \underline{-1}\ \cdot x^3 \underline{-2}\ \cdot x^2 \underline{+1}\ \cdot x \underline{+1}$

a) Tragen Sie „1" und „−1" als passende Koeffizienten ein.
b) Skizzieren Sie die Graphen im Koordinatensystem.

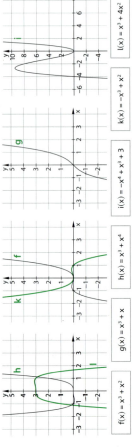

Basisaufgaben

Monotonie

1 Globalverhalten: Ordnen Sie den Funktionen f mithilfe des vermutlichen Globalverhaltens Graphen zu.
Geben Sie je eine Funktion g mit $g(x) = a_n \cdot x^n$ an, die das gleiche Globalverhalten wie f hat.
Hilfe: "$a_n x^n$" in $g(x) = a_n \cdot x^n$ mit $a_n \neq 0$ verhält sich für $x \to +\infty$ und $x \to -\infty$ wie der Graph von $f(x) = a_n \cdot x^n + a_{n-1} \cdot x^{n-1} + \ldots + a_1 \cdot x + a_0$.

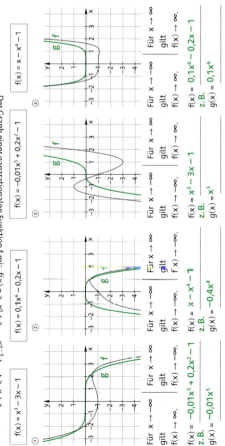

$f(x) = x^3 - 3x - 1$ ①
$f(x) = 0{,}1x^6 - 0{,}2x - 1$ ②
$f(x) = -0{,}01x^5 + 0{,}2x^2 - 1$ ③
$f(x) = x - x^4 - 1$ ④

① Für $x \to -\infty$ gilt $f(x) \to -\infty$. Für $x \to \infty$ gilt $f(x) \to \infty$.
$f(x) = -0{,}01x^5 + 0{,}2x^2 - 1$ z.B. $g(x) = -0{,}01x^5$

② Für $x \to -\infty$ gilt $f(x) \to \infty$. Für $x \to \infty$ gilt $f(x) \to \infty$.
$f(x) = x - x^4 - 1$ z.B. $g(x) = -0{,}4x^4$

③ Für $x \to -\infty$ gilt $f(x) \to \infty$. Für $x \to \infty$ gilt $f(x) \to -\infty$.
$f(x) = x^3 - 3x - 1$ z.B. $g(x) = x^3$

④ Für $x \to -\infty$ gilt $f(x) \to \infty$. Für $x \to \infty$ gilt $f(x) \to \infty$.
$f(x) = 0{,}1x^6 - 0{,}2x - 1$ z.B. $g(x) = 0{,}1x^6$

2 Kreuzen Sie Zutreffendes an.

$f_1(x) = 0{,}5x^3 - 2x^2 - 2 \qquad f_2(x) = 2x^4 - 2x^2 - x + 1 \qquad f_3(x) = -x^5 + 2x^4 - x \qquad f_4(x) = -0{,}2x^6 + 0{,}1x^5 + 3$

Funktion	Grad n der Funktion		a_n		Verhalten für $x \to \infty$		Verhalten für $x \to -\infty$	
	gerade	ungerade	positiv	negativ	$f(x) \to \infty$	$f(x) \to -\infty$	$f(x) \to \infty$	$f(x) \to -\infty$
f_1		x	x		x			x
f_2	x		x		x		x	
f_3		x		x		x	x	
f_4	x			x		x		x

3 Linda betrachtet den Graphen der Funktion $f(x) = -0{,}02x^3 + 0{,}98x^2 + 1{,}04x - 2$. Sie stellt fest:
„Für $x \to +\infty$ und $x \to -\infty$ gehen die Funktionswerte gegen ∞."
Nennen Sie mögliche Fehlerquellen für Lindas Aussage.

Linda betrachtet eine grafische Darstellung von einem
zu kleinen Intervall. Der größte Exponent von x ist 3
und der zugehörige Koeffizient negativ. (Die Aussage
ist somit falsch, denn für $x \to +\infty$ gilt $f(x) \to -\infty$ und
für $x \to -\infty$ gilt $f(x) \to \infty$.)

Zusatzaufgabe: Formulieren Sie zwei Aussagen zum Globalverhalten einer Funktion mit $g(x) = a_n \cdot x^n$.

individuelle Lösung

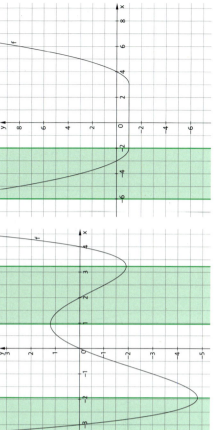

4 Monotonie: Ergänzen Sie die Lückentexte zu den Definitionen über das Monotonieverhalten von Funktionen.
Wenn für zwei Stellen x_1 und x_2 eines Intervalls I mit $x_1 < x_2$ immer $f(x_1) < f(x_2)$ gilt, dann heißt die Funktion f auf dem Intervall I streng monoton steigend.
Wenn für zwei Stellen x_1 und x_2 eines Intervalls I mit $x_1 < x_2$ immer $f(x_1) > f(x_2)$ gilt, dann heißt die Funktion f auf dem Intervall I streng monoton fallend.

5 Kreuzen Sie unter Bezugnahme auf den Graphen Zutreffendes an.

f ist im Intervall	streng monoton steigend	streng monoton fallend
[a; b]		x
[a; c]		
[b; d]		
[c; e]		
[1; 3]	x	
[3; 8]		

6 Geben Sie die größtmöglichen Intervalle an, in denen die Funktion streng monoton wachsend ist.
a) $f(x) = x^2$: $x \geq 0$
b) $f(x) = -(x+4)^6 - 3$: $x \leq -4$
c) $f(x) = x^5$: $x \in \mathbb{R}$
d) $f(x) = \cos(x)$ mit $0 \leq x \leq 2\pi$: $\pi \leq x \leq 2\pi$
e) $f(x) = \sin(2x)$ mit $0 \leq x \leq 2\pi$: $0 \leq x \leq \frac{\pi}{4}$; $\frac{3}{4}\pi \leq x \leq \frac{5}{4}\pi$; $\frac{7}{4}\pi \leq x \leq 2\pi$
f) $f(x) = -x^3$: kein Intervall / niemals

7 Schraffieren Sie farbig diejenigen Intervalle, in denen die Funktion f streng monoton fallend ist.

Globalverhalten, Monotonie und Extrema

8 Lokale und globale Extrema: Gegeben ist der Graph einer ganzrationalen Funktion f mit D = (−5,5; 8,5).

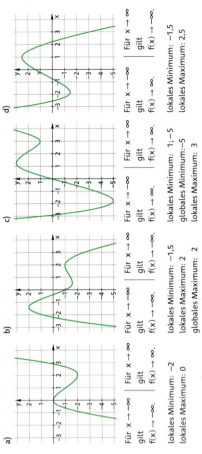

Hilfe: Der Graph einer Funktion f hat an der Stelle x_E einen Hochpunkt bzw. Tiefpunkt,
wenn für alle x in einer Umgebung um x_E gilt: $f(x_E) \geq f(x)$ bzw. $f(x_E) \leq f(x)$. Den Funktionswert $f(x_E)$ nennt man lokales Maximum bzw. lokales Minimum.
Ist f(x) der größte bzw. kleinste Funktionswert im Definitionsbereich von f, so ist $f(x_E)$ ein globales Maximum bzw. globales Minimum von f.

a) Geben Sie näherungsweise die Koordinaten der lokalen Hoch- und Tiefpunkte von f in der Zeichnung an.

b) Ergänzen Sie die Sätze.

__0,9__ ist ein lokales Maximum an der Stelle x = 2,4.

__−6,2__ ist ein lokales Minimum ebenso wie −2,4.

__−6,2__ ist das globale Minimum an der Stelle x = −3.

c) Färben Sie die Teile, in denen der Graph fällt, und die Teile, in denen er wächst, verschiedenfarbig ein.

Zusatzaufgabe: Beschreiben Sie das Wachstumsverhalten in der Umgebung der Hoch- und Tiefpunkte.
Hochpunkt: links wachsend, rechts fallend **Tiefpunkt: links fallend, rechts wachsend**

9 Ergänzen Sie zu passenden Graphen ganzrationaler Funktionen im Intervall [0; 4].

a) 3 ist lokales Minimum. b) 3 ist globales Maximum. c) 3 ist globales Minimum. d) 3 ist lokales Minimum.

z. B.

10 Zeichnen Sie einen passenden Funktionsgraphen mit D = [−4; 8].

a) globales Minimum: −2
globales Maximum: 4
lokales Minimum: −1
lokales Maximum: 0

z. B. **Im Beispiel gibt es Randextrema.**
globales Minimum: −2
lokales Minimum: −1

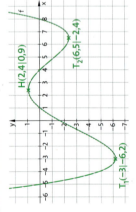

b) globales Minimum bei x = 5
globales Maximum bei x = 4
lokales Minimum bei x = −2; x = 1; x = 3 und x = 5
lokales Maximum bei x = 0; x = 2 und x = 4

Extrempunkte: 5/1,1
4/5,4
−2/3; 1/3,2; 3/4
0/4; 2/4,6; 4/5,4

Zusatzaufgabe: Markieren Sie alle lokalen Hoch- und Tiefpunkte verschiedenfarbig. **individuelle Lösung**

Zusatzaufgabe: Geben Sie näherungsweise die Koordinaten der Extrempunkte an. **individuelle Lösung**

11 Skizzieren Sie einen Graphen mit den gegebenen Eigenschaften.

a)
Für x → −∞ gilt f(x) → −∞. | Für x → ∞ gilt f(x) → ∞.
lokales Minimum: −2
lokales Maximum: 0

b)
Für x → −∞ gilt f(x) → −∞. | Für x → ∞ gilt f(x) → ∞.
lokales Minimum: 1; −5
lokales Maximum: 2
globales Minimum: −5
globales Maximum: 3

c)
Für x → −∞ gilt f(x) → ∞. | Für x → ∞ gilt f(x) → ∞.
lokales Minimum: −1,5
lokales Maximum: 2,5

d)
Für x → −∞ gilt f(x) → ∞. | Für x → ∞ gilt f(x) → −∞.
lokales Minimum: −1,5
globales Minimum: −5
lokales Maximum: 3

12 Randextrema: Ergänzen Sie die Tabelle zu f für beide Intervalle. Geben Sie alle lokalen Hoch- und Tiefpunkte des Graphen im Koordinatensystem an.

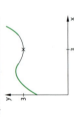

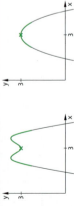

$H_1(-2|1,5)$ $H_2(-1|2)$ $H_3(0,5|1)$ $H_4(2|1,5)$ $H_5(3,75|3)$
$T_1(-3|-1)$ $T_2(-1,5|1)$ $T_3(-0,2|0,5)$ $T_4(1,5|0)$ $T_5(3|0,5)$

	D = (0; 4)	D = (−2,5; 1)
globales Maximum	3	2
globales Minimum	0	0,25
lokales Maximum	1; 1,5; 3	1,5; 2; 1
lokales Minimum	0; 0,5	1; 0,5

13 Beurteilen Sie die Aussagen. Widerlegen Sie falsche Aussagen mit einem Gegenbeispiel.

Jede ganzrationale Funktion dritten Grades besitzt einen lokalen Hochpunkt und einen lokalen Tiefpunkt.
Gegenbeispiel: $f(x) = x^3$
☐ wahr ☒ falsch

Jede ganzrationale Funktion dritten Grades mit mindestens zwei Nullstellen besitzt einen lokalen Hochpunkt und einen lokalen Tiefpunkt.
☒ wahr ☐ falsch

Jede ganzrationale Funktion zweiten Grades besitzt entweder einen lokalen Hochpunkt oder einen lokalen Tiefpunkt.
☒ wahr ☐ falsch

Für jede ganzrationale Funktion f vierten Grades gilt:
Für x → ±∞ geht f(x) → +∞.
Gegenbeispiel: $f(x) = -x^4$
☐ wahr ☒ falsch

Jede ganzrationale Funktion vierten Grades besitzt höchstens zwei lokale Hochpunkte.
☒ wahr ☐ falsch

Wenn eine ganzrationale Funktion vierten Grades genau einen Hochpunkt besitzt, dann hat sie zwei lokale Tiefpunkte.
Gegenbeispiel: $f(x) = -x^4$
☐ wahr ☒ falsch

Für keine ganzrationale Funktion sechsten Grades gilt:
Für x → −∞ geht f(x) → −∞ und für x → ∞ geht f(x) → ∞.
☒ wahr ☐ falsch

Jede ganzrationale Funktion sechsten Grades besitzt mindestens ein lokales Extremum.
☒ wahr ☐ falsch

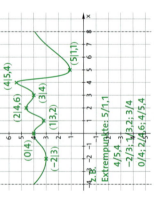
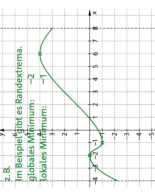

Weiterführende Aufgaben

14 Zeichnen Sie die Graphen der Funktion $f(x) = a \cdot (x^2 - x)$ für $a = 1$ und $a = -1$ mindestens im Intervall $-1 \leq x \leq 2$. Untersuchen Sie, ob man an den reellen Parameter $a \neq 0$ so wählen kann, dass diese Funktion $f(x)$ im gesamten Intervall $[0; 1]$ streng monoton fallend ist.

Die Funktion f hat stets die Nullstellen 0 und 1. Der Faktor a entscheidet, ob die Funktionsgraphen gestreckt oder gestaucht werden und ob die Parabeln nach oben bzw. unten geöffnet sind. Da die Nullstellen sich nicht verändern, liegt der Scheitelpunkt immer bei $x = \frac{1}{2}$. An dieser Stelle wechselt die Monotonie, sodass die Funktion f unmöglich auf dem Intervall $[0; 1]$ durchgängig streng monoton fallend ist.

15 Begründen Sie, dass die Funktion $f(x) = a \cdot x^2 - x$ für $a < 0$ stets im gesamten Intervall $[0; 1]$ streng monoton fallend ist.

Die Funktion f lässt sich auch schreiben in der Form $f(x) = x \cdot (ax - 1)$. Sie hat die Nullstellen $x_1 = 0$ und $x_2 = \frac{1}{a}$. Der Scheitelpunkt liegt in der Mitte, an der Stelle $x_s = \frac{1}{2a}$. Für $a < 0$ liegt der Scheitelpunkt links vom Ursprung und die Parabel ist nach unten geöffnet. Der Graph ist also für alle $x \geq \frac{1}{2a}$ streng monoton fallend und damit auch im Intervall $[0; 1]$.

16 Zeichnen Sie den Graphen der Funktion $f(x) = x \cdot |x| + x^2$ mindestens im Intervall $-1,5 \leq x \leq 1$.
Kreuzen Sie wahre Aussagen an.

a) ☐ Die Funktion f ist für alle $x \in \mathbb{R}$ streng monoton steigend.
b) ☒ Es gibt ein Intervall, in dem der Graph von f mit dem Graphen von g mit $g(x) = 2x^2$ übereinstimmt.
c) ☒ Die Funktion f ist für alle $x \geq 0$ streng monoton steigend.
d) ☒ Es gibt ein Intervall, auf dem der Graph von f konstant ist.

17 Zeichnen Sie zusätzlich zum Graphen von $g(x) = \sin(x)$ den Graphen von $f(x) = x$ ein.
a) Skizzieren Sie mithilfe der Graphen von f und g den Graphen von $h(x) = f(x) + g(x)$.
b) Geben Sie eine begründete Vermutung über die Monotonie von h(x) an.

Die Funktion h ist streng monoton steigend. Die Steigung von f ist niemals kleiner als die Steigung von g, sodass h immer eine nichtnegative Steigung besitzt.

18 Ergänzen Sie die Tabelle.

	$f(x) = -x^2 + 4$	$f(x) = x^2 \cdot \left(1 - \frac{1}{5}x\right)$	$f(x) = \frac{1}{4}x^5 + \frac{1}{2}x^3$
Für $x \to +\infty$ gilt	$f(x) \to -\infty$	$f(x) \to -\infty$	$f(x) \to \infty$
Für $x \to -\infty$ gilt	$f(x) \to -\infty$	$f(x) \to \infty$	$f(x) \to -\infty$
Existenz eines Hochpunktes	ja	ja	nein
Existenz eines Tiefpunktes	nein	ja	nein
Symmetrie	zur y-Achse	nicht zur y-Achse und nicht zum Ursprung	zum Ursprung
Graph (Skizze)			

19 Gegeben ist die Funktion f mit $f(x) = x^3$ für alle reellen Zahlen x. Betrachten Sie für zwei verschiedene Punkte $(x_0 | f(x_0))$ und jeweils zwei verschiedene Werte von $h > 0$ das abgebildete Dreieck und bestimmen Sie seine Steigung.
Erläutern Sie den Zusammenhang zwischen dem Steigungsdreieck und der Monotonie des Graphen.

Im Dreieck ist eine Sekante des Graphen von f die Hypotenuse. Für alle $x \in \mathbb{R}$ ist die Steigung der Sekante positiv und der Graph streng monoton steigend.

20 Beurteilen Sie die Aussagen. Widerlegen Sie falsche Aussagen mit einem Gegenbeispiel.

Hat eine für alle reellen Zahlen x definierte ganzrationale Funktion f ein lokales Maximum, so ist dieses auch das globale Maximum.	Hat eine auf einem offenen Intervall definierte Funktion f ein globales Maximum, so hat diese auch ein lokales Minimum.	Eine auf einem offenen Intervall definierte Funktion f kann an den Intervallenden kein globales Extremum haben.	Eine auf einem offenen Intervall definierte Funktion f kann kein globales Extremum haben.
☐ wahr ☒ falsch	☐ wahr ☒ falsch	☒ wahr ☐ falsch	☐ wahr ☒ falsch
Gegenbeispiel: $f(x) = x^3 - 5x^2$	Gegenbeispiel: $f(x) = -x^2$ mit $-1 < x < 1$		Gegenbeispiel: $f(x) = x^2$ mit $-1 < x < 1$

Symmetrie

Basisaufgaben

1 Achsensymmetrie zur y-Achse: Untersuchen Sie, ob der Graph achsensymmetrisch zur y-Achse ist.

Hilfe: $f(-x) = (-x)... = f(x)$. Der Graph einer ganzrationalen Funktion f ist genau dann achsensymmetrisch zur y-Achse, wenn f nur gerade Exponenten hat. Es gilt dann: $f(-x) = f(x)$.

a) Kreuzen Sie alle Funktionen an, die achsensymmetrisch zur y-Achse sind.

- [x] $f(x) = x^8$
- [x] $g(x) = 7x^8$
- [x] $h(x) = 7x^8 - 9$
- [ ] $i(x) = 7x^8 - 9x$
- [x] $j(x) = -7x^8 - 11x^6$
- [x] $k(x) = -1 - 7x^8 + 0,5x^4$
- [ ] $l(x) = 7x^8 - 9x^3 + x^2$
- [ ] $m(x) = (x-2)x^8$
- [x] $n(x) = \cos(x)$
- [ ] $o(x) = x \cdot (x-1) \cdot (x+1)$
- [ ] $p(x) = \dfrac{x^2 - x}{x}$
- [x] $q(x) = \dfrac{2x^4 + x^2}{x^2}$

b) Prüfen Sie, ob f(−x) = f(x) und somit Achsensymmetrie zur y-Achse vorliegt.

$f(x) = x^4 - x^2 \qquad f(-x) = (-x)^4 - (-x)^2 = \underline{x^4} - \underline{x^2} = f(x),$

demzufolge liegt __Achsensymmetrie zur y-Achse__ vor.

$g(x) = x^6 - 0,3x^4 - 2x^2 \qquad g(-x) = (\underline{-x})^6 - 0,3(-x)^4 - 2(-x)^2 = x^6 - 0,3x^4 - 2x^2 = g(x),$

demzufolge liegt __Achsensymmetrie zur y-Achse__ vor.

$h(x) = x^4 - x \qquad h(-x) = \underline{(-x)^4 - (-x)} = x^4 + x \neq h(x),$

demzufolge liegt __keine Achsensymmetrie zur y-Achse__ vor.

2 Punktsymmetrie zum Ursprung: Untersuchen Sie, ob der Graph punktsymmetrisch zum Ursprung ist.

Hilfe: $f(-x) = -f(x)$ gilt. Der Graph einer ganzrationalen Funktion f ist genau dann punktsymmetrisch zum Ursprung, wenn f nur ungerade Exponenten hat. Es gilt dann: $f(-x) = -f(x)$.

a) Prüfen Sie, ob f(−x) = −f(x) gilt und somit der Graph der Funktion f punktsymmetrisch zum Ursprung ist.

$f(x) = x^3 - x \qquad f(-x) = (\underline{-x})^3 - (\underline{-x}) = -x^3 + x = -(x^3 - x) = -f(x),$

demzufolge liegt __Punktsymmetrie zum Ursprung__ vor.

$g(x) = -x^5 + 2x^3 - 5x \qquad g(-x) = -(\underline{-x})^5 + 2(-x)^3 - 5(-x) = x^5 - 2x^3 + 5x = -(-x^5 + 2x^3 - 5x) = -g(x),$

demzufolge liegt __Punktsymmetrie zum Ursprung__ vor.

$h(x) = 7x^5 - 8 \qquad h(-x) = \underline{7(-x)^5 - 8} = -7x^5 - 8 \neq -(7x^5 + 8) \neq -h(x),$

demzufolge liegt __keine Punktsymmetrie zum Ursprung__ vor.

b) Kreuzen Sie alle Funktionen an, die punktsymmetrisch zum Ursprung sind.

- [x] $f(x) = x^9$
- [x] $g(x) = 6x^9$
- [ ] $h(x) = 6x^9 - 7$
- [x] $i(x) = 6x^9 - 11x$
- [x] $j(x) = -7x^5 - 11x^{15}$
- [ ] $k(x) = -1 - 7x^9 + 0,5x^7$
- [ ] $l(x) = (7x^9 - 9x^7) \cdot x$
- [ ] $m(x) = (x-2)x^8$

3 Entscheiden Sie, welche Eigenschaft der Graph der Funktion aufweist:
- achsensymmetrisch zur y-Achse (a),
- punktsymmetrisch zum Ursprung (p)
- oder nichts von beidem (n) ist.

$f(x) = 3x(x^{11} - 4x) - 2$	a
$h(x) = (x+1)(x^3 - x)$	n
$g(x) = -3x(x^7 - 5x)$	p
$i(x) = x^3 - 5x$	n
$j(x) = (x-5)^2$	n
$k(x) = (2-x)^3$	n
$l(x) = (x^3)^2 - 5x$	n
$m(x) = (7x^2)^7 + x^2$	a

Weiterführende Aufgaben

4 Ergänzen Sie die Exponenten in den Funktionsgleichungen. Tragen Sie jede der gegebenen Zahlen genau einmal ein.

| 2 | 3 | 3 | 4 | 5 | 6 | 7 |

$f(x) = x^{\underline{4}} - x^2 \qquad f(x) = x^{\underline{3}} + x^{\underline{2}} \qquad f(x) = x^{\underline{7}} - x^{\underline{5}} \qquad f(x) = x^{\underline{6}} + x^{\underline{3}}$

5 Vervollständigen Sie die Wertetabellen.

a) f ist achsensymmetrisch zur y-Achse.

x	−5	−2	2	5
y	−629	−20	−20	−629

b) f ist punktsymmetrisch zum Ursprung.

x		−3	−2	2	3
y		−243	−32	32	243

6 Ergänzen Sie die Tabelle. Skizzieren Sie die Graphen.

	$f(x) = -x^2 + 4$	$f(x) = -\dfrac{1}{x} \cdot (x^2 + 1)$	$f(x) = \dfrac{5}{x} \cdot \sin(2x)$
Für x → +∞ gilt	$f(x) \to -\infty$	$f(x) \to -\infty$	$f(x) \to 0$
Für x → −∞ gilt	$f(x) \to -\infty$	$f(x) \to \infty$	$f(x) \to 0$
Symmetrie	zur y-Achse	zum Ursprung	zur y-Achse
Graph (Skizze)			

7 Betrachten Sie die Funktion $f(x) = x + 1$ für $0 < x \leq 1$. Schreiben Sie die Geschichte zu Ende. Nutzen Sie dabei nur wahre Aussagen.

„Ha", ruft der x-Wert x = 1, „ich bin der Größte, denn unter euch anderen x-Werten aus unserem Intervall gibt es keinen, der einen Funktionswert hat, der größer ist als meiner. Aber du, mein Freund x = 0, hast es schlecht getroffen, denn du besitzt den kleinsten Funktionswert aller unserer Funktionswerte."

Darauf entgegnet der x-Wert x = 0: __individuelle Lösung (außerhalb des Definitionsbereiches!)__, z. B.:

„Was du nur willst, ich gehöre ja gar nicht zu eurem Intervall, also kannst du meinen Funktionswert gar nicht mit euren Funktionswerten vergleichen. Und übrigens: Unter euren Funktionswerten aus dem Intervall gibt es gar keinen, der sich als den kleinsten Funktionswert bezeichnen könnte. Denn jedes Mal, wenn sich ein x-Wert meldet und behauptet, er hätte den kleinsten Funktionswert im Intervall, dann könnte sich ein weiter links, aber vor Null liegender x-Wert melden, der einen noch kleineren Funktionswert besitzt."

Basisaufgaben

1 Linearfaktoren: Ergänzen Sie die Nullstellen der Funktion f oder die Linearfaktoren.

Hilfe: $\cdot (-1 \cdot ^{-2} \cdot 0) = 1$ ist: Null ist Faktor ein wenn, erfüllt ist $0 = (1+x) \cdot (7-x) \cdot x$ Gleichung Die

a) $f(x) = (x-1)\cdot(x+2)\cdot(x-3)$ Nullstellen: $x_1 = -2$ $x_2 = 1$ $x_3 = 3$

b) $f(x) = 0{,}7\cdot(x-6)\cdot(x+2)\cdot(2x-2)$ Nullstellen: $x_1 = -2$ $x_2 = 1$ $x_3 = 6$

c) $f(x) = (x+1)\cdot(x+2)\cdot(x+3)$ Nullstellen: $x_1 = -3$ $x_2 = -2$ $x_3 = -1$

d) $f(x) = -4\cdot(x+1)\cdot(\mathbf{1\text{ bzw. }4}+x)\cdot(\mathbf{4}-x)$ Nullstellen: $x_1 = -1$ $x_2 = 4$

e) $f(x) = -0{,}1\cdot(x^2+1)\cdot(\mathbf{2}-x)\cdot(\mathbf{4}+x)$ Nullstellen: $x_1 = -4$ $x_2 = 2$

f) $f(x) = (x+\mathbf{(-1)})^2\cdot 3\left(\mathbf{-1}+x\right)\cdot(x-\mathbf{1})^3$ Nullstellen: $x_1 = 1$

2 Beschriften Sie mithilfe der Nullstellen die Graphen.

$f(x) = -0{,}1\cdot(x+3)\cdot(x-3)$
$g(x) = 0{,}1\cdot(x+3)\cdot(x+1)\cdot(x-2)$
$h(x) = 0{,}1\cdot(x-3)\cdot(x+3)\cdot(x^2+1)$
$i(x) = 0{,}5\cdot(x+2)\cdot(x-3)$
$j(x) = 0{,}1\cdot(x-3)\cdot(x-1)\cdot(x+1)\cdot(x+3)$

Der Graph zur Funktion j ist nicht im Koordinatensystem dargestellt.

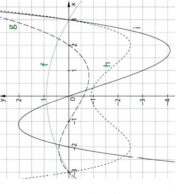

3 Ausklammern und Lösungsformel anwenden: Ermitteln Sie die Nullstellen.

a) $f(x) = 2x^3 + 2x^2 - 4x$
$0 = 2x^3 + 2x^2 - 4x$
$0 = 2x(x^2 + x - 2)$, also ist
$x_1 = 0.$
$x_2 = -0{,}5 + \sqrt{0{,}5^2 + 2} = 1$
$x_3 = -0{,}5 - \sqrt{0{,}5^2 + 2} = -2$
Nullstellen: $x_1 = 0$ $x_2 = 1$ $x_3 = -2$

b) $f(x) = -2x^5 + 4x^4 + 6x^3$
$0 = -2x^5 + 4x^4 + 6x^3$
$0 = -2x^3(x^2 - 2x - 3)$, also ist
$x_1 = 0.$
$x_2 = 1 + \sqrt{1+3} = 3$
$x_3 = 1 - \sqrt{1+3} = -1$
Nullstellen: $x_1 = 0$ $x_2 = 3$ $x_3 = -1$

c) $f(x) = x^4 + 3x^3 - 10x^2$
$0 = x^4 + 3x^3 - 10x^2$
$0 = x^2(x^2 + 3x - 10)$, also gilt:
$x_1 = 0$
$x_2 = -1{,}5 + \sqrt{1{,}5^2 + 10} = 2$
$x_3 = -1{,}5 - \sqrt{1{,}5^2 + 10} = -5$
Nullstellen: $x_1 = 0$ $x_2 = 2$ $x_3 = -5$

d) $f(x) = 1{,}5x^5 + 10{,}5x^4 + 9x^3$
$0 = 1{,}5x^5 + 10{,}5x^4 + 9x^3$
$0 = 1{,}5x^3(x^2 + 7x + 6)$, also gilt:
$x_1 = 0$
$x_2 = -3{,}5 + \sqrt{3{,}5^2 - 6} = -1$
$x_3 = -3{,}5 - \sqrt{3{,}5^2 - 6} = -6$
Nullstellen: $x_1 = 0$ $x_2 = -1$ $x_3 = -6$

4 Ermitteln Sie die Nullstellen. Führen Sie die Probe durch.

a) $f(x) = 8x^3 - 2x^5$
$f(x) = -2x^5 + 8x^3$
$f(x) = -2x^3\cdot(x^2 - 4)$
$f(x) = -2x^3\cdot(x-2)\cdot(x+2)$
$x_1 = 0$ $x_2 = 2$ $x_3 = -2$

Probe:
$f(x_1) = f(0) = 8\cdot 0^3 - 2\cdot 0^5 = 0$
$f(x_2) = f(\mathbf{2}) = 8\cdot 2^3 - 2\cdot 2^5 = 0$
$f(x_3) = f(\mathbf{-2}) = 8\cdot(-2)^3 - 2\cdot(-2)^5 = 0$

b) $f(x) = -10x^4 + 0{,}5x^2 + 4x^3$
$f(x) = -10x^2\cdot(x^2 - 0{,}4x - 0{,}05)$
$x_1 = 0$
$x_2 = 0{,}2 + \sqrt{0{,}2^2 + 0{,}05} = 0{,}5$
$x_3 = 0{,}2 - \sqrt{0{,}2^2 + 0{,}05} = -0{,}1$

Probe:
$f(x_1) = f(\mathbf{0}) = -10\cdot 0^4 + 0{,}5\cdot 0^2 + 4\cdot 0^3 = 0$
$f(x_2) = f(\mathbf{0{,}5}) = -10\cdot 0{,}5^4 + 0{,}5\cdot 0{,}5^2 + 4\cdot 0{,}5^3 = 0$
$f(x_3) = f(\mathbf{-0{,}1}) = -10\cdot 0{,}1^4 + 0{,}5\cdot 0{,}1^2 - 4\cdot 0{,}1^3 = 0$

5 Substitution: Berechnen Sie die Nullstellen $x_1, x_2,\ldots$ der biquadratischen Gleichungen mittels Substitution.

a) $f(x) = x^4 - 5x^2 + 4$
$0 = x^4 - 5x^2 + 4$
Substitution: $x^2 = u$
$0 = u^2 - 5u + 4$
$u_1 = 2{,}5 + \sqrt{2{,}5^2 - 4} = 4$
$u_2 = 2{,}5 - \sqrt{2{,}5^2 - 4} = 1$
$u_1 = x^2 = 4$ somit gilt: $x_1 = 2$ und $x_2 = -2$
$u_2 = x^2 = 1$ somit gilt: $x_3 = 1$ und $x_4 = -1$

b) $f(x) = x^4 - 16$
$0 = x^4 - 16$
Substitution: $x^2 = u$
$0 = u^2 - 16$
$u_1 = \sqrt{16} = 4$
$u_2 = -\sqrt{16} = -4$
$u_1 = x^2 = 4$ somit gilt: $x_1 = 2$ und $x_2 = -2$
$u_2 = x^2 = -4$ somit gilt: **Es gibt keine weitere reelle Lösung.**

c) $f(x) = x^4 - 2x^2 - 3$
$0 = x^4 - 2x^2 - 3$
Substitution: $x^2 = u$
$0 = u^2 - 2u - 3$
$u_1 = 1 + \sqrt{1+3} = 3$
$u_2 = 1 - \sqrt{1+3} = -1$
$u_1 = x^2 = 3$ somit gilt: $x_1 = \sqrt{3}$ und $x_2 = -\sqrt{3}$
$u_2 = x^2 = -1$ somit gilt: **Es gibt keine weitere reelle Lösung.**

d) $f(x) = x^6 + x^3 - 6$
$0 = x^6 + x^3 - 6$
Substitution: $x^3 = u$
$0 = u^2 + u - 6$
$u_1 = -0{,}5 + \sqrt{0{,}25 + 6} = 2$
$u_2 = -0{,}5 - \sqrt{0{,}25 + 6} = -3$
$u_1 = x^3 = 2$ somit gilt: $x_1 = \sqrt[3]{2}$
$u_2 = x^3 = -3$ somit gilt: $x_2 = -\sqrt[3]{3}$

Nullstellen

6 Auf den Karten stehen die Nullstellen der Funktion.
Schreiben Sie den Buchstaben der Lösungskarte hinter den Funktionsterm.

a) $f(x) = (x + 7)(x - 6)$ — N — $x_1 = 0; x_2 = -4$ — R — $x_1 = 9; x_2 = -2$ — G — $x_1 = 11$ — C

b) $f(x) = (x^2 - 9)(x + 2)$ — I — $x_1 = 5; x_2 = -\frac{1}{5}$ — S — $x_1 = 3; x_2 = -3; x_3 = 2$ — D

c) $f(x) = (x + 5)\left(x - \frac{1}{5}\right)$ — B — $x_1 = 7; x_2 = -6$ — T — $x_1 = -7; x_2 = 6$ — N — $x_1 = -5; x_2 = \frac{1}{5}$ — B

d) $f(x) = x^3(x + 4)$ — R — $x_1 = 3; x_2 = -3; x_3 = -2$ — I — $x_1 = 0; x_2 = \sqrt{7}; x_3 = -\sqrt{7}$ — S

e) $f(x) = x^5 - 4x^3$ — E — — $x_1 = 0; x_2 = 2; x_3 = -2$ — E

f) $f(x) = x^3 + 7x$ — L — $x_1 = 0$ — L

Zusatzaufgabe: Bilden Sie aus allen aufgeschriebenen Buchstaben den Namen einer Stadt in Deutschland.

B E R L I N

7 Ordnen Sie für die Ermittlung der Nullstellen benötigte Verfahren der Reihe nach zu.
Abkürzungen der Verfahren: A: Ausklammern   S: Substitution   F: Lösungsformel

a) $f(x) = x^5 - x^4 + 4x^3$ 1.A; 2.F
   $L = \{0\}$

b) $f(x) = x^3 - 7x^2 + 6x$ 1.A
   $L = \{0; 1; 6\}$

c) $f(x) = x^3 - x$ 1.A
   $L = \{-1; 0; 1\}$

d) $f(x) = 8x^4 - 0,5$ 1.S
   $L = \{-0,5; 0,5\}$

e) $f(x) = 0,5x^4 + 2x^2 + 2$ 1.S; 2.F
   $L = \{\}$

f) $f(x) = -2x^5 + 8x^3$ 1.A
   $L = \{-2; 0; 2\}$

g) $f(x) = 7x^8 + 8x^7$ 1.A
   $L = \{-\frac{8}{7}; 0\}$

h) $f(x) = 2x^6 + 6x^4 - 8x^2$ 1.A; 2.S; 3.F
   $L = \{-1; 0; 1\}$

i) $f(x) = -6x^4 + 4x^2 + 16x$ 1.A
   $L = \{0; 8\}$

j) $f(x) = x(3x^3 + x^2 - 2x)$ 1.A; 2.F
   $L = \{-1; 0; \frac{2}{3}\}$

Zusatzaufgabe: Ermitteln Sie die Nullstellen auf einem zusätzlichen Blatt.

8 Beurteilen Sie die Aussagen.

① Die Funktion $f(x) = (x^2 + 1) \cdot (x + 2)$ hat drei Nullstellen.   ☐ wahr   ☒ falsch

② $(x + 2)$ liefert genau eine Nullstelle $x_0 = -2$. Das Polynom $x^2 + 1$ hat für keine reelle Zahl den Wert 0.

② Die Funktion $g(x) = (x^3 - x) \cdot (x - 5)^2$ besitzt vier Nullstellen.   ☒ wahr   ☐ falsch
$(x^3 - x) = x \cdot (x - 1) \cdot (x + 1) \cdot (x - 5)^2$; Nullstellen: 0, -1 und 1 (einfach) und 5 (zweifach)

③ $h(x) = 7x^3 + 189$ hat keine Nullstelle. $7 \cdot (x^3 + 27)$; Nullstelle: -3   ☐ wahr   ☒ falsch

④ Jede ganzrationale Funktion 3. Grades besitzt mindestens eine Nullstelle.   ☒ wahr   ☐ falsch

Man kann die Graphen in einem Zug zeichnen, die Funktionswerte sind teils positiv und teils negativ, somit existiert eine Nullstelle.

⑤ Jede ganzrationale Funktion 3. Grades besitzt höchstens drei Nullstellen.   ☒ wahr   ☐ falsch

Bei mehr als drei Nullstellen gäbe es mehr als drei Linearfaktoren, beim Ausmultiplizieren entstände eine Potenz mit einem Exponenten größer als 3. Eine solche ganzrationale Funktion hat dann aber einen Grad größer als 3.

Zusatzaufgabe: Begründen Sie Ihre Entscheidungen.

9 Geben Sie die Gleichung einer ganzrationalen Funktion f 3. Grades an, die die Nullstellen 2, 3 und -1 hat und deren Graph durch den Punkt $P(1|8)$ geht.

$f(x) = a \cdot (x - 2) \cdot (x - 3) \cdot (x + 1)$; Einsetzen der Koordinaten von P: $8 = a \cdot (1 - 2) \cdot (1 - 3) \cdot (1 + 1) = 4a$,

somit gilt $a = 2$; $f(x) = 2 \cdot (x - 2) \cdot (x - 3) \cdot (x + 1) = 2 \cdot x^3 - 8 \cdot x^2 + 2 \cdot x + 12$

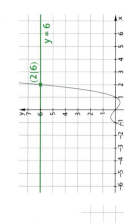

Weiterführende Aufgaben

10 Geben Sie passende ganzrationale Funktionen an.

Nullstellen	Der Graph der Funktion ist ...	Funktionsgleichung
-2; 0; 2	achsensymmetrisch zur y-Achse	z. B. $x^2(x + 2)(x - 2); 7x^2(x + 2)(x - 2); -x^2(x + 2)(x - 2)$
-2; 0; 2	punktsymmetrisch zum Ursprung	z. B. $x(x + 2)(x - 2); 6x(x + 2)(x - 2); -x(x + 2)(x - 2)$
-2; 0; 2	weder achsen- noch punktsymmetrisch	z. B. $x(x + 2)(x - 2)^2; 5x(x + 2)(x - 2)^2; -x(x + 2)(x - 2)^2$

11 Graphen und Funktionsgleichungen

$f(x) = 6x(x - 1)(x - 2)$ $g(x) = 2(x + 1)^3$ $h(x) = (x^2 - 4) \cdot x^2 + 2$

$i(x) = -0,1x(x - 3)(x + 2)^2$ $j(x) = -0,5x(x - 2)^2(x + 1)^2$

a) Beschriften Sie die Graphen.
b) Eine der Funktionsgleichungen kann bei Teilaufgabe a nicht zugeordnet werden.
Skizzieren Sie den Graphen dieser Funktion mithilfe folgender Angaben.

Globales Maximum bei x = 2 ist 3,2. Tiefpunkt (-0,75 | -0,44)
Nullstellen: **-2; 0; 3**
Für $x \to \infty$ gilt $f(x) \to -\infty$.
Für $x \to -\infty$ gilt $f(x) \to -\infty$.

12 Eine quaderförmige Schachtel hat ein Volumen von 6 dm³.
Die Kante a ist 1 dm kürzer als die Kante b und die Kante c ist 1 dm länger als die Kante b.
Ermitteln Sie die Kantenlängen mithilfe der Formel $V = a \cdot b \cdot c$ und mithilfe des Graphen von V.

$a = b - 1$
$V = a \cdot b \cdot c$ $c = b + 1$
$6 = (b - 1) \cdot b \cdot (b + 1)$
$6 = b^3 - b$ $b = 2$

Die Kanten haben die Längen a = **1** dm, b = **2** dm und c = **3** dm.

Zusatzaufgabe: Erläutern Sie die Schwierigkeit bei der rechnerischen Bestimmung.
Kein Lösungsverfahren für eine Gleichung 3. Grades

Basisaufgaben

1 Verschieben in x-Richtung: Graph, Funktionsgleichung und Wertetabelle
Der Graph g mit g(x) = f(x − c) geht aus dem Graphen f durch Verschieben um c-Einheiten in x-Richtung hervor. Wenn c < 0 ist, dann wird nach links verschoben. Wenn c > 0 ist, dann wird nach rechts verschoben.

Hilfe: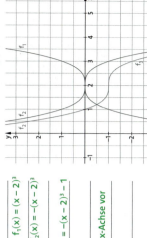

a) Beschriften Sie die Graphen.
Skizzieren Sie beide fehlenden Graphen.
$f(x) = x^4$ $g(x) = (x + 2)^4$ $h(x) = (x + 3)^4$
$i(x) = x^5$ $j(x) = (x − 1)^5$ $k(x) = (x − 2,5)^5$

b) Vervollständigen Sie die Tabelle.

	x = −3	x = −1	x = 0	x = 1	x = 4
$l(x) = x^3$	−27	−1	0	1	64
$m(x) = (x − 7)^3$	−1000	−512	−343	−216	−27
$n(x) = (x + 7)^3$	64	216	343	512	1331

Zusatzaufgabe: Zeichnen Sie die Graphen mit einem CAS.

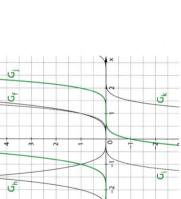

2 Verschieben in y-Richtung: Graph, Funktionsgleichung und Wertetabelle
Der Graph g mit g(x) = f(x) + d geht aus dem Graphen f durch Verschieben um d-Einheiten in y-Richtung hervor. Wenn d < 0 ist, dann wird nach unten verschoben. Wenn d > 0 ist, dann wird nach oben verschoben.

Hilfe:

a) Beschriften Sie die Graphen.
Skizzieren Sie beide fehlenden Graphen.
$f(x) = x^6$ $g(x) = x^6 + 1$ $h(x) = x^6 − 2$
$i(x) = x^7$ $j(x) = x^7 − 1$ $k(x) = x^7 − 3$

b) Vervollständigen Sie die Tabelle nur mithilfe der Vorgaben.

	x = −5	x = −1	x = 0	x = 1	x = 5
$l(x) = x^{-2}$	0,04	1	—	1	0,04
$m(x) = x^{-2} − 10$	−9,96	−9	—	−9	−9,96
$n(x) = x^{-2} + 5$	5,04	6	—	6	5,04

Zusatzaufgabe: Zeichnen Sie die Graphen mit einem CAS.

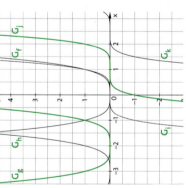

Weiterführende Aufgaben

3 Geben Sie die Funktionsgleichung des entstandenen Graphen an.
Den Graphen von g(x) = x² nennt man Normalparabel.

Hilfe: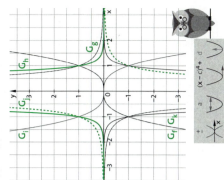

a) Die Normalparabel wird 11 Einheiten nach unten verschoben. $f(x) = x^2 − 11$

b) Die Normalparabel wird 13 Einheiten nach links verschoben. $f(x) = (x + 13)^2$

c) Die Normalparabel wird 7 Einheiten nach links und 9 Einheiten nach oben verschoben. $f(x) = (x + 7)^2 + 9$

d) Die Normalparabel wird 17 Einheiten nach oben und 3 Einheiten nach rechts verschoben. $f(x) = (x − 3)^2 + 17$

4 Strecken und Stauchen in y-Richtung: Graph, Funktionsgleichung und Wertetabelle
Der Graph g mit g(x) = a · f(x) geht aus dem Graphen f durch Strecken bzw. Stauchen mit dem Streckfaktor a (a ≠ 0) in y-Richtung hervor. Wenn |a| > 1 ist, dann wird gestreckt. Wenn |a| < 1 ist, dann wird gestaucht.

Hilfe:

a) Beschriften Sie die Graphen.
Skizzieren Sie beide fehlenden Graphen.
$f(x) = x^{-6}$ $g(x) = 2x^{-6}$ $h(x) = 0,2x^{-6}$
$i(x) = x^8$ $j(x) = 2x^8$ $k(x) = 0,2x^8$

b) Vervollständigen Sie die Tabelle nur mithilfe der Vorgaben.

	x = −1,3	x = −1	x = 0	x = 1	x = 1,3
$l(x) = x^{-5}$	−0,269	−1	—	1	0,269
$m(x) = 10x^{-5}$	−2,69	−10	—	10	2,69
$n(x) = 0,1x^{-5}$	−0,0269	−0,1	—	0,1	0,0269

5 Spiegeln an der x-Achse: Graph, Funktionsgleichung und Wertetabelle
Der Graph g mit g(x) = −f(x) geht aus dem Graphen f durch Spiegeln an der x-Achse hervor.

Hilfe:

a) Beschriften Sie die Graphen.
Skizzieren Sie beide fehlenden Graphen.
$f(x) = x^3$ $g(x) = x^{-3}$ $h(x) = x^{-6}$
$i(x) = −x^3$ $j(x) = −x^{-3}$ $k(x) = −x^{-6}$

b) Vervollständigen Sie die Tabelle nur mithilfe der Vorgaben.

	x = −2	x = −1	x = 0	x = 1	x = 2
$l(x) = x^4$	16	1	0	1	16
$m(x) = −x^4$	−16	−1	0	−1	−16
$n(x) = x^{-4}$	0,0625	1	—	1	0,0625

Zusatzaufgabe: Zeichnen Sie die Graphen mit einem CAS.

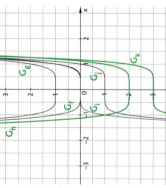

6 Der Graph f der Funktion $f(x) = −(x − 2)^3 − 1$ ging aus dem Graphen g von $g(x) = x^3$ hervor.
Geben Sie die Veränderungen an.
z. B.

Verschieben um 2 Einheiten nach rechts	$f_1(x) = (x − 2)^3$
Spiegeln an x-Achse	$f_2(x) = −(x − 2)^3$
Verschieben um 1 Einheit nach unten	$f_3(x) = −(x − 2)^3 − 1$

(Die Reihenfolge der Transformationen kann getauscht werden, sofern das Spiegeln an der x-Achse vor dem Verschieben nach unten erfolgt.)

Strecken und Verschieben kombinieren

Basisaufgaben

1 Strecken und Stauchen in x-Richtung: Graph, Funktionsgleichung und Wertetabelle

Hilfe: Der Graph g mit $g(x) = f(-x)$ geht aus dem Graphen von f durch Spiegelung an der y-Achse hervor.

a) Beschriften Sie die Graphen.
Skizzieren Sie beide fehlenden Graphen.
$f(x) = x^5$ $g(x) = (0{,}5x)^5$ $h(x) = (-0{,}5x)^5$
$i(x) = x^{-4}$ $j(x) = (0{,}5x)^{-4}$ $k(x) = (-1{,}2x)^{-4}$

b) Vervollständigen Sie die Tabelle nur mithilfe der Vorgaben.

	x = −5	x = −1	x = 0	x = 1	x = 5
$l(x) = 2x^{-4}$	0,0032	2	–	2	0,0032
$m(x) = 8 \cdot x^{-4}$	0,0128	8	–	8	0,0128
$n(x) = -4x^{-4} - 1$	−1,0064	−5	–	−5	−1,0064

Zusatzaufgabe: Zeichnen Sie die Graphen mit einem CAS.

2 Spiegeln an der y-Achse: Graph, Funktionsgleichung und Wertetabelle

Hilfe: Der Graph g mit $g(x) = f(b \cdot x)$ mit $b \ne 0$ geht aus dem Graphen f durch Strecken bzw. Stauchen mit dem Streckfaktor $\frac{1}{b}$ in x-Richtung hervor. Wenn $|b| > 1$ ist, dann wird gestaucht. Wenn $|b| < 1$ ist, dann wird gestreckt. Ist $b < 0$, wird der Graph zusätzlich an der y-Achse gespiegelt.

a) Beschriften Sie die Graphen.
Geben Sie die Funktionsgleichungen zu den gespiegelten Graphen an.
$f(x) = x^2 + 2x + 1 = (x + 1)^2$ $g(x) = (-x)^2 + 2(-x) + 1 = (x - 1)^2$
$h(x) = x^3 + 1$ $i(x) = (-x)^3 + 1 = -x^3 + 1$
$j(x) = 0{,}5x^4 - 2x$ $k(x) = 0{,}5(-x)^4 - 2(-x) = 0{,}5x^4 + 2x$

b) Vervollständigen Sie die Tabelle zu gespiegelten Graphen.

	x = −3	x = −1	x = 0	x = 1	x = 3
$l(x) = (x + 1)^{-4}$	0,0625	–	1	0,0625	0,0039
$m(x) = (-x + 1)^{-4}$	**0,0039**	0,0625	1	–	0,0625

Zusatzaufgabe: Zeichnen Sie die Graphen mit einem CAS.

3 Der Graph der Funktion $g(x) = a \cdot (x - d)^n + e$ geht aus dem Graphen von $f(x) = x^n$ durch Transformationen hervor.
Markieren Sie zusammengehörige Karten mit der gleichen Farbe.

Streckung in y-Richtung	A	Stauchung in y-Richtung	D	Spiegelung an der x-Achse	C
Verschiebung in negative x-Richtung		Verschiebung in positive x-Richtung	E
Verschiebung in negative y-Richtung	F	Verschiebung in positive y-Richtung	G

| $|a| > 1$ | A | $a = -1$ | C | $d > 0$ | E | $|a| < 1$ | B | $n > 0$ | $e < 0$ | F | $d < 0$ | D | $e > 0$ | G |

Funktionen und deren Eigenschaften

Weiterführende Aufgaben

4 Entwickeln Sie schrittweise aus dem Graphen der Funktion $f(x) = x^{-1}$ den Graphen von $i(x) = -(x + 1)^{-1} - 2$.

1. Verschiebung um eine Einheit nach links	2. Spiegelung an der x-Achse	3. Verschiebung um 2 Einheiten nach unten
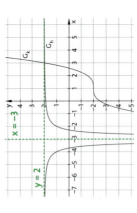		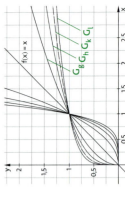
$f(x) = x^{-1}$	$g(x) = (x + 1)^{-1}$	$h(x) = -(x + 1)^{-1}$	$i(x) = -(x + 1)^{-1} - 2$

Zusatzaufgabe: Zeichnen Sie die Asymptoten ein. Hinweis: Es gibt zwei Lösungen.

5 Die Graphen der Funktionen $h(x)$ und $k(x)$ sind entstanden aus den Graphen von $f_1(x) = x^3$ bzw. $f_2(x) = x^{-2}$.
Geben Sie jeweils eine Gleichung für h, k und die Asymptoten von h an.

$h(x) = -(x + 3)^{-2} + 2$
$k(x) = 0{,}5(x - 1)^3 - 2$

Asymptoten von h: $x = -3$ und $y = 2$

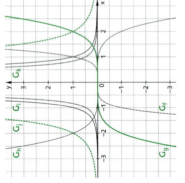

6 Geben Sie die jeweils passende Funktionsgleichung an.
Der Graph der Funktion $f(x) = x^{-1}$ wird nacheinander:

verschoben um 4 Einheiten in positiver x-Richtung $g(x) = (x - 4)^{-1}$

gespiegelt an der x-Achse $h(x) = -(x - 4)^{-1}$

gestreckt mit dem Faktor 2 in y-Richtung $i(x) = -2(x - 4)^{-1}$

verschoben um eine Einheit in positiver y-Richtung $j(x) = -2(x - 4)^{-1} + 1$

7 Graphen wurden an $f(x) = x$ für $x \ge 0$ gespiegelt.
Beschriften Sie die Graphen g, h, k und l.
Geben Sie, wenn möglich, die fehlende Koordinate an.

$g(x) = x^{\frac{1}{2}}$ A(1 | 1)   B(36 | 6)
$h(x) = x^{\frac{1}{3}}$ H(1 | 1)   I(27 | 3)
$k(x) = x^{\frac{1}{4}}$ J(1 | 1)   K(16 | 2)
$l(x) = x^{\frac{1}{5}}$ L(1 | 1)   M(32 | 2)

Umkehrfunktion

Basisaufgaben

1 Ergänzen Sie jeden Satz zu einer wahren Aussage:

Eine Funktion $f: x \mapsto y$ heißt **umkehrbar**, wenn zu jedem y-Wert _nur genau ein x-Wert_ aus dem Definitionsbereich von f gehört. Die eindeutige umgekehrte Zuordnung $f^{-1}: y \mapsto x$ heißt _Umkehrfunktion_ von f.

Wenn eine Funktion in einem Intervall I _streng monoton_ ist, dann ist sie _auf dem Intervall I_ umkehrbar.

Durch die Umkehrung einer Funktion f werden _Definitions- und Wertebereich_ vertauscht.

Die Graphen von f und f^{-1} gehen durch eine Spiegelung an _der Geraden zu_ $y = x$ (der Geraden g mit $g(x) = y$ / der 1. Winkelhalbierenden) auseinander hervor.

2 Vervollständigen Sie die Beispielrechnung zu der folgenden Aufgabe:

a) Weisen Sie nach, dass die Funktion $y = f(x) = 3x - 4$ mit $x \in \mathbb{R}$ umkehrbar ist.

Die Funktion f ist wegen $m = 3 > 0$ streng **monoton steigend** auf dem gesamten Definitionsbereich, deshalb ist sie _umkehrbar_ .

b) Ermitteln Sie die Gleichung der Umkehrfunktion f^{-1}.

(1) Die Gleichung $y = f(x)$ umstellen nach x:

$y = 3x - 4 \xrightarrow{+4} y + 4 = 3x \xrightarrow{:3} x = \frac{1}{3}y + \frac{4}{3}$

(2) Vertauschen von x und y:

$y = \frac{1}{3}x + \frac{4}{3}$, ergibt: $f^{-1}(x) = \frac{1}{3}x + \frac{4}{3}$

c) Zeichnen Sie die Graphen von f und f^{-1} in das Koordinatensystem ein.

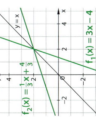

3 Kreuzen Sie an, wenn die Funktion f auf dem gegebenen Definitionsbereich umkehrbar ist. Geben Sie in diesem Falle auch die Gleichung der Umkehrfunktion an.

Funktion f mit D_f	umkehrbar?	Umkehrfunktion f^{-1} mit $D_{f^{-1}}$
$y = f(x) = -2x + 4; x \in \mathbb{R}$	x	$y = f^{-1}(x) = -\frac{1}{2}x + 2; x \in \mathbb{R}$
$y = f(x) = -2x^2 - 1; x \in \mathbb{R}; x \geq 0$	x	$y = f^{-1}(x) = \sqrt{-\frac{x}{2} - \frac{1}{2}}; x \leq -1$
$y = f(x) = \sin(x); x \in \mathbb{R}$		
$y = f(x) = x; x \in \mathbb{R}$	x	$y = f^{-1}(x) = x; x \in \mathbb{R}$
$y = f(x) = e^{-2} \cdot x + \cos(4\pi); x \in \mathbb{R}$	x	$y = f^{-1}(x) = e^2 \cdot x - e^2; x \in \mathbb{R}$
$y = f(x) = 10^2 \cdot (x - 10^{-2}); x \in \mathbb{R}$	x	$y = f^{-1}(x) = \frac{x+1}{100}; x \in \mathbb{R}$
$y = f(x) = \sqrt{x}; x \geq 0$	x	$y = f^{-1}(x) = x^2; x \geq 0$
$y = f(x) = \cos(x); -\pi \leq x \leq \pi$		
$y = f(x) = \frac{1}{x}; -5 \leq x \leq 5$		
$y = f(x) = \frac{3}{x}; 0 < x$	x	$y = f^{-1}(x) = \frac{3}{x}; x > 0$

4 Geben Sie für die Funktion f den maximalen Definitionsbereich an, auf dem sie umkehrbar ist, sowie die Umkehrfunktion f^{-1} mit ihrem Definitionsbereich.

$f(x) = \sqrt{x^2}$ $D_f = \mathbb{R}$ $f^{-1}(x) = -x, x \in \mathbb{R}$ $f(x) = \sqrt{x - 1}$ $x \geq 1$ $f^{-1}(x) = x^2 + 1, x \geq 0$

$f(x) = \frac{2}{x+3}$ $x \neq -3$ $f^{-1}(x) = \frac{2}{x} - 3, x \neq 0$ $f(x) = \frac{2(x+3)}{x+3}$ $D_f = \mathbb{R} \setminus \{-3\}$ f ist nicht umkehrbar

Weiterführende Aufgaben

5 Gegeben ist die Funktion $y = f(x) = \frac{x}{2x+4}$ mit $x \in \mathbb{R}; x \neq -2$.

a) Begründen Sie mithilfe der 1. Ableitung, dass f umkehrbar ist.

$f'(x) = \frac{1 \cdot (2x+4) - x \cdot 2}{(2x+4)^2} = \frac{4}{(2x+4)^2} > 0$: Die Funktion f ist streng monoton steigend.

b) Kreuzen Sie an, welche Gleichung zur Umkehrfunktion f^{-1} von f gehört.

☐ $f^{-1}(x) = \frac{4x}{2x-1}$ mit $x \in \mathbb{R}; x \neq \frac{1}{2}$ ☒ $f^{-1}(x) = \frac{-4x}{2x-1}$ mit $x \in \mathbb{R}; x \neq \frac{1}{2}$

6 Gegeben ist die Funktion $y = f(x) = \sqrt{x} + 2$ im größtmöglichen Definitionsbereich. Korrigieren Sie die folgenden Aussagen über f.

a) Der größtmögliche Definitionsbereich von ist $x \in \mathbb{R}; x > -2$. $x \in \mathbb{R}; x \geq -2$

b) Wegen $f'(x) = \frac{1}{\sqrt{x}} > 0$ ist f streng monoton steigend, also umkehrbar. $f'(x) = \frac{1}{2 \cdot \sqrt{x+2}} > 0$

c) Die Gleichung der Umkehrfunktion von f ist $f^{-1}(x) = x^2 + 2$. $f^{-1}(x) = x^2 - 2$

d) Der größtmögliche Definitionsbereich von f^{-1} ist $x \in \mathbb{R}; x > 2$. $x \in \mathbb{R}; x \geq 0$

7 Der größtmögliche Definitionsbereich der Funktion $y = f(x) = x^2 - 4x + 4$ ist so einzuschränken, dass die möglichen Umkehrbarfunktionen ebenfalls einen größtmöglichen Definitionsbereich haben. Ermitteln Sie die Gleichungen der Umkehrfunktionen mit ihren größtmöglichen Definitionsbereichen. Veranschaulichen Sie die Ergebnisse durch Skizzieren der Graphen.

$y = f(x) = x^2 - 4x + 4 = (x-2)^2$ mit $x \in \mathbb{R}$ besitzt für $x \geq 2$ und $x \leq 2$ Umkehrbarfunktionen mit größtmöglichem Definitionsbereich. Die Gleichungen der Umkehrfunktionen sind $f^{-1}(x) = 2 + \sqrt{x}$ für $x \geq 0$ bzw. $f^{-1}(x) = 2 - \sqrt{x}$ für $x \geq 0$.

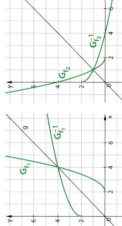

8 Interpretieren Sie die mit einem CAS erstellte Rechnung unter den Aspekten „Umkehrfunktion" und „Polstellen".

Dargestellt ist die Berechnung der Gleichung der Umkehrfunktion von f mit $f(x) = \frac{4x+1}{2x-3}$. Die Gleichung für f definiert eine gebrochen-rationale Funktion mit einer Polstelle bei $x = 1,5$. Mit $f(y) = x$ wird das Vertauschen der Variablen vorgenommen und der Befehl solve(f(y)=x, y) stellt die Gleichung nach y um.

Das Ergebnis $y = \frac{3x+1}{2 \cdot (x-2)}$ ist die Gleichung der Umkehrfunktion. Diese hat eine Polstelle bei 2.

Test – Funktionen und deren Eigenschaften

1 Kreuzen Sie die Funktionsgleichungen an, wenn die Eigenschaft auf die Funktion zutrifft.

Der Graph hat an der Stelle $x = 1$ den Funktionswert $y = -1$.	[x] $f(x) = -x$	[x] $g(x) = -2^{x-1}$	[x] $h(x) = x^2 - 2$
Der Wertebereich enthält nur reelle Zahlen $y \geq 2$.	[x] $f(x) = \sin(x) + 3$	[ ] $g(x) = x^2 - 4x + 6$	[x] $h(x) = -x^{-1} + 2$
Der Graph ist symmetrisch zur y-Achse.	[x] $f(x) = x^4 - x^2 - 1$	[ ] $g(x) = x^2 - 4x + 4$	[x] $h(x) = \cos(x - \pi)$
Der Graph ist symmetrisch zum Ursprung.	[x] $f(x) = x \cdot (x^2 - 1)$	[x] $g(x) = 0{,}001x$	[ ] $h(x) = 0{,}2 \cdot 2^{-x}$
Für $x \to +\infty$ gilt $y \to +\infty$.	[x] $f(x) = x^5 - x^2$	[ ] $g(x) = 0{,}1 \cdot 5^x - 1$	[x] $h(x) = 2 \cdot \sin(3x)$
Der Graph ist an der Stelle $x = 1$ nicht stetig.	[ ]	[x] $g(x) = \begin{cases} -x, & x \leq 1 \\ x^2, & x > 1 \end{cases}$	[x] $h(x) = \begin{cases} 2^{-x}, & x \leq 1 \\ x^2, & x > 1 \end{cases}$
Die Funktionswerte konvergieren für $x \to +\infty$ gegen 1.	[x] $f(x) = \frac{1}{x^2} + 1$	[x] $g(x) = 10^{-x} + 2^0$	[x] $h(x) = x^{-1} + 1$

2 Wird eine Tasse mit heißem Kaffee gefüllt, so kühlt dieser unter bestimmten Umständen nach der Formel $T(t) = 70 \cdot 0{,}95^t + 20$ ab. Dabei beschreibt T die Temperatur in Grad Celsius t Minuten nach dem Einfüllen.

a) Stellen Sie die Funktion $T(t)$ im Intervall $0 \leq t \leq 100$ grafisch dar. Berechnen Sie dazu die fehlenden Werte in der Tabelle.

t (in Min.)	0	5	10	40	80	100
T (in °C)	90,00	74,2	61,9	29,0	21,2	20,4

b) Geben Sie die Bedeutung von $\lim_{t \to \infty} T(t)$ im Sachzusammenhang an.

<u>Der Grenzwert $\lim_{t \to \infty} T(t)$ beschreibt die Abkühlung des Kaffees auf die Umgebungstemperatur von 20 °C.</u>

3 Gegeben ist eine Funktion f mit $f(x) = x^2 - 2x - 3$. Berechnen Sie b, wenn Folgendes gilt:

a) $f(b) = 0$ <u>$b_1 = -1; b_2 = 3$</u>

b) $f(b + 1) = -1$ <u>$b_1 = -\sqrt{3}; b_2 = \sqrt{3}$</u>

c) $f(b + c) = f(b - c)$ <u>$c \neq 0: b = 1; c = 0: b \in \mathbb{R}$</u>

d) Die Abbildung zeigt den Graphen von f. Zeichnen Sie den Graphen von g mit $g(x) = -f(x - 1) + 3$ dazu.

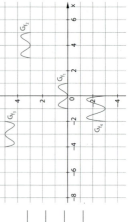

4 Gegeben sind die Funktionen $f(x) = -x^2$ und $g(x) = 2^{-x}$. Kreuzen Sie alle wahren Aussagen an.

Funktionsterm von $f(g(x))$ ist

[ ] 2^{-2x} [x] $-\left(\frac{1}{4}\right)^x$ [x] -4^{-x} [ ] $-(2^{-x})^2$

Funktionsterm von $f(g(x + 1))$ ist

[x] $\frac{-2^{-2x}}{4}$ [ ] -2^{-2x+2} [ ] -4^{1-x} [x] $-\left(\frac{1}{4}\right)^{x+1}$

Funktionsterm von $2 \cdot g(f(x))$ ist

[x] $2 \cdot 2^{x^2}$ [ ] $\frac{1}{2} \cdot 4^x$ [x] 2^{1+x^2} [ ] $2 \cdot (2^x)^2$

5 Gegeben ist der Graph einer Funktion f_1 mit $f_1(x) = 3 \cdot (x^2 - x^4)$ mit $-1 \leq x \leq 1$.

a) Begründen Sie, dass der Graph der Funktion f_2 durch $f_2(x) = f_1(x - 4) + 3$ erzeugt werden kann.

<u>Der Graph von f_2 entsteht aus dem Graphen von f_1 durch eine Verschiebung um vier Einheiten nach rechts in x-Richtung und eine Verschiebung um drei Einheiten nach oben in y-Richtung.</u>

b) Vervollständigen Sie Funktionsgleichungen zu den Graphen f_3 und f_4 unter Verwendung von f_1.

$f_3(x) = \underline{-f_1(x+3) + 5}$ $f_4(x) = \underline{2 \cdot f_1(x+1) - 3}$

6 Eine ganzrationale Funktion f dritten Grades hat die Nullstellen $x_1 = 2$, $x_2 = -2$ und $x_3 = 1$.

a) Kreuzen Sie an, alle Terme an, die zur Funktion f gehören können.

[ ] $f(x) = 2 \cdot (x^2 - 4) \cdot (x + 1)$ [x] $f(x) = (x + 2) \cdot (x - 2) \cdot (x - 1)$

[x] $f(x) = x^3 - x^2 - 4x + 4$ [x] $f(x) = 0{,}5x^3 - 0{,}5x^2 - 2x + 2$

Zusatzaufgabe: Geben Sie zwei weitere mögliche Funktionsterme an.
Lösungsbeispiele: <u>$f(x) = -10 \cdot (x^2 - 4) \cdot (x - 1); f(x) = (x - 2) \cdot (x + 2) \cdot (1 - x)$</u>

b) Der Graph der Funktion f soll in Richtung der x-Achse so verschoben werden, dass die mittlere der drei Nullstellen im Ursprung liegt. Geben Sie eine Gleichung der verschobenen Funktion an.

$f_2(x) = f(x + 1) = a \cdot (x + 3) \cdot (x - 1) \cdot x$ mit $a \in \mathbb{R}; a \neq 0$

Beurteilen Sie, ob der Graph der verschobenen Funktion punktsymmetrisch zum Ursprung ist.
<u>Der Graph der verschobenen Funktion ist nicht punktsymmetrisch zum Ursprung, weil die Abstände der beiden äußeren Nullstellen zum Ursprung nicht gleich groß sind.</u>

Basisaufgaben

1 Kreuzen Sie an, welche der Funktionen gebrochen-rationale Funktionen sind.

Hilfe: 1. Der Grad des Nenners hat minimum Grad 1.

- [ ] $s(t) = \frac{t^2 - t + 1}{2}$
- [x] $f(t) = \frac{x^2 - 1}{x}$
- [ ] $f(x) = \frac{\sin(x)}{\cos(x)}$
- [x] $h(x) = 2 - x^{-2}$
- [x] $f(t) = \frac{t-1}{t+1}$
- [ ] $f(x) = x^2$
- [ ] $f(x) = \frac{x^2}{\sqrt{x}}$
- [x] $g(a) = \frac{(a-2)\cdot(a+2)}{a^2 - 1}$

Zähler / Nenner: $f(x) = \frac{p(x)}{q(x)}$

2 Vervollständigen Sie die Tabelle.

Funktion	$f(x) = \frac{(x+3)\cdot(x-2)}{x+2}$	$f(x) = \frac{(x+3)\cdot(x-2)}{x-2}$
Definitionslücken	-2	2
Nullstellen	$-3; 2$	$-3; 2$
Kürzung des Funktionsterms	nicht möglich	$f(x) = x + 3; x \neq 2$
Polstellen x_p	-2	keine
Verhalten links von x_p	$\lim\limits_{\substack{x \to -2 \\ x < -2}} \frac{(x-2)\cdot(x+3)}{x+2} = +\infty$	entfällt
Verhalten rechts von x_p	$\lim\limits_{\substack{x \to -2 \\ x > -2}} \frac{(x-2)\cdot(x+3)}{x+2} = -\infty$	entfällt
hebbare Definitionslücken	keine	2

3 Ordnen Sie den Funktionsgleichungen die Eigenschaften der Funktion zu. Begründen Sie Ihre Zuordnung.

$f(x) = \frac{x-2}{x+2}$ $f(x) = \frac{2-x}{x+2}$ $f(x) = \frac{(2-x)\cdot(2+x)}{x+2}$

- f hat eine Nullstelle bei $x = 2$ und die senkrechte Asymptote $x = -2$. Es gilt $\lim\limits_{\substack{x \to -2 \\ x < -2}} f(x) = -\infty$ und $\lim\limits_{\substack{x \to -2 \\ x > -2}} f(x) = \infty$.
  Faktor von x im Zähler und Nenner positiv

- f hat eine Nullstelle bei $x = 2$ und eine hebbare Definitionslücke bei $x = -2$.
  Faktor $(2 + x) = (x + 2)$ kann gekürzt werden

- f hat eine Nullstelle bei $x = 2$ und die senkrechte Asymptote $x = -2$. Es gilt $\lim\limits_{\substack{x \to -2 \\ x < -2}} f(x) = \infty$ und $\lim\limits_{\substack{x \to -2 \\ x > -2}} f(x) = -\infty$.
  Faktor im Zähler negativ, im Nenner positiv

Weiterführende Aufgaben

4 Ordnen Sie zu, welche Zahlen der Menge $M = \{-3, -2, -1, 0, 1, 2, 3\}$ Nullstellen und welche Definitionslücken der Funktionen g bzw. f sind.

Funktion $g(x) = \frac{x^2 - x - 6}{x^2 - x - 2}$ Nullstellen: **$-2; 3$**   Definitionslücken: **$-1; 2$**

Funktion $f(x) = \frac{x^2 - 2x}{x^2 - 2x + 1}$ Nullstellen: **$0; 2$**   Definitionslücken: **1**

5 Die Graphen gehören zu Funktionen des Typs $f(x) = \frac{(x-a)\cdot(x-b)}{(x-c)\cdot(x-d)}$ mit $a, b, c, d \in \mathbb{Z}$, $-10 \leq a, b, c, d \leq 10$. Geben Sie jeweils eine passende Funktionsgleichung an.

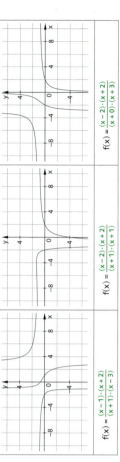

$f(x) = \frac{(x-1)\cdot(x+2)}{(x+1)\cdot(x-3)}$ $f(x) = \frac{(x-2)\cdot(x+2)}{(x+1)\cdot(x+1)}$ $f(x) = \frac{(x-2)\cdot(x+2)}{(x+0)\cdot(x+3)}$

6 Geben Sie jeweils mindestens ein Beispiel für eine passende Gleichung einer gebrochen-rationalen Funktion an.

a) Nullstelle bei $x = 5$, senkrechte Asymptote $x = -1$. $f(x) = \frac{x-5}{x+1}$

b) Polstelle mit Vorzeichenwechsel bei $x = 2$, Definitionslücke, aber keine Polstelle bei $x = 1$. $f(x) = \frac{x-1}{(x-2)\cdot(x-1)} + 1$

c) Polstelle ohne Vorzeichenwechsel bei $x = 2$, Definitionslücke, aber keine Polstelle bei $x = 1$. $f(x) = \frac{x-1}{(x-2)^2\cdot(x-1)} - 1$

7 Ermitteln Sie Nullstellen und Polstellen der Funktion f mit $f(x) = \frac{x^2 + 2x - 8}{2x^2 - 8x + 6}$.

Zeichnen Sie den Graphen von f und die senkrechten Asymptoten.

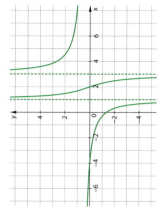

Nullstellen des Zählers: $x_1 = -4; x_2 = 2$

Nullstellen des Nenners: $2x^2 - 8x + 6 = 0$
$x^2 - 4x + 3 = 0$
$x_1 = 1; x_2 = 3$

Nullstellen von f: $x_1 = -4; x_2 = 2$

Polstellen von f: $x_1 = 1; x_2 = 3$

8 Stellen Sie mit einem Funktionenplotter Graphen dar, die zur Funktionenschar f_a mit $f_a(x) = \frac{(x-a)\cdot(x+4)}{(x-2a)\cdot(x+1)}$ für $a \in \mathbb{R}$ gehören. Verwenden Sie einen Schieberegler zum Variieren des Parameters a. Begründen Sie die besondere Form der Graphen für $a \in \{-2; -1, 0\}$.

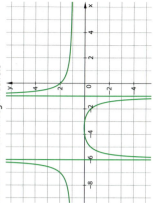

Begründung: **Für $a \in \{-2; -1, 0\}$ kann der Funktionsterm gekürzt werden, sodass eine der beiden Polstellen $(2a; -1)$ zu einer hebbaren Definitionslücke wird. Dies sind auch die einzigen Möglichkeiten $(x - a = x - 2a; x - 2a = x - 4; x - a = x + 1)$.**

3 Verhalten im Unendlichen und Asymptoten

Basisaufgaben

1 Gegeben sind die Funktionen f, g und h mit $f(x) = \frac{1}{x}$, $g(x) = \frac{x+1}{x}$ und $h(x) = \frac{x^2-1}{x}$.

a) Berechnen Sie die Funktionswerte (auf zwei Stellen gerundet) und skizzieren Sie die Graphen der Funktionen.

x	−6	−2	−1	−0,5	0	0,5	1	2	6
f(x)	−0,17	−0,5	−1	−2	n.d.	2	1	0,5	0,17
g(x)	0,83	0,5	0	−1	n.d.	3	2	1,5	1,17
h(x)	−5,83	−1,5	0	1,5	n.d.	−1,5	0	1,5	5,83

$f(x) = \frac{1}{x}$ $g(x) = \frac{x+1}{x}$ $h(x) = \frac{x^2-1}{x}$

2 Bestimmen Sie für eine gebrochen-rationale Funktion f den Grenzwert und ggf. die waagerechte Asymptote.

Zählergrad < Nennergrad	Zählergrad = Nennergrad	Zählergrad > Nennergrad
$\lim\limits_{x \to \pm\infty} f(x) = 0$	$\lim\limits_{x \to \pm\infty} f(x) = a$; $a \neq 0$	$\lim\limits_{x \to \pm\infty} f(x) = \pm\infty$
die x-Achse	$y = a$	keine waagerechte Asymptote

3 Schrittweise Bestimmung der waagerechten Asymptote: Eine Gleichung der waagerechten Asymptote bestimmt man, indem man die höchste Potenz von x im Nenner ausklammert und damit den Funktionsterm kürzt. Dann bildet man die Grenzwerte für $x \to +\infty$ und $x \to -\infty$.
Vervollständigen Sie die Tabelle nach dem Muster in der ersten Zeile.

Funktion	$f(x) = \frac{3x}{(x+2)\cdot(x+3)}$
Zähler und Nenner ggf. ausmultiplizieren	$f(x) = \frac{3x}{x^2+5x+6}$
höchste Potenz von x im Nenner ausklammern	$f(x) = \frac{3x}{x^2 \cdot (1+\frac{5}{x}+\frac{6}{x^2})}$
Term kürzen, d. h. alle Summanden im Zähler durch die ausgeklammerte Potenz von x dividieren	$f(x) = \frac{\frac{3}{x}}{1+\frac{5}{x}+\frac{6}{x^2}}$
Grenzwert für $x \to +\infty$ bilden	$\lim\limits_{x \to +\infty} \frac{\frac{3}{x}}{1+\frac{5}{x}+\frac{6}{x^2}} = \frac{0}{1} = 0$
Grenzwert für $x \to -\infty$ bilden	$\lim\limits_{x \to -\infty} \frac{\frac{3}{x}}{1+\frac{5}{x}+\frac{6}{x^2}} = \frac{0}{1} = 0$
Gleichung der Asymptote angeben	$y = 0$

Muster-Zeile: $f(x) = \frac{(x-4)\cdot(x+1)}{x^2-1}$; $f(x) = \frac{x^2-3x-4}{x^2-1}$; $f(x) = \frac{x^2-3x-4}{x^2\cdot(1-\frac{1}{x^2})}$; $f(x) = \frac{1-\frac{3}{x}-\frac{4}{x^2}}{(1-\frac{1}{x^2})}$; $\lim\limits_{x \to +\infty} \frac{1-\frac{3}{x}-\frac{4}{x^2}}{(1-\frac{1}{x^2})} = \frac{1-0-0}{1-0} = 1$; $\lim\limits_{x \to -\infty} \frac{1-\frac{3}{x}-\frac{4}{x^2}}{(1-\frac{1}{x^2})} = \frac{1-0-0}{1-0} = 1$; $y = 1$

Weiterführende Aufgaben

4 Ordnen Sie äquivalente Terme durch Pfeile einander zu. Ermitteln Sie eine Gleichung für jede Asymptote.

$f_1(x) = x + 2 - \frac{5}{2x-5}$ ↔ $g_1(x) = \frac{2x+2}{2x-5}$

$f_2(x) = \frac{2}{2x-5} + \frac{4x}{4x-10}$ ↔ $g_2(x) = \frac{4x^2-x-14}{4x-10}$

$f_3(x) = \frac{1}{2}x + \frac{x^2-2}{2x-5} + 1$ ↔ $g_3(x) = \frac{2x^2-x-15}{2x-5}$

Asymptoten:
$f_1(x)$: $x = \frac{5}{2}$ und $y = x + 2$ $f_2(x)$: $x = \frac{5}{2}$ und $y = 1$ $f_3(x)$: $x = \frac{5}{2}$ und $y = x + \frac{9}{4}$

5 Geben Sie an, für welche Werte des reellen Parameters a der Graph von f mit $f(x) = \frac{x^2-1}{x^2-a^2}$ die folgenden Graphen annimmt. Zeichnen Sie alle Asymptoten ein und geben Sie deren Gleichungen an.

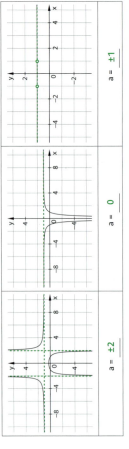

$a = \pm 2$ $a = 0$ $a = \pm 1$

6 Gegeben ist die Funktion f mit $f(x) = x + 1 + \frac{1}{x-1}$.

a) Stellen Sie die Funktion und ihre Asymptoten im Intervall $-4 \leq x \leq 4$ grafisch dar.

b) Berechnen Sie, für welche x-Werte der Betrag der Differenz der Funktionswerte von f und ihrer schrägen Asymptote kleiner als 0,01 ist.

a)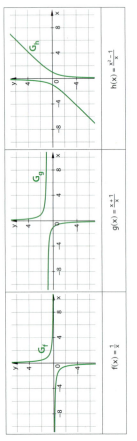

b)
Senkrechte Asymptote: $x = 1$
Schräge Asymptote: $g(x) = x + 1$

1. Fall: $x > 1$ $f(x) - g(x) < 0,01$
$\frac{1}{x+1} < \frac{1}{100}$
$x > 101$

2. Fall: $x < 1$ $f(x) - g(x) < -0,01$
$\frac{1}{x+1} < -\frac{1}{100}$
$x < -99$

Betragsungleichung verlangt Fallunterscheidung

1 Kreuzen Sie die Funktionsgleichung an, wenn die genannte Eigenschaft für die Funktion zutrifft.

Eigenschaft			
Es handelt sich um eine gebrochen-rationale Funktion.	[x] $f(x) = \frac{-x}{x^2+1}$	[ ] $g(x) = \frac{x-1}{2}$	[x] $h(x) = \frac{x^2+x}{x \cdot (x-2)}$
Die Funktion hat eine Definitionslücke bei $x = 2$.	[ ] $f(x) = \frac{x+1}{x+2}$	[x] $g(x) = \frac{x^2-4x}{x^2-4}$	[x] $h(x) = \frac{x}{0{,}5x-1}$
Die Funktion hat eine Nullstelle bei $x = -2$.	[x] $f(x) = \frac{x^2-4}{x-2}$	[x] $g(x) = \frac{x^2+4x+4}{x+2}$	[x] $h(x) = \frac{(2x+4) \cdot x}{x^2+4}$
Die Funktion hat eine hebbare Definitionslücke bei $x = 1$.	[x] $f(x) = \frac{x \cdot (x^2-1)}{x-1}$	[ ] $g(x) = \frac{(x-1) \cdot (x+3)}{(x-2)}$	[x] $h(x) = \frac{x^2+4x-5}{x^2+x-2}$
Für $x \to -1$ und $x < -1$ gilt $y \to \infty$.	[ ] $f(x) = \frac{-1}{1+x}$	[x] $g(x) = \frac{(x-2) \cdot (3-x)}{x+1}$	[x] $h(x) = \frac{(x-2) \cdot (x-3)}{x+1}$
Der Graph hat eine waagerechte Asymptote mit der Gleichung $y = 2$.	[ ] $f(x) = \frac{1}{x-2} - 2$	[x] $g(x) = \frac{2x-3}{x-3}$	[x] $h(x) = \frac{x^2}{x^2-3} + 1$
Der Graph hat eine senkrechte Asymptote an der Stelle $x = 1$.	[x] $f(x) = \frac{1}{(x-1)^2} + 1$	[x] $g(x) = \frac{(x+1) \cdot (x+2)}{x^2-3x+2}$	[ ] $h(x) = x^{-1} + 1$
Der Graph hat eine Polstelle ohne VZW.	[x] $f(x) = \frac{1}{(x-1)^2} + 1$	[x] $g(x) = \frac{(x+1) \cdot (x+2)}{x^2-3x+2}$	[ ] $h(x) = x^{-1} + 1$

2 Geben Sie für die abgebildeten Funktionen f und g mit $f(x) = \frac{(x-1)^2}{2 \cdot (x+2) \cdot (x-3)}$ und $g(x) = \frac{2 \cdot (x-1) \cdot (x+2)}{x^2}$ die zu den Eigenschaften gehörenden x-Werte bzw. Gleichungen an.

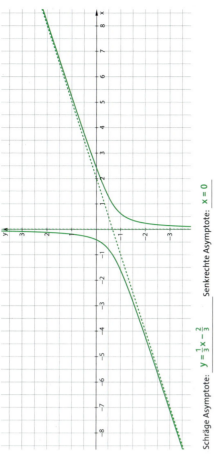

	f	g
einfache Nullstellen	keine	$x = -2$ und $x = 1$
doppelte Nullstellen	$x = 1$	keine
einfache Polstellen	$x = -2$ und $x = 3$	keine
doppelte Polstellen	keine	$x = 0$
senkrechte Asymptoten	$x = -2$ und $x = 3$	$x = 0$
waagerechte Asymptoten	$y = 0{,}5$	$y = 2$

3 Stellen Sie die Funktion f mit $f(x) = \frac{x^2 - 2x - 1}{3x}$ und ihre Asymptoten grafisch dar. Geben Sie auch die Gleichungen der Asymptoten an.

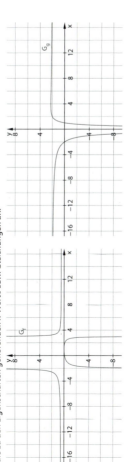

Schräge Asymptote: $y = \frac{1}{3}x - \frac{2}{3}$ Senkrechte Asymptote: $x = 0$

4 Gegeben ist die Funktion f mit $f(x) = \frac{1}{x-2} + \frac{1}{x+3}$.

a) Kreuzen Sie alle zum Funktionsterm von f äquivalenten Funktionsterme an.

[x] $\frac{2x+1}{(x-2) \cdot (x+3)}$ [ ] $\frac{2x+1}{x^2-2x-6}$ [x] $\frac{2x+1}{x^2+x-6}$

b) Geben Sie nur mithilfe der Interpretation zutreffender Funktionsterme an:

Senkrechte Asymptoten:	$x = -3$ und $x = 2$
Waagerechte Asymptoten:	$y = 0$
Schräge Asymptoten:	keine
Polstellen:	$x = -3$ und $x = 2$
Nullstellen:	$x = -\frac{1}{2}$

5 Kreuzen Sie zu jedem Paar von Funktionen an, welche x-Werte die Schnittpunkte ihrer Graphen haben.

a) $f(x) = \frac{1-x}{x-1}$ und $g(x) = x$:   [ ] $x_1 = -1$; $x_2 = 1$ [x] $x = -1$ [ ] keine reelle Lösung

b) $f(x) = \frac{1}{3x^2}$ und $g(x) = 1 + \frac{1}{6x}$:   [ ] $x_1 = \frac{2}{3}$; $x_2 = -\frac{1}{2}$ [x] $x_1 = -\frac{2}{3}$; $x_2 = \frac{1}{2}$ [ ] $x = \pm \frac{1}{2}$

c) $f(x) = 1 - \frac{1}{x}$ und $g(x) = x$:   [ ] $x = 0$ [ ] $x = 1$ [x] keine reelle Lösung

6 Begründen Sie, dass g mit $g(x) = \frac{x^2-1}{x+1}$ an der Stelle $x_0 = -1$ zwar eine Definitionslücke, aber keine Polstelle besitzt. Zeichnen Sie den Graphen von g.

Wegen $x^2 - 1 = (x+1) \cdot (x-1)$ ist $x_0 = -1$ sowohl Nullstelle des Nenners als auch Nullstelle des Zählers. Der Term der Funktion g kann gekürzt werden:

$g(x) = \frac{x^2-1}{x+1} = \frac{(x+1) \cdot (x-1)}{x+1} = x - 1$ mit $x \neq -1$. Es handelt sich bei $x_0 = -1$ um eine hebbare Definitionslücke. Der Graph von g ist eine Gerade mit einer Lücke bei $x_0 = -1$.

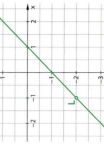

Grenzwert an einer Stelle und Stetigkeit

Basisaufgaben

1 Zeichnen Sie den Graphen der abschnittsweise definierten Funktion. Kreuzen Sie an, ob die Funktion an der Stelle $x_0 = 1$ stetig ist.

$f(x) = \begin{cases} -x+1; x>1 \\ x^2; x\leq 1 \end{cases}$

f ist stetig: ☐ wahr / ☒ falsch

$g(x) = \begin{cases} -(x-1)^2+2; x>1 \\ x^3+1; x\leq 1 \end{cases}$

g ist stetig: ☒ wahr / ☐ falsch

2 Geben Sie die Gleichungen der linearen bzw. quadratischen Funktionen an, aus denen der Graph abschnittsweise zusammengesetzt ist. Geben Sie an, ob die Funktion stetig ist.

$f(x) = \begin{cases} -x+2; x>-1 \\ x+1; x\leq -1 \end{cases}$

f ist nicht stetig

$f(x) = \begin{cases} x+4; -4\leq x\leq -2 \\ -0,5x^2+4; -2<x<2 \\ 4-x; 2\leq x\leq 4 \end{cases}$

f ist stetig

$f(x) = \begin{cases} -x; x\leq -2 \\ -x^2+4; -1<x<1 \\ x; x\geq 2 \end{cases}$

f ist nicht stetig

Stetigkeit: „Stift beim Zeichnen nicht absetzen."

3 Beurteilen Sie, ob die Funktion f an der Stelle x_0 stetig ist.

Funktion	Stelle x_0	Stetig bei x_0?
$f(x) = \begin{cases} \sin(x); x<1 \\ 2^x - 1; x\geq 1 \end{cases}$	$x_0 = 1$	nein
$f(x) = \begin{cases} \frac{1}{2}x^4; x<-1 \\ 2^x; x\geq -1 \end{cases}$	$x_0 = -1$	ja
$f(x) = \frac{1}{x-1}; x\neq 1$	$x_0 = -1$	ja

$f(x) = \frac{1}{x}$ ist stetig, denn Stetigkeit kann nur auf dem Definitionsbereich einer Funktion untersucht werden.

Weiterführende Aufgaben

4 Wählen Sie den Parameter a so, dass die Funktion an der Stelle $x_0 = 0$ stetig ist.

a) $f(x) = \begin{cases} -x^2 + a; x<0 \\ -x+12; x\geq 0 \end{cases}$

Ergebnis: $a = \underline{12}$

b) $f(x) = \begin{cases} 2\cos(x); x<0 \\ (x+1)(x-a); x\geq 0 \end{cases}$

$a = \underline{-2}$

5 Untersuchen Sie die Funktion $f(x) = \frac{x}{2} - \text{sign}(x)$ auf Stetigkeit an der Stelle $x_0 = 0$. Zeichnen Sie den Graphen von f. Füllen Sie dazu die Wertetabelle aus.

Hinweis: $\text{sign}(x) = \begin{cases} -1; x<0 \\ 0; x=0 \\ 1; x>0 \end{cases}$

x	-2	-1	0	1	2
y	0	0,5	0	-0,5	0

Die Funktion f ist an der Stelle $x_0 = 0$ __nicht stetig__.

6 Die Gebühren in einem Parkhaus werden nach folgender Vorschrift erhoben:

- Für die beiden ersten Stunden jeweils 2,00 Euro
- Für jede weitere angefangene Stunde 1,00 Euro
- 24-Stunden-Ticket 10,00 Euro

a) Zeichnen Sie den Graphen der Funktion, die der Parkdauer die Parkgebühren für den Zeitraum der ersten neun Stunden des Parkens zuordnet.

b) Beschreiben Sie Besonderheiten des Graphen. „treppenstufenförmiger" Graph, __stückweise linear, nicht stetig an den Stellen $x_k \in \{1, 2, ..., 7\}$__

c) Frau Müller muss 8,00 Euro bezahlen. Geben Sie den Zeitraum an, in dem sie das Parkhaus verlassen hat, wenn sie um 07:30 Uhr mit dem Parken begonnen hat. __Frau Müller kann bis zum Ende der fünften Stunde im Parkhaus stehen. Sie verlässt es__ also im Zeitraum von 12:30 Uhr bis 13.29 Uhr.

d) Ab welcher Parkdauer lohnt sich ein 24-Stunden-Ticket? __Mit Beginn der 10. Stunde kosten die Parkgebühren so viel wie ein 24-Stunden-Ticket.__

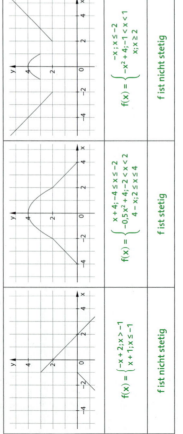

Zusatzaufgabe: Für eine reelle Zahl x ist $\lfloor x \rfloor$ die größte ganze Zahl, die kleiner oder gleich x ist. Zeichnen Sie den Graphen der Funktion f mit $f(x) = 2 \cdot \lfloor x-1 \rfloor$ im Intervall $0 \leq x < 3$.

Hinweis: Rechnerbefehl für die Gaußklammerfunktion $\lfloor x \rfloor$: floor(x).

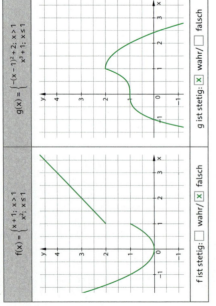

Basisaufgaben

1 Mittlere Änderungsrate
Ermitteln Sie zeichnerisch und rechnerisch die mittlere Änderungsrate m von f in den Intervallen.

Hilfe: $m = \frac{f(b)-f(a)}{(b-a)}$ = Steigung

a) Intervall $[-3; -2]$
$A(-3|-2); B(-2|1)$
$m = \frac{1-(-2)}{-2-(-3)} = \frac{3}{1} = 3$

b) $I = [-2; 2]$
$A(-2| \text{ 1 }); B(2| \text{ 4 })$
$m = \frac{4-1}{2-(-2)} = \frac{3}{4} = 0{,}75$

c) $I = [2; 6]$
$A(\text{ 2 }| \text{ 4 }); B(\text{ 6 }| \text{ 2 })$
$m = \frac{2-4}{6-2} = \frac{-2}{4} = -0{,}5$

2
Berechnen Sie die mittlere Änderungsrate der Funktion f im Intervall $[a; b]$ mit dem Differenzenquotienten $\frac{f(b)-f(a)}{(b-a)}$.

Hilfe: Berechnen Sie zuerst die y-Werte.

a) $f(x) = x^2 + 1$, $I = [-2; 3]$
$A(-2| \text{ 5 })$; $B(3| \text{ 10 })$
$m = \frac{10-5}{3-(-2)} = \frac{5}{5} = 1$

b) $f(x) = 0{,}5x^2$, $I = [-2; 3]$
$A(-2| \text{ 2 })$; $B(3| \text{ 4,5 })$
$m = \frac{4{,}5-2}{3-(-2)} = \frac{2{,}5}{5} = 0{,}5$

c) $f(x) = \sqrt{2^x}$; $I = [-2; 4]$
$P_1(\text{ -2 }| \text{ 0,5 })$; $P_2(\text{ 4 }| \text{ 4 })$
$m = \frac{4-0{,}5}{4-(-2)} = \frac{3{,}5}{6} = \frac{7}{12} \approx 0{,}58$

3
Die Grafik zeigt die Entwicklung der Geburten in Deutschland. Ergänzen Sie in den Tabellen Näherungswerte für die mittleren Änderungsraten der Geburten. Runden Sie auf Tausender.
Zusatzaufgabe: Veranschaulichen Sie Ihre Tabellen grafisch.
Was fällt auf?

individuelle Lösung

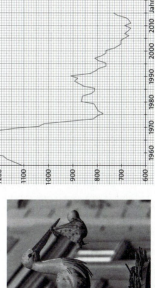

Zeitraum	1960 bis 1969	1970 bis 1979	1980 bis 1989	1990 bis 1999	2000 bis 2009
mittlere Änderungsrate	−10000	−30000	1600	−16100	−11600

Zeitraum	1965 bis 1974	1975 bis 1984	1985 bis 1994	1995 bis 2004	2005 bis 2014
mittlere Änderungsrate	−58800	2700	−5000	−6600	3300

4 Lokale Änderungsrate
Geben Sie näherungsweise die Ableitung der Funktion f an der Stelle x_0 an.
Hilfe: $f'(x_0)$ Steigung der Ableitung von f an Stelle x_0 nennt man die lokale Änderungsrate. Ergänzen Sie möglichst exakt die Tangente an jeweils geben Sie deren Steigung an.

a) $x_0 = 0$
$A(0|-4); B(4|0)$
$f'(0) = m = \frac{0-(-4)}{4-0} = \frac{4}{4} = 1$

b) $x_0 = 6$
$A(6|4); B(10|8)$
$f'(6) = m = \frac{8-4}{10-6} = \frac{4}{4} = 1$

c) $x_0 = -6$
$A(-6|0); B(-4|-6)$
$f'(-6) = m = \frac{-6-0}{-4-(-6)} = \frac{-6}{2} = -3$

d) $x_0 = -2$
$A(-2|-5); B(0|-5)$
$f'(-2) = m = \frac{-5-(-5)}{0-(-2)} = \frac{0}{2} = 0$

5
Es wird die Steigung des Graphen betrachtet.

a) Ergänzen Sie die passenden Punkte.
- Die Steigung ist null in den Punkten **C und E.**
- Die Steigung ist positiv in den Punkten **B und D.**
- Die Steigung ist negativ in den Punkten **A und F.**

b) Ordnen Sie die Punkte nach der Steigung. Beginnen Sie mit dem Punkt mit der geringsten Steigung.
A; F; C; E; B; D

6
Bestimmen Sie näherungsweise die Ableitung der Funktion an der Stelle x_0.

a) $f(x) = x^2$; $x_0 = 3$ Vermutlich ist $f'(3) = 6$.

x	f(x)	$\frac{f(x)-f(x_0)}{x-x_0}$
3,1	9,61	$\frac{9{,}61-9}{3{,}1-3} = 6{,}1$
3,01	9,0601	$\frac{9{,}0601-9}{3{,}01-3} = 6{,}01$
3,001	9,006001	$\frac{9{,}006001-9}{3{,}001-3} = 6{,}001$
3,00001	9,00006	$\frac{9{,}00006-9}{3{,}00001-3} = 6{,}00001$

b) $f(x) = x^4$; $x_0 = 2$ Vermutlich ist $f'(2) = 32$.

x	f(x)	$\frac{f(x)-f(x_0)}{x-x_0}$
2,1	19,4481	$\frac{19{,}4481-16}{2{,}1-2} \approx 34{,}481$
2,01	16,322408	$\frac{16{,}322408-16}{2{,}01-2} \approx 32{,}24$
2,001	16,032024	$\frac{16{,}032024-16}{2{,}001-2} \approx 32{,}024$
2,0001	16,00320024	$\frac{16{,}00320024-16}{2{,}0001-2} \approx 32{,}0024$

7
Kreuzen Sie an, welcher der Werte am ehesten dem Wert der 1. Ableitung der Funktion f an der Stelle x_0 entspricht.
Hilfe: Rechnen Sie wie in der Tabelle bei Aufgabe 6.

a) $f(x) = x^3$; $x_0 = 2$ ☐ $f'(2) = 1$ ☐ $f'(2) = 0$ ☒ $f'(2) = 12$ ☐ $f'(2) = -20$

b) $f(x) = \sqrt{x} - 1$; $x_0 = 5$ ☐ $f'(5) = 5$ ☐ $f'(5) = 0$ ☒ $f'(5) = 0{,}25$ ☐ $f'(5) = 1$ ☐ $f'(5) = -1$

c) $f(x) = \frac{32}{x^2}$; $x_0 = 4$ ☐ $f'(4) = 4$ ☐ $f'(4) = -0{,}5$ ☒ $f'(4) = -1$ ☐ $f'(4) = 0{,}5$ ☐ $f'(4) = 1$

d) $f(x) = x^3 - 2x^2$; $x_0 = 1$ ☐ $f'(1) = 1$ ☐ $f'(1) = 0$ ☒ $f'(1) = -1$ ☐ $f'(1) = 1$ ☐ $f'(1) = 2$

Mittlere und lokale Änderungsrate

8 Ableitung an einer Stelle: Berechnen Sie die 1. Ableitung der Funktion f an der Stelle x_0 als Grenzwert des Differenzenquotienten.

a) $f(x) = 0,25x^2; x_0 = 2$

1. Einsetzen von x_0 in den Differenzenquotienten mit h

$$\frac{f(x_0+h) - f(x_0)}{h} = \frac{0,25(2+h)^2 - (0,25 \cdot 2^2)}{h}$$

2. Umformen mit dem Ziel, h aus dem Nenner zu kürzen

$$= \frac{0,25(4+4h+h^2) - 1}{h}$$
$$= \frac{1 + h + 0,25h^2 - 1}{h}$$
$$= \frac{h + 0,25h^2}{h} = \frac{h(1+0,25h)}{h}$$
$$= 1 + 0,25h$$

3. Ermitteln des Grenzwerts für $h \to 0$

$f'(2) = \lim_{h \to 0}(1 + 0,25h) = \underline{1}$

b) $f(x) = 0,5x^2 - 1; x_0 = -1$

$$f'(x) = \lim_{h \to 0}\frac{f(x) - f(x_0)}{x - x_0} = \lim_{h \to 0}\frac{f(x_0+h) - f(x_0)}{h}$$

$$= \frac{0,5(-1+h)^2 - 1 - (0,5 \cdot (-1)^2 - 1)}{h}$$
$$= \frac{0,5(1 - 2h + h^2) - 1 - 0,5}{h}$$
$$= \frac{0,5 - h + 0,5h^2 - 1 - 0,5}{h} = \frac{-h + 0,5h^2}{h}$$
$$= \frac{h(-1 + 0,5h)}{h}$$
$$= -1 + 0,5h$$

$f'(-1) = \lim_{h \to 0}(-1 + 0,5h) = \underline{-1}$

9 Ergänzen Sie die Tabelle.

Funktion f und Stelle x_0	Differenzenquotient mit h als einziger Variable	Limes für h gegen 0
$f(x) = 5x^2; x_0 = 3$	$\frac{5(3+h)^2 - (5 \cdot 3^2)}{h}$	$f'(3) = \lim_{h \to 0}(30 + 5h) = 30$
$f(x) = 4x^2 - 6; x_0 = 5$	$\frac{4(5+h)^2 - 6 - (4 \cdot 5^2 - 6)}{h}$	$f'(5) = \lim_{h \to 0}(40 + 4h) = 40$
$f(x) = (x-1)^3$ $x_0 = 1$	$\frac{((1+h) - 1)^3 - (1-1)^3}{h}$	$f'(\ 1\ ) = \lim_{h \to 0}(h^2) = 0$

Zusatzaufgabe: Formen Sie den Differenzenquotienten so um, dass h nicht im Nenner steht. **individuelle Lösung**

10 Tangentengleichung: Gegeben ist die Funktion f mit $f(x) = -0,25x^3 + 1$. Bestimmen Sie die Gleichung der Tangente t an den Stellen $x_1 = 2$ und $x_2 = 0$ zeichnerisch und rechnerisch.

Tangente t an der Stelle $x_1 = 2$:

$m = f'(2) = \underline{-3}$

$f(2) = \underline{-0,25 \cdot 2^3 + 1 = -1}$

$-1 = -3 \cdot 2 + b,$ somit gilt $b = \underline{5}.$ $t_1(x) = \underline{-3x + 5}$ $T_1(2|-1)$

Tangente t an der Stelle $x_2 = 0$:

$m = f'(0) = \underline{0}$

$f(0) = \underline{-0,25 \cdot 0^3 + 1 = 1}$

$1 = -3 \cdot 0 + b,$ somit gilt $b = 1.$ $t_2(x) = \underline{1}$ $T_2(0|1)$

Weiterführende Aufgaben

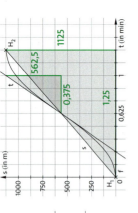

11 Der Graph der Funktion f stellt die Fahrt einer S-Bahn zwischen den Haltestellen „H_1" und „H_2" dar.

a) Ergänzen Sie die Sätze zu wahren Aussagen.

① Die Steigung der Sekante s entspricht der **Durchschnittsgeschwindigkeit im Intervall [0; 1,25]**.

② Die Steigung der Tangente t entspricht der **Momentangeschwindigkeit zum Zeitpunkt t = 0,625**.

b) Berechnen Sie mithilfe der Graphik die Durchschnittsgeschwindigkeit $\bar{v}$ der S-Bahn zwischen den Haltestellen H_1 und H_2 sowie die Momentangeschwindigkeit $v(0,625)$.

$\bar{v} = \frac{1125\,m}{1,25\,\text{min}} = 900\,\frac{m}{\text{min}} = 54\,\frac{km}{h}$

$v(0,625) \approx \frac{562,5\,m}{0,375\,\text{min}} = 1500\,\frac{m}{\text{min}} = 90\,\frac{km}{h}$

12 Paula erfasste alle fünf Minuten die Temperatur des beim Mittagessen übrig gebliebenen Eintopfs.

Zeit in min	0	5	10	15	20	25	30	35	40	45
Temperatur in °C	45	41	37,6	34,8	32,4	30,4	28,7	27,3	26,2	25,2

a) Veranschaulichen Sie den Temperaturverlauf im Koordinatensystem.

b) Geben Sie die kleinste und die größte mittlere Änderungsrate der Temperatur in den betrachteten 5-Minuten-Intervallen an. Was fällt Ihnen auf?

größte mittlere Änderungsrate: $\frac{41 - 45}{5 - 0} = -0,8$; kleinste mittlere Änderungsrate: $\frac{25,2 - 26,2}{45 - 40} = -0,2$: **Die Beträge der Änderungsraten werden mit der Zeit geringer.**

13 Die Abbildung zeigt den Pegelverlauf der Ems bei Rheine.

a) Berechnen Sie die mittlere Änderungsrate pro Tag vom 10. bis 18.12.2017. Runden Sie sinnvoll.

$\frac{570 - 320}{18 - 10} = 30$ Um ca. 30 cm stieg das Wasser pro Tag.

b) Erläutern Sie, dass die mittlere Änderungsrate pro Tag vom 1. bis 25.12.2017 keine sinnvolle Information über die tatsächliche Entwicklung liefert.

Am 1. und 25.12.2017 waren die Pegelstände fast identisch, somit ist die berechnete mittlere Änderungsrate pro Tag ca. 0. Tritt im betrachteten Intervall entweder nur Zunahme oder nur Abnahme auf, dann liefert die mittlere Änderungsrate sinnvollere Information über die tatsächliche Entwicklung.

(z.B.: Anstieg um 30 cm pro Tag vom 10. bis 18.12.2017.)

Basisaufgaben

1 Ergänzen Sie die Anwendungen zum Begriff 1. Ableitung einer Funktion f an einer Stelle x_0.

Hilfe: $\lim\limits_{h \to 0} \frac{f(x_0 + h) - f(x_0)}{h}$

a) Wenn sich der Differenzenquotient $\frac{f(x_0) - f(x)}{x_0 - x}$ einer Funktion f bei Annäherung an die Stelle x_0 von links oder rechts **immer ein und demselben Wert annähert, so gibt dieser Wert** die 1. Ableitung f'(x_0) der Funktion f an der Stelle x_0 an.

b) Ist f(t) die Weg-Zeit-Funktion der geradlinigen Bewegung eines Massepunktes, dann gibt f'(t_0) **die Momentangeschwindigkeit des Massepunktes zum Zeitpunkt t_0** an.

c) Die 1. Ableitung einer Funktion f an einer Stelle x_0 gibt die Steigung **der Tangente an den Graphen der Funktion f an der Stelle x_0** an.

d) Beschreibt die Funktion f das Wachstum einer Bakterienkultur in Abhängigkeit von der Zeit x, so gibt f'(x_0) die **momentane** Wachstumsrate **zum Zeitpunkt x_0** an.

2 Behauptung: Die Funktion f(x) = |x − 1| ist an der Stelle x_0 = 1 nicht differenzierbar.

a) Zeichnen Sie den Graphen der Funktion f mindestens im Intervall −2 ≤ x ≤ 3.

b) Beschreiben Sie mit Worten, woran man anhand des Graphen einer Funktion erkennen kann, ob die Funktion an einer Stelle nicht differenzierbar ist.

c) Füllen Sie die Lücken im rechnerischen Nachweis der Behauptung.

$|a| = \begin{cases} a; a \geq 0 \\ -a; a < 0 \end{cases}$

Beschreibung: **Wenn der Graph einer Funktion f an einer Stelle einen Knick aufweist, dann ist f an dieser Stelle nicht differenzierbar, weil dort eine Tangente an den Graphen nicht eindeutig bestimmt ist.**

Annäherung an die Stelle x_0 = 1 von rechts: $\lim\limits_{\substack{h \to 0 \\ h > 0}} \frac{|1 + h - 1| - |1 - 1|}{h} = \lim\limits_{\substack{h \to 0 \\ h > 0}} \frac{|h|}{h} = \lim\limits_{\substack{h \to 0 \\ h > 0}} \frac{h}{h} = 1$

Annäherung an die Stelle x_0 = 1 von links: $\lim\limits_{\substack{h \to 0 \\ h < 0}} \frac{|1 + h - 1| - |1 - 1|}{h} = \lim\limits_{\substack{h \to 0 \\ h < 0}} \frac{|h|}{h} = \lim\limits_{\substack{h \to 0 \\ h < 0}} \frac{-h}{h} = -1 \neq 1$

3 Behauptung: Die Funktion $f(x) = \begin{cases} x^2; x \leq 2 \\ 4; x > 2 \end{cases}$ ist an der Stelle x_0 = 2 nicht differenzierbar.

a) Zeichnen Sie den Graphen der Funktion f mindestens im Intervall −2 ≤ x ≤ 4.

b) Führen Sie einen rechnerischen Nachweis der Behauptung.

$\lim\limits_{\substack{h \to 0 \\ h < 0}} \frac{(2 + h)^2 - 2^2}{h} = \lim\limits_{\substack{h \to 0 \\ h < 0}} \frac{4h + h^2}{h} = \lim\limits_{\substack{h \to 0 \\ h < 0}} (4 + h) = 4$

$\lim\limits_{\substack{h \to 0 \\ h > 0}} \frac{4 - 4}{h} = \lim\limits_{\substack{h \to 0 \\ h > 0}} \frac{0}{h} = 0 \neq 4$

Der links- und rechtsseitige Grenzwert stimmen nicht überein: Die Behauptung gilt.

Weiterführende Aufgaben

4 Die Funktion $h(x) = \frac{1}{2}x^2$ ist an jeder Stelle x differenzierbar, die Funktion g(x) = |x| ist an der Stelle x_0 = 0 nicht differenzierbar.

a) Ordnen Sie die Funktionen f_1, f_2 und f_3 durch Verbindungslinien den Graphen zu.

$f_1(x) = h(x) \cdot g(x)$ $f_2(x) = h(x) + g(x)$ $f_3(x) = h(x) - g(x)$

b) Entscheiden Sie, ob f_1, f_2 und f_3 an der Stelle x_0 = 0 differenzierbar sind. Geben Sie den Wert der 1. Ableitung an, falls die Funktion dort differenzierbar ist.

An der Stelle x_0 = 0 nicht differenzierbar sind f_2 und f_3, hingegen ist f_1 dort differenzierbar und hat die Ableitung $f'_1(0) = 0$.

c) Behauptung: f_4 mit $f_4(x) = \frac{h(x)}{g(x)}$ ist an der Stelle x_0 = 0 weder differenzierbar noch stetig. Ergänzen Sie die Begründung dieser Behauptung.

Begründung: $f_4(x) = \frac{\frac{1}{2}x^2}{|x|} = \frac{\frac{1}{2} \cdot |x| \cdot |x|}{|x|} = \frac{1}{2} \cdot |x|$ mit x ≠ 0. Wegen **der (hebbaren) Definitionslücke** bei x = 0 ist f_4 mit $f_4(x) = \frac{h(x)}{g(x)}$ nicht stetig.

Annäherung an die Stelle x_0 = 0 von rechts: $\lim\limits_{\substack{h \to 0 \\ h > 0}} \frac{\frac{1}{2} \cdot |0 + h| - \frac{1}{2} \cdot |0|}{h} = \lim\limits_{\substack{h \to 0 \\ h > 0}} \frac{\frac{1}{2} \cdot |h|}{h} = \lim\limits_{\substack{h \to 0 \\ h > 0}} \frac{1}{2} \cdot \frac{h}{h} = \frac{1}{2}$

und von links: $\lim\limits_{\substack{h \to 0 \\ h < 0}} \frac{\frac{1}{2} \cdot |0 + h| - \frac{1}{2} \cdot |0|}{h} = \lim\limits_{\substack{h \to 0 \\ h < 0}} \frac{\frac{1}{2} \cdot |h|}{h} = \lim\limits_{\substack{h \to 0 \\ h < 0}} \frac{1}{2} \cdot \frac{-h}{h} = -\frac{1}{2} \neq \frac{1}{2}$

Der linksseitige Grenzwert des Differenzenquotienten an der Stelle x_0 = 0 und der rechtsseitige Grenzwert sind **nicht gleich**, deshalb ist $f_4(x)$ hier nicht differenzierbar.

5 Mit einer Mathematiksoftware wurde die 1. Ableitung von f mit $f(x) = x$ und $0 \leq x \leq 4$ berechnet.
Kreuzen Sie an, wer recht hat.

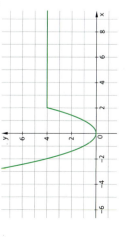

☐ Andrea: Die Software macht einen Fehler, denn die 1. Ableitung wird nur für das Intervall 0 < x < 4 angegeben, aber f(x) ist definiert für 0 ≤ x ≤ 4.

☒ Bea: Die Software macht keinen Fehler, denn an den Intervallgrenzen lassen sich nur einseitige Grenzwerte des Differenzenquotienten berechnen. Damit existiert die 1. Ableitung weder für x = 0 noch für x = 4 im definierten Sinne.

Grafisch Ableiten

Ableitungsfunktion

Basisaufgaben

1 Ableitung an einer Stelle: Berechnen Sie die 1. Ableitung der Funktion f an der Stelle x_0 als Grenzwert des Differenzenquotienten.

a) $f(x) = 2x^2 - 1; x_0 = -1$
b) $f(x) = x^2 + 1; x_0 = 1$

1. Bilden des Differenzenquotienten $\frac{f(x) - f(x_0)}{x - x_0}$:

$\frac{2x^2 - 1 - (2 \cdot (-1)^2 - 1)}{x - (-1)} = \frac{2x^2 - 2}{x + 1}$ $\frac{x^2 + 1 - (1^2 + 1)}{x - 1} = \frac{x^2 - 1}{x - 1}$

2. Umformen des Differenzenquotienten

$\frac{2x^2 - 2}{x + 1} = \frac{2 \cdot (x^2 - 1)}{x + 1} = \frac{2 \cdot (x - 1) \cdot (x + 1)}{x + 1} = 2 \cdot (x - 1)$ $\frac{x^2 - 1}{x - 1} = \frac{(x + 1) \cdot (x - 1)}{x - 1} = x + 1$

3. Ermitteln des Grenzwertes für $x \to x_0$:

$f'(-1) = \lim_{x \to -1} 2 \cdot (x - 1) = 2 \cdot (-1 - 1) = -4$ $f'(1) = \lim_{x \to 1} (x + 1) = (1 + 1) = 2$

2 Vervollständigen Sie die Tabelle.

Funktion f und Stelle x_0	Differenzenquotient mit x und x_0	Limes für x gegen x_0
$f(x) = 3x^2; x_0 = 2$	$\frac{3 \cdot x^2 - 3 \cdot 2^2}{x - 2} = \frac{3 \cdot (x^2 - 4)}{x - 2} = 3 \cdot (x + 2)$	$3 \cdot (2 + 2) = 12$
$f(x) = 2x^2 - 12; x_0 = 3$	$\frac{2 \cdot x^2 - 12 - (2 \cdot 3^2 - 12)}{x - 3} = 2 \cdot (x + 3)$	$2 \cdot (3 + 3) = 12$
$f(x) = (x - 1)^2$ $x_0 = -1$	$\frac{(x - 1)^2 - (-1 - 1)^2}{x + 1} = x - 3$	$-1 - 3 = -4$

3 Ableitungsfunktion: Betrachten Sie den Graphen von f mit $f(x) = x^3 - 6x^2 + 9x$ im Intervall $-0{,}1 < x < 4$.

Hilfe: Nutzen Sie für die Angabe der Steigung der Tangenten f' an den einzelnen Stellen.

a) Ergänzen Sie die Zahlen und skizzieren Sie passende Tangenten am Graphen f.

① zur x-Achse parallele Tangenten

$f'(\underline{1}) = 0$ $f'(\underline{3}) = 0$

② Tangenten mit positiver Steigung

$f'(x) > 0$ für $-0{,}1 < x < \underline{1}$ und $\underline{3} < x < \underline{4}$

③ Tangenten mit negativer Steigung

$f'(x) < 0$ für $\underline{1} < x < \underline{3}$

b) Skizzieren Sie die Ableitungsfunktion f' mit $f'(x) = 3(x - 2)^2 - 3$ mit $S(2|-3)$. Nutzen Sie Ihre Ergänzungen bei Teilaufgabe a.

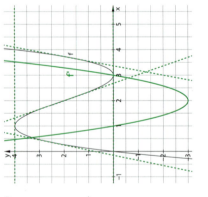

Der Funktionswert der Ableitungsfunktion f' an der Stelle x entspricht der Steigung von f an dieser Stelle.

Weiterführende Aufgaben

4 Graphen von Funktionen und Ableitungsfunktionen:
Ordnen Sie dem Graphen der Funktion den der Ableitungsfunktion zu. Beschriften Sie dazu die Graphen mit f, g, h, k bzw. f', g', h', k'. Markieren Sie die für Ihre Entscheidung maßgeblichen Punkte auf den Graphen.
Zusatzaufgabe: Begründen Sie Ihre Zuordnungen.

individuelle Lösung

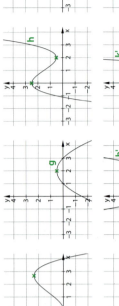
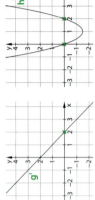

5 Die Abbildung zeigt das Weg-Zeit-Diagramm einer Autofahrt. Auf der Strecke besteht eine Geschwindigkeitsbegrenzung von 60 $\frac{km}{h}$.

a) Berechnen Sie die Durchschnittsgeschwindigkeit im abgebildeten Intervall in Kilometern pro Stunde.

$\bar{v} = \frac{10\,km}{12\,min} = 50\,\frac{km}{h}$

b) Ermitteln Sie die Steigung des Graphen in $\frac{km}{min}$, die einer Momentangeschwindigkeit von 60 $\frac{km}{h}$ entspricht.

$\frac{60\,km}{1\,h} = \frac{60\,km}{60\,min} = 1\,\frac{km}{min}$

c) Markieren Sie die Teile des Graphen, bei denen die Höchstgeschwindigkeit von 60 $\frac{km}{h}$ überschritten wird.
Markiert sind die Intervalle [3; 6] und [8; 10].

6 Ergänzen Sie zu wahren Aussagen.

Wenn der Graph von f' oberhalb der x-Achse verläuft, dann ist die Steigung von f **positiv**.

Wenn der Graph von f' unterhalb der x-Achse verläuft, dann ist die Steigung von f **negativ**.

Wenn der Graph von f' die x-Achse schneidet, dann hat f an der Stelle **einen Hoch- oder Tiefpunkt**.

Wenn der Graph von f' eine Parabel ist, dann ist f **eine Funktion dritten Grades**.

Wenn der Graph von f eine Gerade ist, dann verläuft der Graph von f' **parallel zur x-Achse**.

Betrachtet man die Funktion $g = -f$, dann gilt für g': $g' = -f'$.

Basisaufgaben

1 Potenzen mit natürlichen Exponenten: Kreuzen Sie die richtigen Antworten an.

$f(x) = x^3$: ☐ $f(x) = x^2$ ☐ $f(x) = 3x^2$

$f(x) = x^m$: ☐ $f(x) = x^{m-1}$ ☒ $f(x) = mx^{m-1}$

$v(u) = u^5$: ☐ $v'(u) = u^4$ ☒ $v'(u) = 5u^4$

$f(x) = a^2$: ☐ $f(x) = 2a^1$ ☒ $f(x) = 0$ ☒ $a'(t) = 1$

$a(t) = t$: ☒ $a'(t) = t^{t-1}$ ☒ $a'(t) = 1$

$f(x) = x^{3n}$: ☐ $f(x) = 3x^{2n}$ ☐ $f(x) = 3n \cdot x^{2(n-1)}$ ☒ $f(x) = 3n \cdot x^{2n-1}$

2 Potenzen mit rationalen Exponenten: Ordnen Sie durch Pfeile zu.

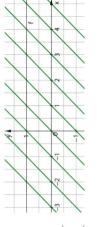

3 Bestimmen Sie die Ableitung der Funktion f an der Stelle x_0, falls möglich.

Funktion f	Stelle x_0	Ableitungsfunktion f'	$f'(x_0)$
$f(x) = x^6$	$x_0 = -1$	$f'(x) = 6x^5$	$f'(-1) = -6$
$f(x) = \frac{1}{x}$	$x_0 = 0$	$f'(x) = -x^{-2}$	$f'(0) = $ n.d.
$f(x) = \frac{1}{\sqrt{x}}$	$x_0 = 1$	$f'(x) = -\frac{1}{2\sqrt{x^3}}$	$f'(1) = -\frac{1}{2}$
$f(x) = 5$	$x_0 = 5$	$f'(x) = 0$	$f'(5) = 0$

$f(x) = x^r; r \in \mathbb{Q}$
$f'(x) = r \cdot x^{r-1}$

4 Gegeben ist die Funktion $f(x) = x^2$.

a) Ermitteln Sie die Stelle x_0, an der die Tangente an den Graph von f denselben Anstieg hat wie die Sekante durch die Punkte $P(0 | f(0))$ und $Q(1 | f(1))$.

b) Bestimmen Sie die Gleichung dieser Tangente.

Anstieg der Sekante: $m = \frac{1^2 - 0^2}{1 - 0} = 1$

Ableitung von f: $f'(x) = 2x$

Stelle x_0: $2 \cdot x_0 = 1 \Rightarrow x_0 = \frac{1}{2}$

Tangentengleichung: $\left(\frac{1}{2}\right)^2 = 1 \cdot \frac{1}{2} + n \Rightarrow n = -\frac{1}{4}$

$\Rightarrow y = x - \frac{1}{4}$

Zusatzaufgabe: Zeichnen Sie die Tangente ein.

c) Beschreiben Sie, wie sich der Anstieg der Gerade durch die Punkte P und Q ändert, wenn Q entlang der Parabel immer näher an P heranrückt und schließlich P erreicht.

Der Anstieg wird kleiner und schließlich zu 0, aus der Sekante wird die Tangente in P.

Weiterführende Aufgaben

5 Kreuzen Sie alle die Funktionen f an, die zur gegebenen Ableitungsfunktion f' gehören.

$f'(x) = 7x^6$: ☐ $f(x) = 7x^7$ ☒ $f(x) = x^7 + 7$ ☒ $f(x) = x^7 - 7$

$f'(x) = \frac{1}{3\sqrt[3]{x^2}}$: ☒ $f(x) = \sqrt[3]{x} + 1$ ☒ $f(x) = x^{\frac{1}{3}} - 2$

$f'(x) = \frac{-1}{2\sqrt{x^3}}$: ☒ $f(x) = x^{-\frac{1}{2}} - 2$ ☒ $f(x) = \frac{1}{\sqrt{x}} + \pi$ ☒ $f(x) = 1 + \frac{1}{x^k}$

$f'(x) = -k \cdot x^{-(k+1)}$: ☐ $f(x) = -x^{k+1}$ ☒ $f(x) = 1 + \frac{1}{x^k}$

6 Zeichnen Sie Graphen möglicher Funktionen f ein, die zum abgebildeten Graphen der Ableitungsfunktion f' gehören.

Als Lösungen kommen alle linearen Funktionen $f(x) = 1 \cdot x + n$ mit $n \in \mathbb{R}$ infrage.

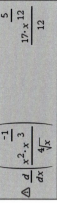

7 Bestimmen Sie rechnerisch die Stellen, an denen die Funktionen $f(x) = x^2$ und $g(x) = x^3$ den gleichen Anstieg haben. Zeichnen Sie die zugehörigen Tangenten ein und geben Sie deren Gleichungen an.

Ableitungen: $f'(x) = 2x$; $g'(x) = 3x^2$

Gleichsetzen:

$2x = 3x^2$

$0 = 3x^2 - 2x$

$0 = x \cdot (3x - 2)$

$x_1 = 0$ und $x_2 = \frac{2}{3}$

Die Funktionen f und g haben an den Stellen $x_1 = 0$ und $x_2 = \frac{2}{3}$ den gleichen Anstieg. Die gemeinsame Tangente bei $x_1 = 0$ hat die Gleichung $y = 0$.

Die parallelen Tangenten bei $x_2 = \frac{2}{3}$ haben die Gleichungen $y = \frac{4}{3}x - \frac{4}{9}$ (für die Funktion f) bzw. $y = \frac{4}{3}x - \frac{16}{27}$ (für die Funktion g).

8 Prüfen Sie durch handschriftliche Rechnung, ob der CAS-Rechner hier richtig gerechnet hat. Beurteilen Sie, ob die Warnung berechtigt ist.

$$\triangle \frac{d}{dx}\left(\frac{x^2 \cdot x^{-1}}{\sqrt[4]{x}} \cdot \frac{3}{\sqrt{x}}\right) \quad \frac{17 \cdot x^{\frac{5}{12}}}{12}$$

$\left(\frac{x^2 \cdot x^{-1}}{\sqrt[4]{x}}\right)' = \left(\frac{x^2}{x^{\frac{1}{2}}} \cdot x^{-\frac{3}{12}}\right)' = \left(\frac{24}{x^{12}} - \frac{4}{x^{12}} - \frac{3}{x^{12}}\right)' = \left(x^{\frac{24}{12} - \frac{4}{12} - \frac{3}{12}}\right)' = \left(x^{\frac{17}{12}}\right)'$

$= \frac{17}{12} \cdot x^{\frac{17}{12}-1} = \frac{17}{12} \cdot x^{\frac{5}{12}} \Rightarrow$ Stimmt!

Die Warnung ist berechtigt: Der Term $\frac{x^2 \cdot x^{-1}}{\sqrt[4]{x}}$ ist für $x = 0$ nicht definiert. Diese Einschränkung gilt beim Ergebnis $\frac{17}{12} \cdot x^{\frac{5}{12}}$ nicht.

Faktor- und Summenregel

Faktor-regel Summen-regel

Basisaufgaben

1 Potenzregel: Kreuzen Sie die Ableitungsfunktion der Potenzfunktion mit natürlichen Exponenten an.

Hilfe: Wenn $f(x) = x^n$ mit $n \in \mathbb{N}$, dann gilt $f'(x) = n \cdot x^{n-1}$.

a) $f(x) = x^6$ ☐ $f(x) = 6x^6$ ☒ $f'(x) = 6x^5$ ☐ $f'(x) = 5x^6$

b) $g(x) = x^{13}$ ☐ $g'(x) = 13x^{13}$ ☒ $g'(x) = 13x^{12}$ ☐ $g'(x) = 12x^{13}$

c) $h(x) = x$ ☐ $h(x) = -x$ ☐ $h'(x) = x^{-1}$ ☒ $h'(x) = 1$

2 Leiten Sie die Potenzfunktionen mit rationalen Exponenten mithilfe der Potenzregel ab.

Hilfe: Wenn $f(x) = x^r$ mit $r \in \mathbb{R}$, dann gilt $f'(x) = r \cdot x^{r-1}$.

f(x)	x^{-10}	x^{-20}	$-x^{-15}$	$x^{-0,1}$	$x^{-\frac{2}{5}}$	$x^{-2,1}$
f'(x)	$-10x^{-11}$	$-20x^{-21}$	$15x^{-16}$	$-0,1x^{-1,1}$	$-0,4x^{-1,4}$	$-2,1x^{-3,1}$

3 Faktorregel: Geben Sie den Funktionsterm der Ableitungsfunktion an.

Hilfe: $f(x) = k \cdot r(x)$ mit $k \in \mathbb{R}$, dann gilt $f'(x) = k \cdot r'(x)$.

f(x)	$7x^{-3}$	$-11x^{-2}$	$4x^{\frac{1}{2}}$	$-2x^{-\frac{3}{2}}$	$-3x^{-\frac{1}{5}}$	$-\frac{2}{3}x^{\frac{2}{3}}$
f'(x)	$-21x^{-4}$	$22x^{-3}$	$2x^{-\frac{1}{2}}$	$3x^{-\frac{5}{2}}$	$\frac{3}{5}x^{-\frac{6}{5}}$	$\frac{4}{9}x^{-\frac{5}{3}}$

4 Korrigieren Sie, wenn nötig, die Ableitungsfunktion in der unteren Zeile.

f(x)	$2x^2$	$\frac{1}{5}x^5$	$\frac{1}{x^4} - \frac{1}{x^6}$	$2x^{-7}$	$\frac{1}{\sqrt{x}}$	$2\sqrt[3]{x}$
f'(x)	x **4x**	x^4	$-14x^{-8} - \frac{1}{2x^8}$	$\frac{1}{5x^5}$	$-\frac{1}{2}x^{-\frac{3}{2}}$	$2\frac{1}{3\sqrt[3]{x^2}}$

Zusatzaufgabe: Nennen Sie naheliegende Fehlerursachen.   *individuelle Lösung*

5 Summenregel: Leiten Sie die Funktion ab.

Multiplizieren Sie, wenn nötig, den Funktionsterm aus.

Hilfe: $f(x) = g(x) + h(x)$, dann gilt $f'(x) = g'(x) + h'(x)$. Wenn

a) $f(x) = x^3 + x^{17}$ b) $f(x) = x^4 + 4x^2$

$f'(x) = 3x^2 + 17x^{16}$ $f'(x) = 4x^3 + 8x$

c) $f(x) = 8x^5 + 4x^{-4}$ d) $f(x) = 7x^5 - 6x^3 + 7x - 4$

$f'(x) = 40x^4 - 16x^{-5}$ $f'(x) = 35x^4 - 18x^2 + 7$

e) $f(x) = \frac{(x+4)^2}{2} = 0,5x^2 + 4x + 8$ f) $f(x) = \frac{1}{x}(3x^5 - 2x^4 + x^2) = 3x^4 - 2x^3 + x \quad (x \neq 0)$

$f'(x) = x + 4$ $f'(x) = 12x^3 - 6x^2 + 1$

g) $f(x) = x^2(4x - 7) = 4x^3 - 7x^2$ h) $f(x) = r(sx^2 - tx + u) = rsx^2 - rtx + ru$

$f'(x) = 12x^2 - 14x$ $f'(x) = 2rsx - rt$

Weiterführende Aufgaben

6 Die Ableitungen sind fehlerhaft. Korrigieren Sie zuerst die Ableitung. Geben Sie eine mögliche Fehlerursache an.

$f(x) = x^r$ $f'(x) = r \cdot x^{r-1}$
$g(x) = c$ $g'(x) = 0$
$m(x) = \sin(x)$ $m'(x) = \cos(x)$
$n(x) = \cos(x)$ $n'(x) = -\sin(x)$

a) $f(x) = 3x^2(x - 4)$ $f'(x) = 9x^2 - 8x$ $f'(x) =$ **$9x^2 - 24x$**

z. B. Beim Ausmultiplizieren wurde einmal der Faktor 3 vergessen ($f(x) = 3x^3 - 12x^2$).

b) $f(x) = (x + 2)(x + 6)$ $f'(x) = 2x + 20$ $f'(x) =$ **$2x + 8$**

z. B. Beim Ableiten wurde die Konstante „mitgenommen" ($f(x) = x^2 + 8x + 12$).

c) $f(x) = 5(x^2 - 2)(x^2 + 2)^2$ $f'(x) = 5(6x^5 + 24x^4 + 24x^2)$ $f'(x) =$ **$5(6x^5 + 8x^3 - 8x)$**

z. B. Beim Multiplizieren wurde das Minus vergessen, beim Ableiten die Exponenten $f(x) = 5(x^6 + 2x^4 - 4x^2 - 8)$.

d) $9x^4 - 3x^3 - 6\cos(x)$ $f'(x) = 36x^3 - 9x^{-2} - 6\sin(x)$ $f'(x) =$ **$36x^3 + 9x^{-4} + 6\sin(x)$**

z. B. Beim Ableiten wurde ein Exponent erhöht statt verkleinert und cos wird zu ($-\sin$).

7 Ableitung an einer Stelle: Bestimmen Sie die Ableitung (Steigung) an der Stelle.

a) $f(x) = 0,1x^5$ b) $f'(x) = 6x^3 + 3x - 7$

$f'(x) =$ **$0,5x^4$** $f'(2) =$ **$0,5 \cdot 2^4 = 8$** $f'(0) =$ **$0,5 \cdot 0^4 = 0$** $f'(0) =$ **$18 \cdot 0^2 + 3 = 3$** $f'(2) =$ **$18 \cdot 2^2 + 3 = 75$**

c) $f(x) = \frac{x^6 + x^2}{x^3} =$ **$x^3 + x^{-1}$**   d) $f(x) = (\sqrt{x} + 3)^2 =$ **$x + 6\sqrt{x} \cdot 9 = x + 6 \cdot x^{\frac{1}{2}} + 9$**

$f'(x) =$ **$3x^2 - \frac{1}{x^2}$** $f'(x) =$ **$1 + 3 \cdot x^{-\frac{1}{2}}$**

$f'(1) =$ **$3 \cdot (1)^2 - \frac{1}{(1)^2} = 3 - 1 = 2$** $f'(4) =$ **$1 + 3 \cdot 4^{-\frac{1}{2}} = 1 + 1,5 = 2,5$**

$f'(-2) =$ **$3 \cdot (-2)^2 - \frac{1}{(-2)^2} = 12 - 0,25 = 11,75$** $f'(9) =$ **$1 + 3 \cdot 9^{-\frac{1}{2}} = 1 + 1 = 2$**

8 Markieren Sie alle zu einer Funktion passenden Karten mit der gleichen Farbe (oder dem gleichen Symbol).

$f(x) = 2x^3$ A	$f(x) = 2x^3 - x$ B	$f(x) = 2x^3 + x^2$ C	$f(x) = x^2 + \cos(x)$ G
$f'(x) = -3x^2$ D	$f(x) = 3x^2 + 3x$ E	$f'(x) = 3x^2 + 3x^3$ F	$f(x) = x^{-2} - \sin(30°)$ H
$f(x) = 6x^2$ A	$f'(x) = -2x^{-3}$ H	$f'(x) = 6x^2 + 2x$ C	$f'(x) = 6x^2 - 1$ B
$f'(x) = -6x$ D	$f'(x) = 6x + 9x^2$ F	$f'(x) = 6x + 3$ E	$f'(x) = 2x - \sin(x)$ G
$f'(-4) = -21$ E	$f'(4) = 96$ A	$f'(5) = 149$ B	$f'(-2) = 0,25$ H
$f'(-5) = 195$ F	$f'(\pi) = 2\pi$ G	$f'(-5) = 149$ F	$f'(4) = 104$ C
	$f'(5) = 255$ G	$f'(5) = 30$ D	$f'(1) = 8$ C

Basisaufgaben

1 Ergänzen Sie die Lücken in den Sätzen zu wahren Aussagen.

Die Funktion f mit $f(x) = \sin(x)$ hat die Ableitungsfunktion f' mit $f'(x) = $ **cos(x)**.

Die Funktion g mit $g(x) = \cos(x)$ hat die Ableitungsfunktion g' mit $g'(x) = $ **−sin(x)**.

2 Geben Sie die Steigung der Tangente an den Graphen der Funktion f mit $f(x) = \sin(x)$ an den in der Tabelle gegebenen Stellen x an.

Stelle x	$-\frac{\pi}{2}$	0	$\frac{\pi}{4}$	$\frac{\pi}{3}$	$\frac{\pi}{2}$	2π
Tangentensteigung für $f(x) = \sin(x)$	0	1	$\frac{\sqrt{2}}{2}$	$\frac{1}{2}$	0	1

3 Geben Sie an, zu welcher der Funktionen f_1, f_2, f_3 und f_4 die Funktion f mit $f(x) = -\sin(x)$ die Ableitungsfunktion ist. Begründen Sie Ihre Entscheidung kurz.

Antwort: **f_3 und f_4**

Begründung:

$f_3(x) = \cos(x) + 4$

$\Rightarrow f_3'(x) = -\sin(x)$

$f_4(x) = \cos(x) - 4 \Rightarrow f_4'(x) = -\sin(x)$

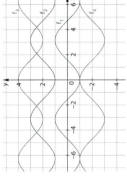

4 Kreuzen Sie alle Stellen x aus dem Intervall $-\pi \leq x \leq 3\pi$ an, für die die angegebene Gleichung zutrifft.

$\sin(x) = 0$: ☒ $x = -\pi$ ☐ $x = \frac{\pi}{2}$ ☐ $x = -\frac{\pi}{3}$ ☒ $x = 3\pi$

$\cos(x) = -1$: ☒ $x = -\pi$ ☒ $x = -\frac{\pi}{4}$ ☒ $x = \pi$ ☐ $x = 2\pi$

$|\sin(x)|' = 0$: ☐ $x = -\pi$ ☒ $x = \frac{\pi}{2}$ ☒ $x = \frac{3\pi}{2}$ ☒ $x = \frac{3\pi}{2}$

$[\cos(-x)]' = -1$: ☐ $x = -\pi$ ☒ $x = -\frac{\pi}{4}$ ☐ $x = \frac{\pi}{2}$ ☒ $x = \frac{5\pi}{2}$

5 Beurteilen Sie, ob die Aussagen richtig sind. Korrigieren Sie falsche Aussagen.

Aussage	wahr/falsch	Korrektur
Im Intervall $-2\pi \leq x \leq -\pi$ ist der Graph der Kosinusfunktion monoton fallend.	wahr	
Der Graph der Sinusfunktion besitzt lokale Extrempunkte für alle $x = 2k \cdot \pi$ mit $k \in \mathbb{Z}$.	falsch	$x = (2k-1) \cdot \frac{\pi}{2}$
Der Graph der Kosinusfunktion besitzt lokale Extrempunkte für alle $x = k \cdot \pi$ mit $k \in \mathbb{Z}$.	wahr	
Die 2500. Ableitung von f mit $f(x) = -\sin(x)$ ist $f^{2500}(x) = \sin(x)$.	falsch	$f^{2500}(x) = -\sin(x)$

Weiterführende Aufgaben

6 Kreuzen Sie alle Funktionsterme an, die eine Stammfunktion von f mit $f(x) = \cos(x) + x$ sind.

☐ $F(x) = -\sin(x) + x$ ☒ $F(x) = \sin(x) + 0{,}5x^2$ ☒ $F(x) = \sin(x) + \frac{x^2}{2} - 1$

☐ $F(x) = -\sin(x) + 2x^2$ ☒ $F(x) = \sin(x) + \frac{1}{2}x^2 + \sqrt{2}$ ☒ $F(x) = \sin(x) + \frac{x^2}{2} + \pi$

7 Kreuzen Sie richtige Antworten bezüglich der Funktion f mit $f(x) = \sin(x) - \cos(x) + \pi$ an.

a) Die Funktion f hat an der Stelle $x = \frac{\pi}{2}$ den Funktionswert

☐ $f(\frac{\pi}{2}) = \pi$ ☐ $f(\frac{\pi}{2}) = \pi - 1$ ☒ $f(\frac{\pi}{2}) = \pi + \tan(\frac{\pi}{4})$ ☒ $f(\frac{\pi}{2}) = \pi + 1$

b) Die Funktion f hat an der Stelle $x = -\frac{\pi}{2}$ die Steigung

☒ $f'(-\frac{\pi}{2}) = -1$ ☒ $f'(-\frac{\pi}{2}) = \sin(\frac{7}{2}\pi)$ ☒ $f'(-\frac{\pi}{2}) = \tan(-\frac{\pi}{4})$

c) Die Funktion f hat die Stammfunktion

☐ $F(x) = -\sin(x) - \cos(x)$ ☒ $F(x) = -\sin(x) - \cos(x) + \pi \cdot x$

d) Die Funktion g mit $g(x) = f(x) - \pi$ hat im Intervall $-\pi \leq x \leq \pi$ die Extremstelle

☒ $x_e = -\frac{\pi}{4}$ ☐ $x_e = -\frac{3\pi}{4}$ ☐ $x_e = \frac{\pi}{4}$ ☒ $x_e = \frac{3\pi}{4}$

8 Gegeben ist die Funktion f mit $f(x) = x - \sin(x)$ mit $-5 \leq x \leq 5$.

a) Begründen Sie, dass der Graph der Funktion f monoton steigend ist.

$f'(x) = 1 - \cos(x)$ ist wegen $|\cos(x)| \leq 1$ stets größer oder gleich null. Deshalb ist der Graph von f monoton steigend.

b) Berechnen Sie die Koordinaten der Wendepunkte von f.

$f''(x) = \sin(x) = 0$ mit $-5 \leq x \leq 5$ ergibt als mögliche Wendestellen: $-\pi, 0, \pi$.

$f'''(x) = \cos(x)$: (hinreichende Bedingung)

$f'''(-\pi) = f'''(\pi) = -1 \neq 0, f'''(0) = 1 \neq 0$.

Wegen $f'(0) = 1 - \cos(0) = 0$ liegt im Punkt $W_1(0|0)$ ein Terrassenpunkt vor.

Die beiden anderen Wendepunkte haben die Koordinaten $W_2(\pi|\pi)$ und $W_3(-\pi|-\pi)$.

c) Skizzieren Sie den Graphen von f.

9 Beurteilen Sie, ob die Aussagen bezüglich der Funktion f mit $f(x) = \sin(x)$ mit $x \in \mathbb{R}$ korrekt sind. Korrigieren Sie falsche Aussagen.

Aussage	wahr/falsch	Korrektur
Alle Nullstellen von f sind gegeben durch $x_0 = k \cdot \pi$ mit $k \in \mathbb{Z}$.	wahr	
Alle Extremstellen von f sind gegeben durch $x_e = 2k \cdot \pi$ mit $k \in \mathbb{Z}$.	falsch	$x_e = (2k-1)\frac{\pi}{2}; k \in \mathbb{Z}$
Alle Wendestellen von f sind gegeben durch $x_w = 2k \cdot \pi$ mit $k \in \mathbb{Z}$.	falsch	$x_w = k \cdot \pi$ mit $k \in \mathbb{Z}$.
Die Extremstellen aller Stammfunktionen F von f stimmen überein mit den Nullstellen der Funktion f.	wahr	
Die Nullstellen aller Stammfunktionen F von f stimmen überein mit den Nullstellen der Funktion f.	falsch	mit den Extremstellen der Funktion f.

Grenzwert und Stetigkeit, Steigung und Ableitung

4

4 Ein maximales Gefälle von 15 Prozent, 18 Kurven, 122 Meter Höhenunterschied auf einer Länge von 1413 Metern: das sind die Kennzeichen der Bobbahn in Altenberg. Sie gilt als die schwierigste Kunsteisbahn der Welt.

a) Schätzen Sie den größten Steigungswinkel dieser Bobbahn. Kreuzen Sie an.
☐ 3° ☐ 6° ☐ 9° ☒ 12° ☐ 15° ☐ 18°

b) Berechnen Sie den größten Steigungswinkel dieser Bobbahn.
$\alpha = \tan^{-1}\left(\frac{15}{100}\right)$, somit gilt $\alpha \approx 8{,}53°$.

5 Schnittwinkel: Ordnen Sie den Schnittwinkeln deren Berechnung zu. Ermitteln Sie die fehlenden Winkelgrößen.

Hilfe: $|\beta - \alpha| \to \text{...}°$ mit $|\alpha|$ und $|\beta|$ Winkel der beiden Funktionen f und g an deren Schnittstelle x_0, so ist der Schnittwinkel von f und g der kleinere der beiden Winkel $|\beta - \alpha|$ und $180° - |\alpha - \beta|$. Sind α und β die Steigungswinkel der Funktionen f und g an deren Schnittpunkt, so ist $\gamma = \alpha - \beta$.

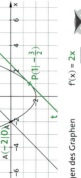

Schnittwinkel von ...	Winkelberechnung
f und x-Achse	$|76{,}0° - (-11{,}3°)| \approx 87{,}3°$
g und y-Achse	$\tan^{-1}(4) \approx 76{,}0°$
h und x-Achse	$180° - |90° - (-11{,}3°)| \approx 78{,}7°$
f und g	$\tan^{-1}(-1{,}25) \approx 51{,}3°$
h und g	$180° - |76{,}0° - (-11{,}3°)| \approx 52{,}7°$
h und f	$|-11{,}5° - (-51{,}3°)| \approx 39{,}8°$

Weiterführende Aufgaben

6 Ein Schiff fährt von A aus in Richtung B einen geradlinigen Kurs. Im Punkt B wird ein SOS-Ruf aufgenommen, der vom Punkt C kommt. Ermitteln Sie, um wie viel Grad das Schiff den Kurs ändern sollte, um von B nach C auf geradem Wege zu kommen.

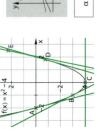

Kurs von
A nach B: $m = \frac{9-3}{9-11} = -3$ $\alpha = \tan^{-1}(-3)$ $\alpha \approx -71{,}57°$

Kurs von
B nach C: $m = \frac{11-9}{1-9} = -\frac{1}{4}$ $\beta = \tan^{-1}(-0{,}25)$ $\beta \approx -14{,}04°$

Kursänderung: $\gamma = |\alpha - \beta| = |-71{,}57° - (-14{,}04°)| = -57{,}53°$

7 Ordnen Sie jeder Funktion f die passende Normale n an der Stelle $x_0 = 1$ zu.

Hilfe: $m_{\text{Normale}} = -\frac{1}{f'(x_0)}$; $n(x_0) = f(x_0)$

$f(x) = x^2 - 3$	$f(x) = x^2 + x - 2$	$f(x) = 1 - x^2$
$f(x) = x^3 - 2$	$f(x) = -x^2$	$n(x) = \frac{1}{3}x - \frac{2}{3}$
$n(x) = -\frac{1}{3}x + \frac{1}{3}$	$n(x) = \frac{1}{2}x - \frac{3}{2}$	$n(x) = \frac{1}{2}x - 0{,}5$
	$n(x) = 0{,}5x - 1{,}5$	

Tangenten, Steigungs- und Schnittwinkel

Basisaufgaben

1 Tangentengleichung: Abgebildet ist der Graph der Funktion f mit $f(x) = -\frac{1}{4}x^3 + 1$.

Bestimmen Sie die Gleichung der Tangente t an den Stellen $x_1 = -2$ und $x_2 = -1$ rechnerisch. $f'(x) = -\frac{3}{4}x^2$

Tangente t mit $t(x) = m \cdot x + b$ an der Stelle $x_1 = -2$:

$m = f'(-2) = -\frac{3}{4} \cdot (-2)^2 = -3$

$f(-2) = -\frac{1}{4}(-2)^3 + 1 = 3$ $B_1(-2|3)$

$t(-2) = -3 \cdot (-2) + b = 3 \Rightarrow b = -3$ $t_1(x) = -3 \cdot x - 3$

Tangente t an der Stelle $x_2 = -1$:

$m = f'(-1) = -\frac{3}{4} \cdot (-1)^2 = -\frac{3}{4}$

$f(-1) = -\frac{1}{4} \cdot (-1)^3 + 1 = \frac{5}{4}$ $B_2\left(-1\Big|\frac{5}{4}\right)$

$t(-1) = -\frac{3}{4} \cdot (-1) + b = \frac{5}{4} \Rightarrow b = \frac{1}{2}$ $t_2(x) = -\frac{3}{4}x + \frac{1}{2}$

2 Die Parabel $f(x) = \frac{1}{2}x^2 - 2$ wird von der Geraden g in den Punkten $A(-2|f(-2))$ und $B(4|f(4))$ geschnitten.

Es gibt genau eine Tangente t an den Graphen von f, die parallel zur Geraden g verläuft.

a) Geben Sie in der Zeichnung die Steigung m der Geraden g an.

b) Ermitteln Sie die Koordinaten des Berührpunktes $P(x_P|y_P)$ von t an den Graphen von f und eine Gleichung der Tangente t. Zeichnen Sie die Tangente t ins Koordinatensystem ein.

Gerade g und Tangente t haben **die gleiche Steigung**, da beide zueinander parallel verlaufen. **(m = 1)**

$t(x_P) = mx_P + b$ mit b bei $P(x_P|f(x_P))$
1. $m = f'(x_P)$ → $m = ...$
2. $f(x_P) = m \cdot x_P + b$ → $b = ...$

Es gilt $f'(x) = \underline{x}$, somit gilt $f'(x_P) = \underline{x_P}$.

Es gilt $f'(x_P) = m = \underline{1}$, also gilt $x_P = \underline{1}$.

Damit ist $y_P = f(x_P) = \frac{1}{2} \cdot 1^2 - 2 = -\frac{3}{2}$.

Es gilt $t(\underline{1}) = \underline{1} \cdot \underline{1} + b = -\frac{3}{2}$, also gilt $b = -\frac{5}{2}$.

$tx = \underline{x - \frac{5}{2}}$

3 Steigungswinkel: Berechnen Sie mithilfe der 1. Ableitung die Steigungen des Graphen von f in den markierten Punkten sowie die Größe des Steigungswinkels.

Zusatzaufgabe: Prüfen Sie an der Zeichnung ihre Ergebnisse.

Punkt	Steigung	Steigungswinkel
A(-2|0)	-4	-76,0°
B(-1|3)	-2	-63,4°
C(0|-4)	0	0°
D(1,8|-0,76)	3,6	74,5°

1 Kreuzen Sie die passenden Ableitungsfunktionen an.

a) $f(x) = x^{11}$ ☐ $f'(x) = x^{10}$ ☐ $f'(x) = x^{12}$ ☐ $f'(x) = 11x$ ☒ $f'(x) = 11x^{10}$

b) $f(x) = \frac{1}{2}x^3 - \frac{1}{4}x^2 + 1$ ☒ $f'(x) = \frac{3}{2}x^2 - \frac{1}{2}x$ ☐ $f'(x) = \frac{3}{2}x^2 - \frac{1}{2}$ ☒ $f'(x) = 1,5x^2 - 0,5x$ ☒ $f'(x) = \frac{1}{2}x \cdot (3x - 1)$

c) $f(x) = (0,2x^2 - x) \cdot (x - 0,2)$ ☐ $f'(x) = 0,2x^3 - 1,06x^2 + 0,2x$ ☒ $f'(x) = 0,6x^2 - 2,08x + 0,2$ ☐ $f'(x) = (0,4x - 1) \cdot (1 - 0)$ ☒ $f'(x) = \frac{x}{25}(15x - 52) + \frac{1}{5}$

d) $f(x) = \frac{x^6 - x^{-6}}{6}$ ☒ $f'(x) = x^5 + x^{-7}$ ☐ $f'(x) = x^5 - x^{-5}$ ☐ $f'(x) = x$ ☐ $f'(x) = \frac{x^5 - x^{-7}}{6}$ ☐ $f'(x) = \frac{6x^5 - 6x^{-7}}{6}$

e) $f(x) = x + 1$ ☒ $f'(x) = 1$ ☐ $f'(x) = 0,5x$ ☐ $f'(x) = 2$

2 Gegeben ist die Funktion f mit $f(x) = x^3 + 1$. Es sind Intervalle von f und mittlere Änderungsraten gegeben. Verbinden Sie zusammenpassende Karten.

$I = [-2; -1]$ $I = [-1; 0]$ $I = [0; 2]$ $I = [-1; 2]$

$m = 1$ $m = 4$ $m = 3$ $m = 7$ $m = -8$

3 Kreuzen Sie alle Ergänzungen an, durch die man wahre Aussagen erhält.
Gegeben sind die Punkte $A(a \mid f(a))$, $B(b \mid f(b))$ und $P(x \mid f(x))$.

Der Differenzenquotient $\frac{f(b) - f(a)}{b - a}$ der Funktion f im Intervall [a; b] gibt ... an.

☐ die lokale Änderungsrate
☒ die mittlere Änderungsrate
☐ die Steigung der Passante durch A und B
☐ die Steigung der Tangenten von A und B
☒ die Steigung der Sekante durch A und B

Der Wert des Differenzialquotienten $\lim_{x \to x_0}\frac{f(x) - f(x_0)}{x - x_0}$ gibt ... an.

☒ die lokale Änderungsrate an der Stelle x_0
☐ die lokale Änderungsrate an der Stelle x
☐ die mittlere Änderungsrate im Intervall $[x; x_0]$
☒ die Steigung der Tangente im Punkt $P(x_0 \mid f(x_0))$
☐ die Steigung der Sekante durch x

4 Gegeben ist der Graph der Funktion f mit $f(x) = x^2 - 3x$. Kreuzen Sie Zutreffendes an. Zeichnen Sie passende Geraden ein.

a) Die mittlere Änderungsrate ist −4 im Intervall ...
☒ [−1; 0]   ☐ [0; 1,5]   ☐ [1,5; 3]   ☐ [3; 4]

b) Die mittlere Änderungsrate m ist im Intervall [0; 4] ...
☐ m = 0   ☐ m = −1   ☒ m = 1   ☐ m = 4

c) Der Steigungswinkel von f an der Stelle $x_0 = -1$ ist α mit ....
☒ α = −79°   ☐ α = −68°   ☐ α = 68°   ☐ α = 78°

d) Die lokale Änderungsrate ist 0 an der Stelle ...
☐ x = 0   ☒ x = 1,5   ☐ x = 3   ☐ x = 4,2

e) Die lokale Änderungsrate ist 1 an der Stelle ...
☐ x = −1   ☐ x = 0   ☐ x = 1   ☒ x = 2

f) Der Schnittwinkel von f mit t(x) = −x und g mit g(x) = 4x ist β mit ...
☐ β = 45°   ☒ β = 59°   ☐ β = 76°   ☐ β = 124°

g) Die Steigung der Sekante durch die Punkte $P(3 \mid 0)$ und $Q(-1 \mid 4)$ kann berechnet werden mit ...
☐ $\frac{-1-3}{4-0}$ ☐ $\frac{4-0}{-1-3}$ ☒ $\frac{0-4}{3-(-1)}$ ☐ $\frac{3-(-1)}{0-4}$

5 Ergänzen Sie die Tabelle.

Funktion	$f(x) = -1$	$g(x) = \begin{cases} -1; & x < 0 \\ 1; & x > 0 \end{cases}$	$h(x) = 4x^2 + 7x$	$k(x) = 0{,}5x^4 + x^3$
Ableitungsfunktion	$f'(x) = 0$	$g'(x) = 0$	$h'(x) = 8x + 7$	$k'(x) = 2x^3 + 3x^2$
Ableitung an der Stelle x = 0	$f'(0) = 0$	existiert nicht	$h'(0) = 7$	$k'(0) = 0$
Ableitung an der Stelle x = 2	$f'(2) = 0$	$g'(2) = 1$	$h'(2) = 23$	$k'(2) = 28$

6 Gegeben ist die Funktion f mit $f(x) = \frac{1}{3}x^3 - 3x^2 + 5x$.

a) Geben Sie die Ableitungsfunktion f' an. Ermitteln Sie eine Gleichung der Tangente t_A von f im Punkt A(0|0).
$f'(x) = x^2 - 6x + 5$ $m = f'(0) = 5$,   somit gilt $t_A(x) = 5x$.

b) Die Tangente t_B hat die gleiche Steigung wie die Tangente t_A im Punkt A(0|0).
Ermitteln Sie den Berührpunkt B und eine Gleichung von t_B.
$f'(6) = 5$, also gilt $x^2 - 6x + 5 = 5$. $x^2 - 6x = 0$ hat die Lösungen $x_1 = 6$ und $x_2 = 0$.
$f(6) = \frac{1}{3} \cdot 6^3 - 3 \cdot 6^2 + 5 \cdot 6 = -6$ $B(6|-6)$; $t_B(6) = 5 \cdot 6 + b = -6$, somit gilt $b = -36$ und $t_B(x) = 5x - 36$.

c) Es gibt genau eine Stelle, an der der Graph von f die Steigung −4 hat.
Bestimmen Sie eine Gleichung der zugehörigen Tangente t.
$f'(x) = -4$, also gilt $x^2 - 6x + 5 = -4$. $x^2 - 6x + 5 = -4$ hat die Lösung $x = 3$ (da $x^2 - 6x + 9 = (x - 3)^2$).
$f(3) = \frac{1}{3} \cdot 3^3 - 3 \cdot 3^2 + 5 \cdot 3 = -3$ $B(3|-3)$; $t_B(3) = -4 \cdot 3 + b = -3$, somit gilt $b = 9$ und $t_B(x) = -4x + 9$.

d) Bestimmen Sie die x-Koordinaten der Punkte des Graphen von f, in denen der Graph Tangenten besitzt, die parallel zur x-Achse verlaufen.
$f'(x) = 0$, also gilt $x^2 - 6x + 5 = 0$. $0 = x^2 - 6x + 5 = (x - 1)(x - 5)$ hat die Lösungen $x_1 = 1$ und $x_2 = 5$.

7 Das Kreisviadukt von Brusio in der Schweiz hat einen Maximalanstieg von 7%, damit die eingesetzten Züge den „Aufstieg" schaffen können. Anstieg von 7% bedeutet, dass je 100m horizontaler Entfernung 7 m in vertikaler Entfernung zurückgelegt werden.

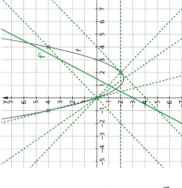

a) Gedankenexperiment: Stellen Sie sich eine Bahntrasse mit einem Anstieg von 7% als Gerade in einem Koordinatensystem vor.
Geben Sie die Steigung m und den Steigungswinkel α der Geraden an.
$m = \frac{7}{100} = 0{,}07$ und $0{,}07 = \tan(\alpha)$, somit gilt $\alpha \approx 4°$.

b) Gedankenexperiment: Stellen Sie sich vor, dass eine Bahntrasse mit einer Maximalsteigung von 7% zu bauen ist.
Die Funktionsgleichungen f_1, f_2 und f_3 beschreiben für x > 0 vorhandene Höhenunterschiede. Ermitteln Sie rechnerisch, bei welcher Variante die Bedingung am längsten erfüllt ist.

Variante ①: $f_1(x) = 0{,}0005x^2$
Variante ②: $f_2(x) = 0{,}000005x^3 + 7$
Variante ③: $f_3(x) = 0{,}0000005x^3 + 0{,}05x^2$

$f'_1(x) = 0{,}001x$ $0{,}0001x \leq 0{,}07$ gilt für $x \leq 700$
$f'_2(x) = 0{,}00001x^2$ $0{,}000015x^2 \leq 0{,}07$ gilt für $x^2 \leq 4666{,}\overline{6}$ also $x \leq 68{,}31$
$f'_3(x) = 0{,}0000015x^2 + 0{,}1x$ $0{,}0000015x^2 + 0{,}1x \leq 0{,}07$ $0 = x^2 + 66666{,}\overline{6}x - 46666{,}\overline{6}$
also gilt $x_1 \approx 0{,}699$ und $x_2 \approx -66667$, also $x \leq 0{,}699$.

Bei Variante ① ist die Bedingung am längsten erfüllt.

Monotoniekriterium

Basisaufgaben

1 Monotonie einer Funktion: Betrachten Sie den Graphen der Funktion f im Intervall $-3 < x < 3$.

Hilfe:
- $f(x_1) < f(x_2)$ gilt für alle x_1, x_2 mit $x_1 < x_2$, wenn f streng monoton steigend.
- $f(x_1) > f(x_2)$ gilt für alle x_1, x_2 mit $x_1 < x_2$, wenn f streng monoton fallend.

f heißt streng monoton

a) Färben Sie Teile des Graphen passend ein.
   - ☐ f ist streng monoton steigend. ·········
   - ☐ f ist streng monoton fallend. – – – –

b) Geben Sie alle passenden Intervalle an.
   ① f ist streng monoton steigend für
   $-3 < x < -2{,}5$ und $-1 < x < 1{,}5$.
   ② f ist streng monoton fallend für
   $-2{,}5 < x < -1$ und $1{,}5 < x < 2$.

c) Zeichnen Sie Tangente ein und kreuzen Sie Zutreffendes an.

Teile der Tangente am Graphen der Funktion f verlaufen sowohl durch den I. als auch den III. Quadranten, somit ist f an der Berührstelle streng monoton steigend. ☒ wahr ☐ falsch

Teile der Tangente am Graphen der Funktion f verlaufen sowohl durch den II. als auch den IV. Quadranten, somit ist f an der Berührstelle streng monoton fallend. ☒ wahr ☐ falsch

2 Monotonieintervalle und Kriterium für Monotonie: Gegeben sind Graphen.

Hilfe: f ist streng monoton fallend bzw. streng monoton steigend auf I.

Die Nullstellen der Ableitungsfunktion f' unterteilen den Definitionsbereich von f in Monotonieintervalle.
Wenn f'(x) > 0 für alle x aus dem Intervall I, dann ist die Funktion f streng monoton steigend.
Wenn f'(x) < 0 für alle x aus dem Intervall I, dann ist die Funktion f streng monoton fallend.

a) Markieren Sie zuerst durch zur y-Achse parallele Geraden die Wechsel von streng monoton fallend zu steigend und die Wechsel von streng monoton steigend zu fallend am Graphen der Funktion f.
Färben Sie danach auf der x-Achse die Intervalle, in denen die Ableitungsfunktion f' nur positive bzw. nur negative Werte annimmt, unterschiedlich ein.

☐ f'(x) > 0 und f ist streng monoton steigend. ·········   ☐ f'(x) < 0 und f ist streng monoton fallend. – – – –

$\{x \in \mathbb{R} \mid x \neq 2\}$

b) Einer der Graphen gehört zur Funktion f. Beschriften Sie diesen mit f.

---

3 Untersuchen Sie die Funktion mithilfe der Ableitung auf Monotonie.

a) $f(x) = 0{,}25x^4 + 2x^3 + 2{,}5x^2 + 1$

1. Ermitteln der Ableitung von f'

$f'(x) = x^3 + 6x^2 + 5x$

2. Ermitteln der Nullstellen von f'

$0 = x^3 + 6x^2 + 5x$

$0 = x \cdot (x^2 + 6x + 5)$, also ist $x_1 = 0$.

$x_2 = -3 + \sqrt{3^2 - 5} = -1$
$x_3 = -3 - \sqrt{3^2 - 5} = -5$

b) $g(x) = -0{,}75x^4 + 4x^3 + 31{,}5x^2 + 6$

$g'(x) = -3x^3 + 12x^2 + 63x$

$0 = -3x^3 + 12x^2 + 63x$

$0 = -3x \cdot (x^2 - 4x - 21)$, also ist $x_1 = 0$.

$x_2 = 2 + \sqrt{2^2 + 21} = 7$
$x_3 = 2 - \sqrt{2^2 + 21} = -3$

3. Ermitteln des Vorzeichens (VZ) von f'(x) für eine Teststelle aus jedem Monotonieintervall und angeben, ob f auf I streng monoton steigt (↗) oder fällt (↘)

Monotonie-intervall	Test-stelle	VZ von f'(x)	Monotonie-verhalten von f
$x < -5$	-10	−	↘
$-5 < x < -1$	-2	+	↗
$-1 < x < 0$	-0,5	−	↘
$0 < x$	1	+	↗

Monotonie-intervall	Test-stelle	VZ von f'(x)	Monotonie-verhalten von f
$x < -3$	-5	+	↗
$-3 < x < 0$	-1	−	↘
$0 < x < 7$	1	+	↗
$7 < x$	10	−	↘

Zusatzaufgabe: Skizzieren Sie einen möglichen Verlauf der Graphen f und g. individuelle Lösung

Weiterführende Aufgaben

4 Den Temperaturverlauf von 6:00 Uhr bis 21:00 Uhr an einem Sommertag beschreibt der Graph der Funktion f mit
$f(t) = -\frac{1}{100} \cdot t^3 + \frac{23}{100} \cdot t^2 + 10$.

a) Markieren Sie die Bereiche, in denen die Temperatur steigt bzw. fällt, mit unterschiedlichen Farben.
☐ Temperatur steigt   ☐ Temperatur fällt

b) Berechnen Sie den Zeitpunkt, an dem sich das Monotonieverhalten ändert, auf die Minute genau.

$f'(t) = -\frac{3}{100}t^2 + \frac{46}{100}t$

Nullstelle von f':

$-\frac{3}{100}t^2 + \frac{46}{100}t = 0 \quad | \cdot 100$

$-3t^2 + 46t = 0$

$-3t \cdot \left(t - \frac{46}{3}\right) = 0$

$t = \frac{46}{3} = 15\frac{1}{3}$

Das Monotonieverhalten ändert sich um 15:20 Uhr.

Im betrachteten Bereich liegt nur diese Lösung.

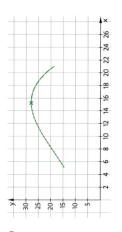
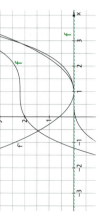
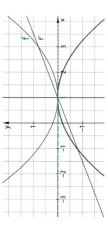

Basisaufgaben

1 Extrempunkte (Hoch- und Tiefpunkte): Gegeben ist der Graph der Funktion f.
a) Ergänzen Sie die Tabelle zum Graphen der Funktion f.
b) Skizzieren Sie je eine Tangente links und rechts in der Umgebung der Extrempunkte. Geben Sie dort die Vorzeichen der Ableitung am Graphen an.

Extremstelle	$x = 1$	$x = 2$	$x = 3$	$x = 5$
Hochpunkt	$H_1(1\|2)$	–	$H_2(3\|1,5)$	–
lokales Maximum	$y = 2$	–	$y = 1,5$	–
Tiefpunkt	–	$T_1(2\|0,5)$	–	$T_2(5\|-1)$
lokales Minimum	–	$y = 0,5$	–	$y = -1$

2 Notwendige Bedingung für lokale Extrempunkte:
Berechnen Sie mithilfe der Ableitungsfunktion f', g', h' bzw. i' die Stellen, die als Extremstellen infrage kommen.

Hilfe: Wenn der Graph einer Funktion f an einer Stelle x_E einen Hochpunkt oder Tiefpunkt hat, dann gilt: $f'(x_E) = 0$.

a) $f(x) = x^2 - 4x + 4$

$f'(x) = 2x - 4$
$0 = 2x - 4$
$x = 2$

$x = 2$ kommt als Extremstelle infrage.

b) $g(x) = -x^3 + 3x^2 + 2$

$g'(x) = -3x^2 + 6x$
$0 = -3x^2 + 6x$
$0 = -x(3x - 2) \cdot (-x)$...
 $0 = -x(x-2)$

$x_1 = 0 \quad x_2 = 2$
$x_1 = 0$ und $x_2 = 2$ kommen als Extremstellen infrage.

c) $h(x) = 0,25x^4 + \frac{1}{3}x^3 - x^2$

$h'(x) = x^3 + x^2 + x^2 - 2x$
$0 = x^3 + x^2 - 2x$
$0 = x(x^2 + x - 2) = x(x-1)(x+2)$

$x_1 = 0 \quad x_2 = 1 \quad x_3 = -2$
$x_1 = 0$, $x_2 = 1$ und $x_3 = -2$ kommen als Extremstellen infrage.

d) $i(x) = x^3 + 3,5x^2 + 3,5x + 1$

$i'(x) = 3x^2 + 7x + 3,5$
$0 = x^2 + \frac{7}{3}x + \frac{7}{6}$

$x_1 = -\frac{7}{6} + \sqrt{\left(\frac{7}{6}\right)^2 - \frac{7}{6}} \approx -0,73$
$x_2 = -\frac{7}{6} - \sqrt{\left(\frac{7}{6}\right)^2 - \frac{7}{6}} \approx -1,61$

In der Nähe von $x_1 = -0,73$ und $x_2 = -1,61$ könnten Extremstellen liegen.

Zusatzaufgabe: Prüfen Sie, ob an den berechneten Stellen Sattelpunkte sein können. **Nein**

3 Ordnen Sie jedem Extrempunkt genau eine Funktion und ihre Ableitungsfunktion zu.
Achtung, einer der Punkte ist ein Sattelpunkt. **Der Punkt T(0|0) ist Sattelpunkt von $f(x) = 0,25x^4 - 3x^3$.**

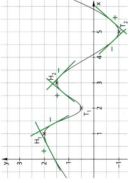

P(1|-2), Q(-1|0), R(-1|2), S(c|1), T(0|0), U(9|-546,75), V(1|0)

$f(x) = 9x + 10$, $f(x) = 9x^2$, $f(x) = x^3 - 3x$, $f(x) = x^4 - 2x^2 + 1$, $f(x) = 0,25x^4 - 3x^3$, $f(x) = 0,25x^4 - 3x^3$, $f(x) = 3x^2 - 3$

$f(x) = 9$, $f(x) = x^3 - 9x^2$, $f(x) = 18x$, $f(x) = x^3 - 3x$, $f(x) = 4x^3 - 4x$, $f(x) = 3x^2 - 3$

4 Hinreichende Bedingung für lokale Extrempunkte:
Entscheiden Sie mithilfe des Vorzeichenwechsels (VZW) von f', ob an der Stelle x_E ein lokales Minimum oder ein lokales Maximum vorliegt. Füllen Sie die Lücken aus und kreuzen Sie Zutreffendes an.

Hilfe: Hochpunkt an der Stelle x_E: $f'(x_E) = 0$ und Vorzeichen von f' wechselt an der Stelle x_E von + nach –.
Tiefpunkt an der Stelle x_E: $f'(x_E) = 0$ und Vorzeichen von f' wechselt an der Stelle x_E von – nach +.

a) $f(x) = x^3 + 10,5x^2 + 18x \qquad f'(x) = 3x^2 + 21x + 18 \qquad x_1 = -1$ und $x_2 = -6$ sind vermutlich Extremstellen.

x	–2	–1	0	–6	–5
f'(x)	–(↘)	0	+(↗)	+(↗)	0	–(↘)

☒ VZW von – nach + (Tiefpunkt bei –1)
☐ VZW von + nach – (Hochpunkt bei –1)

☐ VZW von – nach + (Tiefpunkt bei –6)
☒ VZW von + nach – (Hochpunkt bei –6)

b) $g(x) = x^5 - 1,25x^4 \qquad g'(x) = 5x^4 + 5x^3 = 5x^3(x-1) \qquad x_1 = 0$ und $x_2 = 1$ sind vermutlich Extremstellen.

x	–1	0	0,5	1	2
f'(x)	+(↗)	0	–(↘)	0	+(↗)

☐ VZW von – nach + (Tiefpunkt bei 0)
☒ VZW von + nach – (Hochpunkt bei 0)

☒ VZW von – nach + (Tiefpunkt bei 1)
☐ VZW von + nach – (Hochpunkt bei 1)

5 Extrem- und Sattelpunkte:
Vergleichen Sie die Vorzeichenwechsel (VZW) von f'.
a) Geben Sie die Extrem- und Sattelpunkte in der Tabelle an.
b) Schreiben Sie die Vorzeichen der Ableitung links und rechts in der Umgebung der Punkte an den Graphen.

Ergänzen Sie in der Tabelle die letzte Zeile zum VZW.

	Hochpunkte	Tiefpunkte	Sattelpunkte
	$H_1(0,5\|2,5)$	$T_1(1,5\|0,5)$	$S_1(1\|1,5)$
	$H_2(2,5\|1)$	$T_2(4\|-1,5)$	$S_2(3,5\|-1)$
	–	–	$S_3(5\|1)$
VZW	von + nach –	von – nach +	VZW Gibt es nicht.

Zusatzaufgabe: Erläutern Sie mithilfe der Abbildung den Vorzeichenwechsel (VZW) an Extrem- und Sattelpunkten. **individuelle Lösung**

6 Hinreichende Bedingung für Sattelpunkte:
Entscheiden Sie mithilfe des Vorzeichenwechsels von f', ob x_S Sattelstelle ist. Geben Sie gegebenenfalls den Sattelpunkt an.

Hilfe: Sattelstelle, wenn f'$(x_S) = 0$ ist und Vorzeichen von f' an der Stelle x_S nicht wechselt.

a) $f(x) = x^5 + 9; x_S = 0 \qquad f'(x) = 5x^4$

x	–1	0	1
f'(x)	+(↗)	0	+(↗)

b) $f(x) = 0,5x^3 - 1,5x^2 + 1,5x; x_S = 1 \qquad f'(x) = 1,5x^2 - 3x + 1,5$

x	0	1	2
f'(x)	+(↗)	0	+(↗)

7 Geben Sie eine Funktion mit dem Sattelpunkt S(0|1) an.
$f(x) = -x^3 + 1$ $(f(x) = ax^n + 1$ mit $n \in \mathbb{N}$, n ungerade, $a \neq 0)$

5 Globale Extrema

Basisaufgaben

1 Kreuzen Sie alle wahren Aussagen an.
Die Funktion f mit $f(x) = 0{,}25x^4 - 1{,}4x^3 + 2{,}2x^2 - 0{,}2x$ mit $x \in \mathbb{R}$
besitzt an der Stelle
- ☐ $x = -1$ ein lokales Maximum
- ☒ $x = 0$ ein lokales Minimum
- ☒ $x = 1{,}75$ ein lokales Maximum
- ☒ $x = 2{,}41$ ein lokales Minimum
- ☐ $x = 1{,}75$ ein globales Maximum
- ☐ $x = 0$ ein globales Minimum
- ☒ $x = 3$ ein globales Maximum
- ☒ $x = 2$ ein globales Minimum

2 Zeichnen Sie die Graphen der Funktion f auf dem angegebenen Intervall und geben Sie die globalen Extrema der Funktion auf diesem Intervall an.

$f(x) = |x| - 1$; $\quad x \in \mathbb{R}; -2 \le x \le 3$

$f(x) = -(x-2)^2 + 2$; $\quad x \in \mathbb{R}; 0 \le x \le 3$

$f(x) = \sin(x)$; $\quad x \in \mathbb{R}; -\pi \le x \le \pi$

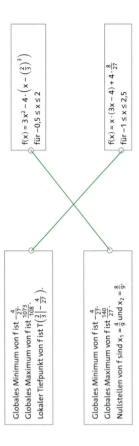

globales Maximum $f(3) = 2$
globales Minimum $f(0) = -1$

globales Maximum $f(2) = 2$
globales Minimum $f(0) = -2$

globales Maximum $f(\frac{\pi}{2}) = 1$
globales Minimum $f(-\frac{\pi}{2}) = -1$

3 Zeichnen Sie den Graphen der Funktion f mit $f(x) = \frac{x}{2}\cdot(x+3)\cdot(x-2)$ im Intervall $-3{,}3 \le x \le 2$. Vervollständigen Sie die Berechnung der lokalen und globalen Extrema von f.

Ausmultiplizieren: $f(x) = \frac{x^3}{2} + \frac{x^2}{2} - 3x$

Ableitungen: $f'(x) = \frac{3}{2}x^2 + x - 3 \quad f''(x) = 3x + 1$

Nullstellen von f': $x_{e1} \approx -1{,}79 \quad x_{e2} \approx 1{,}12$

Art der lokalen Extrema: $f''(x_{e1}) \approx -4{,}36 < 0$: lokales __Maximum__
$f''(x_{e2}) \approx \underline{4{,}36 > 0}$: lokales __Minimum__

Koordinaten der lokalen Extrema: lokaler Hochpunkt H$(-1{,}79 | 4{,}1)$; lokaler Tiefpunkt T$(1{,}12 | -2{,}03)$

Funktionswerte an den Intervallgrenzen: $f(-3{,}3) \approx \underline{-2{,}62} \quad f(2) = \underline{0}$

Globales Minimum: $f(-3{,}3) \approx -2{,}62$; globales Maximum im Punkt: H$(-1{,}79 | 4{,}1)$

4 Begründen Sie, dass die Funktion f mit $f(x) = 1 - x$ mit $x \in \mathbb{R}; -2 \le x < 3$; ein globales Maximum, aber kein globales Minimum besitzt. Veranschaulichen Sie den Sachverhalt grafisch.

__Die Funktion f ist streng monoton fallend. Die Zahl $x = -2$ gehört__
__als linke Grenze zum Definitionsbereich von f, deshalb existiert der__
__Funktionswert $f(-2) = 3$, dieser ist das globale Maximum von f. Der__
__Definitionsbereich von f ist ein nach rechts offenes Intervall, deshalb__
__ist $f(3)$ nicht definiert. Für jede Zahl $x_0 < 3$ lässt sich innerhalb des Definitionsbereichs eine Zahl x__
__mit $x_0 < x < 3$ angeben, für die $f(x) < f(x_0)$ gilt. Deshalb lässt sich kein kleinster Funktionswert angeben.__

Weiterführende Aufgaben

5 Ordnen Sie den Eigenschaften die passende Funktionsgleichung zu.

- Globales Minimum von f ist $-\frac{4}{27}$
- Globales Maximum von f ist $\frac{1073}{108}$
- Lokaler Tiefpunkt von f ist $T(\frac{2}{3} | -\frac{4}{27})$

$f(x) = 3x^2 - 4 \cdot (x - (\frac{2}{3})^3)$
für $-0{,}5 \le x \le 2$

- Globales Minimum von f ist $-\frac{4}{27}$
- Globales Maximum von f ist $\frac{140}{27}$
- Nullstellen von f sind $x_1 = \frac{4}{9}$ und $x_2 = \frac{8}{9}$

$f(x) = x \cdot (3x-4) + 4 \cdot \frac{8}{27}$
für $-1 \le x \le 2{,}5$

6 Eine zylinderförmige Konservendose soll mindestens 12 cm hoch sein und ein Volumen von 360 cm³ besitzen. Klara geht der Frage nach, bei welchem Radius der Zylinder unter diesen Bedingungen einen minimalen Oberflächeninhalt hat. Der Screenshot dokumentiert ihre Überlegungen. Kommentieren und beurteilen Sie diese.

Zunächst wird untersucht, welche Auswirkungen auf den Radius
die Festlegungen von $V = 360$ cm³ und $h \ge 12$ cm haben. Wegen
$V = \pi \cdot r^2 \cdot h$ muss der Radius dann im Intervall $0 < r \le \frac{\sqrt{30}}{\sqrt{\pi}}$ liegen.
Die Zielfunktion für die Gesamtoberfläche ist für $0 < r \le \frac{\sqrt{30}}{\sqrt{\pi}}$
$A_0(r) = 2\cdot\pi r^2 + 2\cdot\pi\cdot r \cdot h = 2\cdot\pi r^2 + 2\cdot\pi\cdot r \cdot \frac{V}{\pi\cdot r^2} = 2\cdot\pi r^2 + 2 \cdot \frac{360}{r}$.
Der Graph dieser Funktion besitzt kein lokales Minimum, aber ein Randminimum für $r = \frac{\sqrt{30}}{\sqrt{\pi}} \approx 3{,}09$ cm.
Die minimale Oberfläche beträgt dann ca. 293,00 cm². Klara hat die grafische Näherungslösung richtig realisiert.

7 50 m eines Zauns stehen schon. Es sollen noch 100 m Zaun so hinzugefügt werden, dass eine rechteckige, vollständig umzäunte Fläche entsteht, die möglichst großen Flächeninhalt hat. Beschreiben Sie einen Lösungsweg.

Neuer Zaun mit der Länge $50 + x$ und der Breite y:

$2y + x + 50 + x = 100 \Longrightarrow y = 25 - x$; $0 \le x \le 25$

$A(x) = (50+x) \cdot y = (50 + x)\cdot(25-x) = 1250 - 25x - x^2$

$A'(x) = -25 - 2x \qquad A''(x) = -2 < 0$

$A'(x) = 0$ gilt für $x = -12{,}5$, dies liegt außerhalb eines
sinnvollen Definitionsbereiches. Randwerte überprüfen: Für
$x = 0$ ist $A(0) = 1250$; für $x = 25$ ist $A(25) = 0$.
Der maximale Flächeninhalt wird für $x = 0$ m und $y = 25$ m erreicht.

Untersuchung ganzrationaler Funktionen

Basisaufgaben

1 Links- und Rechtskurven: Markieren Sie unterschiedlich die Bereiche, in denen die Lok eine Links- bzw. Rechtskurve durchfährt.

☐ Linkskurve (linksgekrümmt) ----
☐ Rechtskurve (rechtsgekrümmt) ------

Zusatzaufgabe: Ein Streckenabschnitt hat die Form: Linkskurve – Rechtskurve – Linkskurve.
Mit welchem Buchstaben kann er beschrieben werden? **W**

2 Graphen von f, f' und f'': Gegeben sind die Graphen von Funktionen und deren ersten beiden Ableitungen.

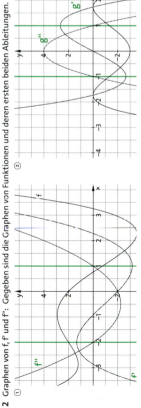

a) Beschriften Sie die Graphen der Ableitungsfunktionen.

b) Markieren Sie mit senkrechten Geraden alle passenden Stellen.
☐ bei f und g   Wechsel des Krümmungsverhaltens (Links- bzw. Rechtskrümmung)
☐ bei f und g'   Wechsel des Monotonieverhaltens (streng monoton steigend bzw. fallend)
☐ bei f' und g''   Wechsel des Vorzeichens der Funktionswerte (positive bzw. negative Funktionswerte)

Was fällt Ihnen auf? **Es sind jeweils die gleichen Stellen.**

c) Ergänzen Sie die Sätze zur Krümmung von f und g.
Der Graph von f ist linksgekrümmt für $x < -2$ und $x > 1$.   Er ist rechtsgekrümmt für $-2 < x < 1$.
Der Graph von g ist linksgekrümmt für $-1 < x < 1$.   Er ist rechtsgekrümmt für $x < -1$ und $x > 1$.

3 Krümmungsverhalten: Geben Sie an, auf welchen Intervallen der Graph von f links- bzw. rechtsgekrümmt ist.
Belegen Sie Ihre Entscheidung mithilfe von Funktionswerten zu Teststellen aus den Intervallen.
Hilfe: Wenn $f''(x) > 0$ für alle x aus dem Intervall I, dann ist der Graph der Funktion f auf I linksgekrümmt.
Wenn $f''(x) < 0$ für alle x aus dem Intervall I, dann ist der Graph der Funktion f auf I rechtsgekrümmt.

a) $f''(x) = -x + 4$

Linkskrümmung des Graphen von f für:
$x < 4$ $f''(0) = 4$

Rechtskrümmung des Graphen von f für:
$x > 4$ $f''(6) = -2$

b) $f''(x) = 2x + 2$

Linkskrümmung des Graphen von f für:
$x > -1$ $f''(0) = 2$

Rechtskrümmung des Graphen von f für:
$x < -1$ $f''(-2) = -2$

4 Untersuchen Sie mithilfe der zweiten Ableitung das Krümmungsverhalten.
Hilfe: Die Nullstellen von f'' sind die Grenzstellen von Krümmungsintervallen.

a) $f(x) = 2x^3 - 3x^2 + 4x + 5$

$f'(x) = 6x^2 - 6x + 4$
$f''(x) = 12x - 6$
$0 = 12x - 6$, also ist $x = 0{,}5$.

Linkskrümmung für:
$x > 0{,}5$ $f''(1) = 6$

Rechtskrümmung für:
$x < 0{,}5$ $f''(0) = -6$

b) $g(x) = -x^3 - 2x + 6$

$g'(x) = -3x^2 - 2$
$g''(x) = -6x$
$0 = -6x$, also ist $x = 0$.

Linkskrümmung für:
$x < 0$ $f''(-1) = 6$

Rechtskrümmung für:
$x > 0$ $f''(1) = -6$

Weiterführende Aufgaben

5 Ermitteln Sie die Hoch- und Tiefpunkte mithilfe von Ableitungen.
Hilfe: Wenn $f'(x_E) = 0$ und $f''(x_E) < 0$, dann liegt ein Tiefpunkt vor.
Wenn $f'(x_E) = 0$ und $f''(x_E) > 0$, dann liegt ein Hochpunkt vor.
Eine hinreichende Bedingung für eine lokale Extremstelle x_E einer Funktion f ist: $f'(x_E) = 0$ und $f''(x_E) \neq 0$.

a) $f(x) = \frac{1}{3}x^3 - 3x^2 + 2$

$f'(x) = x^2 - 6x$ $f'(x) = x(x - 6)$
$f''(x) = 2x - 6$

Nullstellen von f' sind $x_1 = 0$ und $x_2 = 6$.
$f''(0) = -6 < 0$ und $f(0) = 2$, somit gibt es bei $x_1 = 0$ den Hochpunkt H(0|2).
$f''(6) = 6 > 0$ und $f(6) = -34$, somit gibt es bei $x_2 = 0$ den Tiefpunkt H(6|-34).

b) $g(x) = x^3 + 1{,}5x^2 - 6x + 4$

$g'(x) = 3x^2 + 3x - 6 = 3(x - 1)(x + 2)$
$g''(x) = 6x + 3$

Nullstellen von g' sind $x_1 = 1$ und $x_2 = -2$.
$g''(1) = 9 > 0$ und $g(1) = 0{,}5$, somit gibt es bei $x_1 = 1$ den Tiefpunkt H(1|0,5).
$g''(-2) = -9 < 0$ und $g(-2) = 14$, somit gibt es bei $x_2 = -2$ den Hochpunkt H(-2|14).

6 Die Funktion h mit $h(t) = -\frac{1}{3}t^3 + 2t^2 + 21t + 10$ beschreibt ab dem Kaufdatum für einige Wochen die Höhe einer Pflanze; t steht für die Wochen nach diesem Zeitpunkt und h(t) für die jeweilige Höhe der Pflanze in Zentimetern.

a) Ermitteln Sie den Zeitpunkt, ab dem sich das Wachstum der Pflanze verlangsamt.
$h'(t) = -t^2 + 4t + 21$

$h''(t) = -2t + 4$; $h''(2) = 0$; $h'''(x) > 0$ für $x < 2$ und $h'''(x) < 0$ für $x > 2$

Nach der zweiten Woche verlangsamt sich das Wachstum der Pflanze.

b) Untersuchen Sie, bis zu welcher Woche die Funktion h das Wachstum relativ gut beschreiben könnte.
$h'(t) = -t^2 + 4t + 21 = -(t - 7)(t + 3)$

Nullstellen von h' sind $x_1 = 7$ und $x_2 = -3$ (x_2 ohne praktische Bedeutung).
$h''(7) < 0$ $t = 7$ ist die Maximumstelle. Die Pflanze ist nach 7 Wochen ausgewachsen.

Bis zur siebten Woche könnte die Funktion das Wachstum beschreiben.

Wendepunkte

Basisaufgaben

1 Wendepunkte von Funktionen und Graphen von Ableitungsfunktionen: Gegeben sind die Graphen von Funktionen und die der ersten beiden Ableitungen.

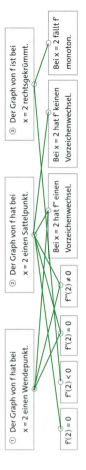

a) Markieren Sie die Wendepunkte der Funktionen f und g in den Zeichnungen.
Hilfe: Sattelstellen sind Wendestellen mit einer waagerechten Tangente.
Am Wendepunkt ändert sich das Krümmungsverhalten.

b) Beschriften Sie zuerst die Graphen der Ableitungsfunktionen mit f', f'', f''' bzw. g', g'', g'''.
Markieren Sie danach mit senkrechten Geraden alle passenden Stellen.

☐ Wendestellen der Funktion f ☐ Extremstellen der ersten Ableitungsfunktion f'
☐ Nullstellen der zweiten Ableitungsfunktion f'' ☐ Sattelstellen der Funktion f

Zusatzaufgabe: Was fällt Ihnen auf? **Es sind jeweils die gleichen Stellen.**

2 Hinreichende Bedingungen für Wendepunkte: Graphen von f mit $f(x) = -0{,}5x^4 + x^3$ und g mit $g(x) = 0{,}5x^4 - 2x^3 + 6$.

a) Ermitteln Sie mithilfe von Ableitungen die Wendestellen. Prüfen Sie, ob es sich um eine Sattelstelle handelt.
Hilfe: "Sattelstelle: Wenn $f'(x_w) = 0$ und $f''(x_w) = 0$, dann ist x_w Wendestelle. Wenn zusätzlich $f'(x_w) \neq 0$, dann ist x_w Sattelstelle."

$f(x) = -0{,}5x^4 + x^3$ $g(x) = 0{,}5x^4 - 2x^3 + 6$

$f'(x) = -2x^3 + 3x^2$ $g'(x) = 2x^3 - 6x^2$

$f''(x) = -6x^2 + 6x = 6x(1-x)$ $g''(x) = 6x^2 - 12x = 6x(x-2)$

$f'''(x) = -12x + 6$ $g'''(x) = 12x - 12$

Nullstellen von f'' sind $x_1 = 0$ und $x_2 = $ __1__.   Nullstellen von g'' sind $x_1 = $ __0__ und $x_2 = $ __2__.

$f'''(0) = $ __6 ≠ 0__ und $f'''(1) = $ __−6 ≠ 0__. $g'''(0) = $ __−12 ≠ 0__ und $g'''(2) = 12 \neq 0$.

Bei $x_1 = 0$ und $x_2 = $ __1__ gibt es Wendestellen.   Bei $x_1 = 0$ und $x_2 = 2$ gibt es Wendestellen.

$f'(0) = 0$, also ist bei $x_1 = 0$ eine Sattelstelle. $g'(0) = 0$, also ist bei $x_1 = 0$ eine Sattelstelle.

$f'(1) = 1 \neq 0$, also ist bei $x_2 = 1$ keine Sattelstelle. $g'(2) = -8 \neq 0$, also ist bei $x_2 = 2$ keine Sattelstelle.

Hinweis: Sattelstellen (Sattelpunkte) werden auch als Terrassenstellen (Terrassenpunkte) bezeichnet.

b) Untersuchen Sie mithilfe der Tabellen, ob das Vorzeichen (VZ) von f'' an der Stelle x_w wechselt.
Hilfe: Wendepunkt: Wenn $f''(x_w) = 0$ und das Vorzeichen von f'' an der Stelle x_w wechselt, dann existiert bei x_w ein Wendepunkt.

x	−1	0	0,5	1	2
f''(x)	−12	0	1,5	0	−12
VZ	−		+		−

x	−1	0	1	2	3
g''(x)	18	0	−6	0	18
VZ	+		−		+

---

3 Welche Teilaussagen kommen in den notwendigen oder hinreichenden Bedingungen für die Aussagen ① bis ③ vor? Ordnen Sie diese zu.

① Der Graph von f hat bei x = 2 einen Wendepunkt.
② Der Graph von f hat bei x = 2 einen Sattelpunkt.
③ Der Graph von f ist bei x = 2 rechtsgekrümmt.

$f'(2) = 0$ $f''(2) < 0$ $f''(2) = 0$ $f''(2) \neq 0$

Bei x = 2 hat f' einen Vorzeichenwechsel.
Bei x = 2 hat f'' einen Vorzeichenwechsel.
Bei x = 2 hat f'' keinen Vorzeichenwechsel.
Bei x = 2 fällt f' monoton.

4 Berechnen Sie die Wendepunkte der Funktion f mit $f(x) = -\frac{1}{24}x^4 + \frac{1}{6}x^3 + 2$.
Untersuchen Sie auch, ob Sattelpunkte vorliegen.

$f(x) = -\frac{1}{6}x^3 + \frac{1}{2}x^2$

$f''(x) = -\frac{1}{2}x^2 + x = -\frac{1}{2}x(x-2)$

$f'''(x) = -x + 1$

Nullstellen von f'' sind $x_1 = 0$ und $x_2 = 2$.

$f'''(0) = 1 \neq 0$ und $f'(0) = 0$ $x_1 = 0$ ist Wende- und Sattelstelle.
$f'''(2) = -1 \neq 0$ und $f'(2) \neq 0$ $x_2 = 2$ ist Wendestelle.
$f(0) = 2$ $f(2) = 2\frac{2}{3}$

Wendepunkte sind $A(0|2)$ und $B(2|2\frac{2}{3})$. Der Wendepunkt $A(0|2)$ ist ein Sattelpunkt.

Weiterführende Aufgaben

5 Abgebildet ist der Graph der Ableitungsfunktion f'. Beurteilen Sie die unten stehenden Aussagen. Schreiben Sie die Nummern der passenden Begründungen auf.

① $f'(x_0) = 0$ an der Stelle x_0.
② $f''(x_0) \neq 0$ an der Stelle x_0.
③ $f''(x_0) = 0$ an der Stelle x_0.
④ $f'(x_0) < 0$ an der Stelle x_0.
⑤ $f''(x_0) \neq 0$ an der Stelle x_0.
⑥ $f'(x_0) \neq 0$ an der Stelle x_0.

Der Graph von f ist an der Stelle $x_0 = 1{,}5$ monoton steigend. ☐ wahr ☒ falsch ④
Der Graph von f hat an der Stelle $x_0 = 2$ eine Sattelstelle. ☐ wahr ☒ falsch ①, ③
An der Stelle $x_0 = 1$ ist das notwendige Kriterium für ein Extremum erfüllt. ☐ wahr ☒ falsch ⑥
Der Graph von f hat an der Stelle $x_0 = -1$ ein Extremum. ☐ wahr ☒ falsch ①, ②
Der Graph von f hat an der Stelle $x_0 = 0$ eine Wendestelle. ☐ wahr ☒ falsch ③, ⑤
An der Stelle $x_0 = 0$ ist das notwendige Kriterium für ein Extremum erfüllt. ☐ wahr ☒ falsch ①, ②

6 Ermitteln Sie die Gleichung der Wendetangente der Funktion f mit $f(x) = x^3 - 6x^2 + 9x - 4$.

$f'(x) = 3x^2 - 12x + 9$ $f''(x) = 6x - 12$
Nullstelle von f'' ist x = 2.   Es gibt bei x = 2 einen Vorzeichenwechsel ($f''(1) = -6$; $f''(3) = 6$).
Wendepunkt ist demzufolge der Punkt $W(2|-2)$.
($f'''(x) = 6$, also ungleich null, auch damit ist es ein Wendepunkt.)
$f'(2) = -3$ $-2 = -3 \cdot 2 + b$ gilt für $b = 4$.
Die Tangente durch den Wendepunkt hat die Gleichung $t_w(x) = -3x + 4$.

Untersuchung ganzrationaler Funktionen

1 Auf dem Graphen der Funktion f sind Punkte markiert.

a) Ergänzen Sie zu wahren Aussagen und zeichnen Sie den Graphen mit den passenden Farben nach.

$f'(x) > 0$ für alle x aus dem Intervall, demzufolge ist f streng monoton **steigend auf I**. Markierung: ──────

$f'(x) < 0$ für alle x aus dem Intervall, demzufolge ist f streng monoton **fallend auf I**. Markierung: ─ ─ ─ ─

$f'(x) = 0$ in __A, B, C, D, E, H__

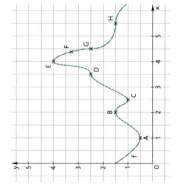

b) Kreuzen Sie Zutreffendes an.

Extrempunkte sind die Punkte …	☒ A	☒ B	☒ C	☒ D	☒ E	☐ F	☐ G	☒ H
Wendepunkte sind die Punkte …	☐ A	☐ B	☐ C	☒ D	☐ E	☒ F	☒ G	☐ H
Hochpunkte sind die Punkte …	☒ A	☐ B	☐ C	☐ D	☒ E	☐ F	☐ G	☒ H
Tiefpunkte sind die Punkte …	☐ A	☒ B	☒ C	☐ D	☐ E	☐ F	☐ G	☐ H
Sattelpunkte sind die Punkte …	☐ A	☐ B	☐ C	☒ D	☐ E	☐ F	☐ G	☐ H
Bei … ist der Graph der Funktion linksgekrümmt.	☒ A	☒ B	☒ C	☐ D	☐ E	☐ F	☐ G	☐ H

2 Kreuzen Sie alle zu f mit $f(x) = \frac{1}{720}x^6 - \frac{1}{120}x^5 + \frac{1}{24}x^4 + \frac{5}{6}x^3 - \frac{7}{2}x^2 + 1984x - \pi$ passenden Ableitungen an.

☒ 0 (7. und höher)   ☒ $0,5x^2 - x + 1$ (4.)   ☐ $0,3x^3 - 0,5x^2 + x$ ☒ $x - 1$ (5.)

$\frac{1}{6}x^3 - 0,5x^2 + x + 5$ (3.)

3 Auf Notizzetteln stehen Schrittfolgen. Vervollständigen Sie die passenden Überschriften.

Ermitteln von **Hoch- und Tiefpunkten von f**	Ermitteln von **Wendestellen von f**
1. Ermitteln von f'	1. Ermitteln von f', f'' und f'''
2. Ermitteln der Nullstellen von f'	2. Ermitteln der Nullstellen von f''
3. Untersuchen des Vorzeichenwechsels von f' oder Prüfen, ob f''(x) < 0 oder f''(x) > 0	3. Untersuchen des Vorzeichenwechsels von f'' oder Berechnen der dritten Ableitung an der potentiellen Stelle

4 Kreuzen Sie die wahren Aussagen an.

Der Graph einer ganzrationalen Funktion …

☒ besitzt mindestens einen Wendepunkt, wenn er einen Hoch- und einen Tiefpunkt hat.

☐ besitzt mindestens einen Hoch- und einen Tiefpunkt, wenn er einen Wendepunkt hat.

☐ besitzt mindestens einen Tiefpunkt, wenn er einen Hoch- und einen Wendepunkt hat.

☒ besitzt keinen weiteren Extrempunkt, wenn er einen Extrempunkt und keine Wendepunkte hat.

☐ besitzt mehrere Extrempunkte, wenn er mehrere Wendepunkte hat.

5 Ergänzen Sie in der Funktionsgleichung alle natürlichen Zahlen von 4 bis 9, so dass gilt: **ungerade Exponenten**
Die Funktion ist punktsymmetrisch zum Ursprung und für $x \to -\infty$ gilt $f(x) \to \infty$.   **und „–" bei der x^9**

z. B. $f(x) = \underline{}\, 8\, x^{\underline{7}} - 6\, x^{\underline{9}} + 4\, x^{\underline{5}}$

---

6 Untersuchen Sie die Funktion f mit $f(x) = 0,125x^4 - 0,5x^3$ mithilfe der Ableitungen.

a) Monotonie

	streng monoton fallend auf l: $f'(x) < 0$	streng monoton steigend auf l: $f'(x) > 0$
$f'(x) = 0,5x^3 - 1,5x^2$	Teststellen:	$f'(-1) = 0,5 \cdot (-1)^3 - 1,5 \cdot (-1)^2 < 0$ (↘)
$0 = 0,5x^3 - 1,5x^2 = 0,5x^2(x-3)$		$f'(1) = 0,5 \cdot 1^3 - 1,5 \cdot 1^2 < 0$ (↘)
$x_1 = 0 \quad x_2 = 3$		$f'(4) = 0,5 \cdot 4^3 - 1,5 \cdot 4^2 > 0$ (↗)

f ist monoton steigend für $x > 3$.   f ist monoton fallend für $x < 3$.

b) Krümmung

	linksgekrümmt auf l: $f''(x) > 0$	rechtsgekrümmt auf l: $f''(x) < 0$
$f''(x) = 1,5x^2 - 3x$	Teststellen:	$f''(-1) = 1,5 \cdot (-1)^2 - 3 \cdot (-1) > 0$
$0 = 1,5x^2 - 3x = x(1,5x - 3)$		$f''(1) = 1,5 \cdot 1^2 - 3 \cdot 1 < 0$
$x_1 = 0 \quad x_2 = 2$		$f''(4) = 1,5 \cdot 4^2 - 3 \cdot 4 > 0$

Der Graph ist für $x < 0$ und $x > 2$ linksgekrümmt.   Der Graph ist für $0 < x < 2$ rechtsgekrümmt.

c) Extrempunkte $f'(x_E) = 0$ und $f''(x_E) \neq 0$ (Minimumstelle: $f''(x_E) > 0$; Maximumstelle: $f''(x_E) < 0$)

$f(x) = 0,5x^3 - 1,5x^2$	$x_1 = 0 \quad x_2 = 3$	
$f''(0) = 1,5 \cdot 0^2 - 3 \cdot 0 = 0$	Es ist keine Aussage zu Extrema möglich. Eventuell liegt ein Terrassenpunkt vor.	
$f''(3) = 1,5 \cdot 3^2 = 4,5 > 0$	Tiefpunkt T(3 | -3,375)	$(f(3) = 0,125 \cdot 3^4 - 0,5 \cdot 3^3 = -3,375)$

Es gibt nur einen Extrempunkt, den Tiefpunkt T(3 | –3,375).

d) Wendepunkte $f''(x_W) = 0$ und $f'''(x_W) \neq 0$ (Terrassenpunkt: $f''(x_W) = 0$)

$f''(x) = 1,5x^2 - 3x$	$x_1 = 0 \quad x_2 = 2$		
$f'''(x) = 3x - 3$			
$f'''(0) = 3 \cdot 0 - 3 = -3 \neq 0$	Terrassenpunkt	$W_1(0|0)$	$(f(0) = 0,125 \cdot 0^4 - 0,5 \cdot 0^3 = 0)$
$f'''(2) = 3 \cdot 2 - 3 = 3 \neq 0$	Wendepunkt	$W_2(2|-2)$	$(f(2) = 0,125 \cdot 2^4 - 0,5 \cdot 2^3 = -2)$

(siehe d)

e) Kreuzen Sie die Zeichnung an, die den Graphen von f enthält. Zeichnen Sie beide Koordinatenachsen ein.

☐

☐

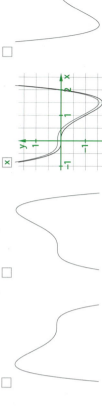
☒

7 Der Wasserstand in einem Regenwasserspeicher kann in den ersten drei Regenstunden durch die Funktion f mit $f(t) = -\frac{1}{32}t^3 + \frac{3}{16}t^2 + 3,74$ modelliert werden. Berechnen Sie, wann der Wasserstand am stärksten anstieg.

Hinweis zu c und d: Die Ergebnisse von a und b führen effizient(er) zur Lösung. Aus $f'(0) = 0$ und $f(3) = -3,375$ folgt, dass T(3 | –3,375) Tiefpunkt und S(0 | 0) Sattelpunkt des Graphen ist.

$f''(t) = -\frac{3}{16}t + \frac{3}{8}$ $f'''(t) = -\frac{3}{16}$ $f''(2) = 0$ und $f'''(2) = -\frac{3}{16} < 0$, also ist W(2 | 4,24) Wendepunkt mit lokal maximaler Steigung. Der stärkste Anstieg erfolgte nach 2 Stunden.

Newton-Verfahren

Grundlagentraining

1 Ergänzen Sie die Beschreibung des Newtonverfahrens anhand der Abbildung.

Gesucht ist <u>die Nullstelle x_N</u> einer Funktion f. Man sucht sich eine in der Nähe der vermuteten Nullstelle x_N gelegene Stelle x_0, legt dort <u>die Tangente an den</u>

<u>Graphen von f</u> und bestimmt <u>die Nullstelle x_1</u> dieser Tangente. An der Stelle x_1 wird wieder eine

<u>Tangente an den Graphen von f</u> gelegt, welche die x-Achse an einer <u>Stelle x_2</u> schneidet. Dieses Verfahren wird so lange fortgeführt, bis die beiden letzten benachbarten Tangentennullstellen einen vorher definierten Abstand ε <u>unterschreiten</u>.

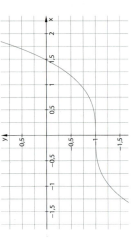

2 Die Berechnung der positiven Nullstelle von $f(x) = x^2 - 3$ soll mit dem Newtonverfahren auf Hundertstel genau ($|x_{k+1} - x_k| \le \varepsilon = 0{,}01$) erfolgen: Vervollständigen Sie die fehlenden Rechenschritte.

- Es ist $f(1) = $ <u>−2</u> und $f(2) = $ <u>1</u>. Wegen des Vorzeichenwechsels liegt eine Nullstelle im Intervall <u>1</u> < x < <u>2</u>. Als Startwert kann z. B. die Intervallmitte gewählt werden: $x_0 = 1{,}5$.

- Wegen $f'(x) = $ <u>2x</u> ist $f'(1{,}5) = $ <u>3</u> ≠ 0, also ist $x_0 = 1{,}5$ ein geeigneter Startwert.

- $x_1 = x_0 - \frac{f(x_0)}{f'(x_0)} = 1{,}5 - \frac{-0{,}75}{3} = 1{,}75$

- $x_2 = x_1 - \frac{f(x_1)}{f'(x_1)} = 1{,}75 - \frac{0{,}0625}{3{,}5} = 1{,}732142857$

- $x_3 = x_2 - \frac{f(x_2)}{f'(x_2)} = 1{,}732142857 - \frac{0{,}000318878}{3{,}464285714} = 1{,}732050081$

- Abbruchbedingung prüfen: Die dritte Nachkommastelle ist schon bei x_3 „stabil".
  Es ist $|x_3 - x_2| = |1{,}732050081 - 1{,}732142857| = |-0{,}00092047| < \varepsilon$

- Näherungswert für die Nullstelle $x_N \approx 1{,}73$.

3 Realisieren Sie das Newton-Verfahren für die negative Nullstelle von $f(x) = 0{,}3x^4 - 1{,}04x - 1$. Nutzen Sie die Konstantenautomatik Ihres Taschenrechners für eine effektive Rechnung:

- Mithilfe einer grafischen Darstellung oder einer Wertetabelle erkennt man, dass zwischen −1 und 0 eine negative Nullstelle liegt. Startwert z. B.: $x_0 = -1$.
- Wenn Ihr Taschenrechner über eine ANS-Taste verfügt, dann gehen Sie so vor:
  ① Startwert eingeben und mit · (oder =) bestätigen.
  ② Die Formel für das Newtonverfahren unter Verwendung der ANS-Taste eingeben.
  ③ Wiederholt · (oder =) drücken, bis die geforderte Genauigkeit erreicht ist.

Vollziehen Sie dieses Verfahren nach und ermitteln Sie so einen Näherungswert für die gesuchte Nullstelle auf Tausendstel genau: $x_0 \approx $ <u>−0,827</u>

$$\text{ans} - \frac{0{,}3 \cdot \text{ans}^4 - 1{,}04 \cdot \text{ans} - 1}{1{,}2 \cdot \text{ans}^3 - 1{,}04}$$

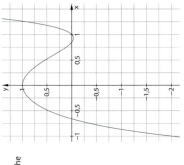

$$x_{k+1} = x_k - \frac{f(x_k)}{f'(x_k)}$$

4 Ermitteln Sie die Nullstelle x_N der nebenstehend abgebildeten Funktion mithilfe des Newtonverfahrens.

Geben Sie die Werte des Iterationsfolge mit dem Startwert 1,5 an, bis sich die Nachkommastellen nicht mehr ändern.

$x_0 = 1{,}5$; $x_1 = $ <u>1,48296837</u> $x_2 = $ <u>1,482772733</u>
$x_3 = $ <u>1,482772707</u> $x_4 = $ <u>1,482772707</u>
$x_N = $ <u>1,482772707</u>

Aufbautraining

5 Erläutern Sie, weshalb beim Anwenden des Newtonverfahrens auf die Berechnung der Nullstellen von $f(x) = 5 - x^2$ der Startwert $x_0 = 0$ ausgeschlossen werden muss.

Begründung: <u>Die Funktion $f(x) = 5 - x^2$ hat einen Scheitelpunkt bei $x_0 = 0$. Dort ist die Tangente an den</u>
<u>Graphen von f parallel zur x-Achse und somit ist $f'(0) = 0$. Die Iterationsvorschrift ist dann wegen</u>
<u>Division durch Null nicht anwendbar.</u>

6 Für das algorithmische Vorgehen beim Newtonverfahren ist auch eine Tabellenkalkulation gut zu verwenden. Im Folgenden ist eine solche einfache Umsetzung des Newton-Algorithmus' für die Bestimmung einer der Nullstellen der Funktion $f(x) = x^5 - 2x^2 + 1$ mit einer TK abgebildet.

	A	B
1	1	−0,5
2	= A1 + 1	= B1 − $\frac{B1^5 - 2 \cdot B1^2 + 1}{5 \cdot B1^4 - 4 \cdot B1}$
3	= A2 + 1	= B2 − $\frac{B2^5 - 2 \cdot B2^2 + 1}{5 \cdot B2^4 - 4 \cdot B2}$
4	= A3 + 1	= B3 − $\frac{B3^5 - 2 \cdot B3^2 + 1}{5 \cdot B3^4 - 4 \cdot B3}$
5	= A4 + 1	= B4 − $\frac{B4^5 - 2 \cdot B4^2 + 1}{5 \cdot B4^4 - 4 \cdot B4}$
6	usw.	usw.

a) Erläutern Sie diese Realisierung.
Spalte A liefert <u>die fortlaufende Nummerierung der Iterationsschritte.</u>
Spalte B ergibt <u>die Folge der Iterationen mit $x_{k+1} = x_k - \frac{f(x_k)}{f'(x_k)} = x_k - \frac{x_k^5 - 2 \cdot x_k^2 + 1}{5 \cdot x_k^4 - 4 \cdot x_k}$.</u>

b) Bestimmen Sie mit dem Newtonverfahren Näherungswerte der Nullstellen von f auf Hundertstel genau. Geben Sie auch jeweils den Startwert an.

Startwert	Näherungswert
$x_0 = -0{,}5$	$x_N \approx $ <u>−0,66</u>
$x_0 = 0{,}5$	$x_N \approx $ <u>0,84</u>
$x_0 = 1{,}1$	$x_N \approx $ <u>1,00</u>

7 Begründen Sie, weshalb sich die Nullstelle der Funktion $f(x) = x^3 - 2x + 2$ mit dem Startwert $x = 0$ durch das Newtonverfahren nicht ermitteln lässt.

Begründung: <u>Die Tangente an den Graphen von f bei $x = 0$ schneidet</u>
<u>die x-Achse bei $x = 1$, die Tangente bei $x = 1$ schneidet die x-Achse bei</u>
<u>$x = 0$, also wieder beim Startwert. So entsteht eine zyklische</u>
<u>Zahlenfolge {0; 1; 0; 1; 0; 1; ...}, die nicht konvergiert.</u>

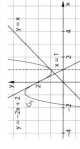

Basisaufgaben

1 Lösungsstrategie für Extremalprobleme: Wenden Sie die vorgegebene Schrittfolge an.

a) Zwei Mauern bilden eine rechtwinklige Ecke.
Zur Abgrenzung einer möglichst großen rechteckigen Fläche in dieser Ecke stehen 20 m Zaun zur Verfügung.
Berechnen Sie, wie lang die Zaunseiten a und b sein sollten.

1. *Gleichung*
   Flächeninhalt A eines Rechtecks: $\quad A = a \cdot b$

2. *Nebenbedingungen*
   Länge des Zaunes, verteilt auf die Rechteckseiten: $\quad \underline{a + b = 20}$ somit gilt $b = 20 - a$

3. *Zielfunktion*
   $\underline{A(a) = a \cdot (20 - a) = 20a - a^2}\quad$ mit $0 \leq a \leq 20$

4. *lokale Extrema*
   erste und zweite Ableitung: $\quad A'(a) = \underline{20 - 2a} \qquad A''(a) = \underline{-2}$
   Notwendige Bedingung (mögliche Extremstelle): $\quad A'(a) = \underline{0}\;$ also gilt $\underline{20 - 2a = 0}$, also gilt $\underline{a = 10}$.
   Hinreichende Bedingung: $\quad A''(a) = -2 < 0$ Es liegt $\underline{\text{ein lokales Maximum}}$ vor.

5. *Randwerte*
   Das lokale Maximum ist das globale Maximum, da $\quad A(0) = A(20) = \underline{0}\;$ und $\underline{0 < A(10)}$.

6. *Interpretation*
   Die abzugrenzende Fläche hat einen möglichst großen Flächeninhalt, wenn $\underline{\text{jede Zaunseite 10 m lang ist (100 m}^2)}$.

b) Aus einer 3 m langen Stahlstange soll das Kantengerüst eines Quaders mit quadratischer Grundfläche und maximalem Volumen hergestellt werden. Ermitteln Sie die Längen seiner Kanten a und b.

1. *Gleichung*
   Volumen des Quaders: $\quad V = a^2 \cdot b$

2. *Nebenbedingungen*
   Gesamtlänge der Kanten als Summe: $\quad \underline{3 = 8a + 4b}$ somit gilt $b = 0{,}75 - 2a$

3. *Zielfunktion* $\quad V(a) = a^2 \cdot (0{,}75 - 2a) = 0{,}75a^2 - 2a^3 \qquad 0 \leq a \leq 0{,}375$, damit $V > 0$

4. *lokale Extrema*
   erste und zweite Ableitung: $\quad V'(a) = \underline{1{,}5a - 6a^2} \qquad V''(a) = \underline{1{,}5 - 12a}$
   Notwendige Bedingung (mögliche Extremstelle): $\quad \underline{a \cdot (1{,}5 - 6a) = 0}$, also gilt $a = 0{,}25\; (a \neq 0)$.
   Hinreichende Bedingung: $\quad V''(0{,}25) = \underline{-1{,}5 < 0}$ Es liegt ein lokales Maximum vor.

5. *Randwerte*
   Das lokale Maximum ist das globale Maximum, da $\quad \underline{V(0) = 0\text{ und }V(0{,}375) = 0\text{, aber } V(0{,}25) > 0}$

6. *Interpretation*
   $\underline{\text{Wenn jede Kante 0{,}25 m lang ist, hat der Körper das größtmögliche Volumen. Es sind 15{,}625 dm}^3}$.

2 Zielfunktionen: Verbinden Sie die Sachverhalte mit passenden Zielfunktionen.
Zusatzaufgabe: Die Gleichung einer Zielfunktion bleibt übrig. Geben Sie einen dazu passenden Sachverhalt an.

Bei einem Rechteck ist die Seite a 3 cm kürzer als die Seite b.
Gesucht ist die Zielfunktion für seinen Flächeninhalt in Abhängigkeit von a. — $f(a) = a^2 + 3 \cdot a$

Bei einem Prisma mit quadratischer Grundfläche mit Seitenlänge a ist die Höhe 3 cm größer als a. Gesucht ist die Zielfunktion für sein Volumen in Abhängigkeit von a. — $f(a) = 3 \cdot a^3$

Bei einer geraden Pyramide mit quadratischer Grundfläche ist cie Höhe a ein Drittel mal so groß wie die Länge x der Seitenkante der Grundfläche. Cesucht ist die Zielfunktion für das Volumen der Pyramide in Abhängigkeit von a. — $f(a) = 3 \cdot a^2$

— $f(a) = a^3 + 3 \cdot a^2$

z.B.: **Bei einem Rechteck ist die Seite a ein Drittel mal so lang wie die Seite b.** — $f(a) = 3 \cdot a^2$

3 Figuren unter Funktionsgraphen: Der Punkt Q liegt auf der x-Achse im Intervall $-2 \leq x \leq 2$.
Senkrecht über Q liegt der Punkt R auf der Parabel $f(x) = 4 - x^2$.
Der Punkt P hat die Koordinaten $P(-2|0)$. Untersuchen Sie, bei welcher Lage von R der Flächeninhalt des Dreiecks PQR ein lokales Maximum annimmt.

a) Kreuzen Sie die Gleichung der Zielfunktion z für $-2 \leq x \leq 2$ an.
[x] $z(x) = \frac{1}{2} \cdot (2 + x) \cdot (4 - x^2)$ [x] $z(x) = 4 + 2x - x^2 - \frac{1}{2}x^3$

b) Kreuzen Sie die Extremstelle für ein lokales Maximum an.
[ ] $x = -2$ [x] $x = \frac{2}{3}$

c) Formulieren Sie einen Antwortsatz.
$\underline{\text{Der Flächeninhalt des Dreiecks PQR hat für } R\left(\frac{2}{3}\Big|\frac{32}{9}\right) \text{ ein lokales Maximum.}}$

4 Der Punkt R wandert auf dem Graphen von $f(x) = \frac{1}{5} \cdot x^2 \cdot (4 - x)$ im Intervall $0 \leq x \leq 4$. Der Punkt P liegt im Ursprung und der Punkt Q senkrecht unter R auf der x-Achse.
Gesucht ist die Lage von R, bei der das Dreieck PQR maximalen Flächeninhalt besitzt.

Kreuzen Sie Zutreffendes an. Korrigieren Sie falsche Aussagen.

a) Die Zielfunktion hat die Gleichung $A(x) = \frac{2}{5} \cdot x^3 - \frac{1}{10} \cdot x^4$ [ ] wahr [x] falsch

b) Mögliche Extremstellen sind $x_1 = 0$ und $x_2 = 2$. $\quad \underline{x_1 = 0 \text{ und } x_2 = 3}$ [ ] wahr [x] falsch

c) Der maximale Flächeninhalt beträgt 2,7 Flächeneinheiten. [x] wahr [ ] falsch

Weiterführende Aufgaben

5 Die Oberflächeninhalte von zylinderförmigen Dosen sollen möglichst gering sein.
Zu berechnen sind dafür der Radius der Grundfläche und die Höhe des Zylinders in Abhängigkeit von V. Das Volumen der Dose ist dabei vorgegeben.
Hilfe: Flächeninhalt eines Kreises: $A = \pi \cdot r^2$; Zylindervolumen: $V = \pi \cdot r^2 \cdot h$.

a) Kreuzen Sie Zutreffendes an. Begründen Sie Ihre Entscheidung mithilfe der Lösungsstrategie für Extremalprobleme.

[x] $r = \sqrt[3]{\frac{V}{2\pi}}$ und $h = \sqrt[3]{4} \cdot \sqrt[3]{\frac{V}{\pi}}$ [x] $r = \sqrt[3]{\frac{2 \cdot V^{\frac{1}{3}}}{2 \cdot \pi^{\frac{1}{3}}}}$ und $h = \frac{2 \frac{1}{3} \cdot V^{\frac{1}{3}}}{\pi^{\frac{1}{3}}}$ [ ] $r = \frac{1}{2} \cdot \sqrt[3]{\frac{V}{\pi}}$ und $h = 2 \cdot \sqrt[3]{\frac{V}{2\pi}}$

1. Gleichung	$A = 2\pi r^2 + 2\pi r \cdot h$
2. Nebenbedingungen	$V = \pi r^2 h$ somit gilt $h = \frac{V}{\pi r^2}$
3. Zielfunktion	$A(r) = 2\pi r^2 + \frac{2V}{r}\quad$ mit $0 < r < \infty$
Ableitungen	$A'(r) = 4\pi r - \frac{2V}{r^2} \qquad A''(r) = 4\pi + \frac{4V}{r^3}$
4. lokale Extrema	$A'(r) = 0$ somit gilt $r = \sqrt[3]{\frac{V}{2\pi}} \qquad A''\left(\sqrt[3]{\frac{V}{2\pi}}\right) = 4\pi + \frac{4V}{2\pi} > 0$
5. Randwerte	$\lim_{r\to 0} A(r) = \infty$ und $\lim_{r\to \infty} A(r) = \infty$
6. Interpretation	Für $r = \sqrt[3]{\frac{V}{2\pi}}$ und $h = \sqrt[3]{4} \cdot \sqrt[3]{\frac{V}{\pi}}$ hat ein Zylinder minimale Oberfläche.

b) Eine der Dosen ist rund 12 cm hoch und hat einen Durchmesser von rund 10 cm.
Beurteilen Sie diese Maße in Hinblick auf das zur Herstellung der Dose benötigte Material und ihr Volumen.
$V = 942\,\text{cm}^3$, $r = \sqrt[3]{\frac{942\,\text{cm}^3}{2\pi}} \approx 5{,}3\,\text{cm}$ und $h = \sqrt[3]{4} \cdot \sqrt[3]{\frac{942\,\text{cm}^3}{\pi}} \approx 10{,}6\,\text{cm}$, somit sind sie beinahe optimal.

Rekonstruktion

Gleichung bestimmen | Modellieren

Basisaufgaben

1 Gleichungssysteme lösen: Ergänzen Sie die Lösungsschritte.
Berücksichtigen Sie dabei die Vorgaben.

① $x + y + z = 1$
② $x - y - 2z = 0$
③ $x + 2z = 3$

$2x - z = 1$ | $+z - 1$ ① und ② addieren (Additionsverfahren).
④ $2x - 1 = z$

Gleichungssystem:
$x + 2 = y$
$x = -y + 4$

Additionsverfahren:
$x + 2 + x = \underline{y} + (\underline{-y} + 4)$

Einsetzungsverfahren:
$x = -(x + 2) + 4$

$x + 2 \cdot (2x - 1) = 3$ ④ in ③ einsetzen (Einsetzungsverfahren).

$5x = 5$ | $:5$
$x = 1$

$1 + 2z = 3$ | -1
$2z = 2$ | $:2$
$z = 1$

$1 + y + 1 = 1$ | -2
$y = -1$

Zahl „1" für x und für z in ① einsetzen.

Probe: ① $1 + (-1) + 1 = 1$ wahre Aussage
② $1 - (-1) - 2 \cdot 1 = 0$ wahre Aussage
③ $1 + 2 \cdot 1 = 3$ wahre Aussage

$L = \{(\ 1;\ -1;\ 1\ )\}$

2 Ordnen Sie mithilfe von Linien jedem Gleichungssystem eine Lösungsmenge zu.
Zusatzaufgabe: Lösen Sie die Gleichungssysteme auf einem zusätzlichen Blatt.

$a + b + 7c = 13$	$x + y + z = 8$	$a + b = 1$	$x + y + z = 0$
$3a + 2b + 3c = 7$	$3x + 2y + z = 12$	$a + 2b + c = -1$	$9x + 3y + z = 1$
$6a + b + 2c = 18$	$6x + y = 0$	$2a + b - c = 0$	$25x + 5y + z = 4$

$L = \{(3; -4; 2)\}$ $L = \{(\frac{1}{4}; -\frac{1}{2}; \frac{1}{4})\}$ $L = \{(-1; 6; 3)\}$ $L = \{\}$

3 Eigenschaften in Gleichungen übersetzen: Geben Sie ein oder zwei passende Ausdrücke an.

a) Der Graph der Funktion f verläuft durch den Hochpunkt P(−1|2). $f(-1) = 2$ $f'(-1) = 0$

b) Der Graph der Funktion f hat an der Stelle x = 3 einen lokalen Tiefpunkt. $f'(3) = 0$ $f''(3) > 0$

c) Der Graph einer Funktion f hat im Punkt W(2|−5) einen Wendepunkt. $f(2) = -5$ $f''(2) = 0$

d) Der Graph von f ist symmetrisch zur y-Achse. $f(x) = f(-x)$

e) Der Graph von f hat eine Nullstelle bei x = x₀. $f(x_0) = 0$

---

4 Funktionsgleichung bestimmen – Steckbriefaufgaben: Der Graph einer ganzrationalen Funktion dritten Grades besitzt einen lokalen Hochpunkt H(0|0), eine Nullstelle bei x = 3 und einen Tiefpunkt T(2|−1). Ermitteln Sie eine Gleichung der beschriebenen Funktion.
Rechnen Sie, wenn nötig, auf einem zusätzlichen Blatt.

1. Eigenschaften
2. Funktion und Ableitungen
3. Gleichungssystem und Funktionsterm
4. Überprüfen

1. Angeben der allgemeinen Gleichung und der ersten beiden Ableitungen

$f(x) = a \cdot x^3 + b \cdot x^2 + c \cdot x + d$ $f'(x) = \underline{3a \cdot x^2 + 2b \cdot x + c}$

$f''(x) = \underline{6a \cdot x + 2b}$

2. Aufstellen eines Gleichungssystems mithilfe der Eigenschaften und Ermitteln der Lösungen

Eigenschaft	Bedingung	Gleichungen des Gleichungssystems
H(0|0) liegt auf dem Graphen von f.	$f(0) = 0$	$d = 0$
H(0|0) ist Hochstelle des Graphen von f.	$f'(0) = 0$	$c = 0$
x = 3 ist Nullstelle.	$f(3) = 0$	$27a + 9b = 0$
T(2|−1) liegt auf dem Graphen von f.	$f(2) = -1$	$8a + 4b = -1$
T(2|−1) ist Tiefpunkt des Graphen von f.	$f'(2) = 0$	$12a + 4b = 0$

Lösungen: $a = \frac{1}{4}$ und $b = -\frac{3}{4}$

3. Die Funktion hat die Gleichung
$f(x) = \frac{1}{4}x^3 - \frac{3}{4}x^2$.

4. Überprüfen Sie, ob der Graph von f die gegebenen Eigenschaften besitzt.
Markieren Sie dazu die Hoch- und Tiefpunkte, sowie die Nullstellen.

H(0|0)   N(3|0)   T(2|−1)

---

5 Prozesse modellieren: Bei einer Testfahrt mit konstanter Geschwindigkeit wird durchgehend der „lokale" Kraftstoffverbrauch in Milliliter pro Kilometer in Abhängigkeit von der zurückgelegten Wegstrecke in Kilometern gemessen.

Strecke s in km	0	1	2	3	4
Verbrauch V in ml/km	70	88	90	82	70

Der Zusammenhang zwischen der Strecke s und dem lokalen Verbrauch V lässt sich modellhaft durch eine ganzrationale Funktion
$V(s) = a \cdot s^3 - 11s^2 + 28s + d$ mit $0 \text{ km} \leq s \leq 4 \text{ km}$ beschreiben.

a) Ermitteln Sie die Parameter a und d der Funktion.

$V(0) = a \cdot 0^3 - 11 \cdot 0^2 + 28 \cdot 0 + d = 70$,   somit gilt d = 70.

$V(1) = a \cdot 1^3 - 11 \cdot 1^2 + 28 \cdot 1 + 70 = 88$,   somit gilt a = 1.

b) Erläutern Sie, wie Sie den größten und den kleinsten Wert für den lokalen Kraftstoffverbrauch im Streckenabschnitt von 0 km bis 4 km ermitteln. Geben Sie beide Werte an. Rechnen Sie, wenn nötig, auf einem zusätzlichen Blatt.
Mithilfe der 1. Ableitung der Funktion V(s) wird s = 1,64 km als Stelle des höchsten lokalen
Verbrauches bestimmt. Der lokale Verbrauch ist dort etwa 90,75 ml/km.

Der kleinste Verbrauch liegt an den Intervallenden, also bei s = 0 km und s = 4 km mit 70 ml/km vor.

6 Randkurven beschreiben:
Die Randkurve vom Umriss des Schulgespenstes wird durch den Graphen einer ganzrationalen Funktion f beschrieben.

a) Begründen Sie, dass die Funktion f mindestens vom Grad n = 4 ist.

Der Graph hat mindestens drei lokale Extrema, somit muss die

1. Ableitung der Funktion f mindestens drei Nullstellen haben,

also mindestens vom Grad n − 1 = 3 sein. Demzufolge muss die

Funktion f selbst mindestens vom Grad r = 4 sein.

b) Die Randkurve kann durch eine Funktion f mit der Gleichung $f(x) = a \cdot x^4 + b \cdot x^3 + 2 \cdot x^2$ beschrieben werden. Berechnen Sie a und b. Entnehmen Sie dazu die ganzzahligen Nullstellen der Funktion der Zeichnung.

$f(-1) = 0$ somit gilt	$a - b + 2 = 0$.
$f(3) = 0$ somit gilt	$81a + 27b + 18 = 0$.

Die Lösung ist $a = -\frac{2}{3}$ und $b = \frac{4}{3}$.

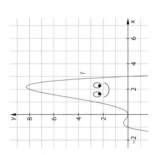

7 Ordnen Sie den Teilen der Maske die passende Funktion zu.
Zeichnen Sie das zu den Funktionen gehörende Koordinatensystem ein.

- Kinn — $f_1(x) = -\frac{1}{2}x^4 + 2x^2$ mit $-2 \leq x \leq 2$
- linkes Auge — $f_2(x) = x^2 - 4$ mit $-2 \leq x \leq 2$
- Mund — $f_3(x) = \frac{1}{2}x^2 - \frac{5}{2}$ mit $-\frac{1}{2} \leq x \leq \frac{1}{2}$
- rechtes Auge — $f_4(x) = -(x+\cdot)^2 - 1$ mit $-1,3 \leq x \leq -0,7$
- Ohren — $f_5(x) = f_4(-x)$

8 Funktionsscharen:
Die Graphen gehören zur Funktionenschar $f_a(x) = 0,2x^2 \cdot (x - a)$ mit $a \in \mathbb{R}$.

a) Ordnen Sie den Graphen den Wert des Parameters a zu.

Graph	①	②	③
Wert von a	−4	0	5

b) Zeichnen Sie den Graphen von f_a für $a = 3$ ein.

c) Kreuzen Sie die Gleichungen an, die 1. Ableitungsfunktion von $f_a(x)$ wiedergeben.

- [x] $f'_a(x) = 0,6x^2 - 0,4a \cdot x$
- [x] $f'_a(x) = 0,4x \cdot (x - a) + 0,2x^2$
- [ ] $f'_a(x) = 0,6x^2 - 0,4a$

Weiterführende Aufgaben

9
Vor dem Öffnen des Fallschirms fällt ein Springer im freien Fall immer schneller. Die Änderungsrate der Fallgeschwindigkeit verringert sich durch die Luftreibung mit der Zeit. Es wird angenommen, dass sich der Sachverhalt im Intervall 0 s ≤ t ≤ 15 s durch eine ganzrationale Funktion dritten Grades modellieren lässt.

Zeit t im freien Fall in Sekunden	0	5	10	12,5
Geschwindigkeit v in Meter pro Sekunde	0	42	54	56

a) Kreuzen Sie die passende Funktion an.

- [ ] $v(t) = \frac{2}{75}t^3 - \frac{4}{5}t^2 + \frac{35}{3}t$
- [ ] $v(t) = \frac{2}{75}t^3 + t^2 + \frac{191}{15}t$
- [x] $v(t) = \frac{2}{75}t^3 - t^2 + \frac{191}{15}t$

b) Zeichnen Sie den Graphen der bei Teilaufgabe a) ermittelten Funktion im Intervall 0 ≤ t ≤ 25.

Begründen Sie mithilfe des Graphen, weshalb diese Funktion für t > 12,5 s als mathematisches Modell ungeeignet ist.

Die Änderungsrate der Geschwindigkeit wird für t > 12,5 s größer. Dies steht im Widerspruch zum

Aufgabentext „Die Änderungsrate der Fallgeschwindigkeit verringert sich ..."

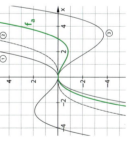

10
Die Graphen mehrerer ganzrationaler Funktionen vierten Grades verlaufen symmetrisch zur y-Achse. Sie haben an der Stelle x = 2 eine waagerechte Tangente und gehen durch den Punkt P(−2|0).

a) Weisen Sie nach, dass $y = f_a(x) = a \cdot x^4 - 8a \cdot x^2 + 16a$ mit $a \in \mathbb{R}$; $a \neq 0$ alle derartigen Funktionen beschreibt.

ganzrationale Funktionen vierten Grades und zur y-Achse symmetrischer Graph: $f(x) = a \cdot x^4 + b \cdot x^2 + c$ mit $f(-x) = f(x)$

waagerechte Tangente an der Stelle x = 2: $f'(x) = 4ax^3 + 2b \cdot x$
Graph durch den Punkt P(−2|0): $f'(2) = 0$
$f(-2) = 0$

$32a + 4b = 0$
$16a + 4b + c = 0$

Lösungen: $b = -8a$, $c = 16a$

b) Kreuzen Sie die wahren Aussagen an. Korrigieren Sie falsche Aussagen.
- ① Für a > 0 besitzen die Graphen genau einen lokalen Hochpunkt. [x]
- ② Für a = 0,125 schneidet der Graph von f die y-Achse im Punkt Q(0|2). [x]
- ③ Für $a = -\frac{1}{3}$ ist $y = 3x - 7$ die Gleichung der Tangente an den Graphen von f_a an der Stelle x = 1. $y = 4x - 7$

11
An einem Wintertag wurde in Abständen von zwei Stunden die Temperatur T gemessen. Um 10:00 Uhr erfolgte die erste Messung. Der Temperaturverlauf in diesem Zeitraum soll durch eine ganzrationale Funktion dritten Grades modelliert werden.

Zeit in h	0	2	4	6
T in °C	0	2	3	0

Ermitteln Sie mit dieser Gleichung die Zeit, zu der die Höchsttemperatur erreicht wurde. Geben Sie beides an.

$f(x) = a \cdot x^3 + b \cdot x^2 + c \cdot x + d$ $f(0) = 0$,   somit gilt $d = 0$.
$f(2) = 2$, somit gilt   ① $8a + 4b + 2c = 2$.
$f(4) = 3$, somit gilt   ② $64a + 16b + 4c = 3$.
$f(6) = 0$, somit gilt   ③ $216a + 36b + 6c = 0$.
„① $\cdot$ 2" und von ③ subtrahieren: $32a + 4b = -1$,   somit gilt $b = -0,25 - 8a$.
Term für b in „① $\cdot$ 2" einsetzen: $4a + 2 \cdot (-0,25 - 8a) + c = 1$,   somit gilt $c = 1,5 + 12a$.
Terme für b und c in ② einsetzen: $64a + 16 \cdot (-0,25 - 8a) + 4 \cdot (1,5 + 12a) = 3$, somit gilt $a = -0,0625$.
$f(x) = -0,0625x^3 + 0,25x^2 + 0,75x$ ist die gesuchte Gleichung der Funktion.
$f'(x) = -0,1875x^2 + 0,5x + 0,75$ $0 = -0,1875x^2 + 0,5x + 0,75$ somit gilt $x_1 = 3,74$ (x_2 ist negativ).
$f''(x) = -0,375x + 0,5$ $f''(3,74) < 0$ Das lokale Maximum liegt bei x = 3,74 mit f(3,74) = 3,03.
Die Höchsttemperatur wird etwa 13:45 Uhr erreicht. Sie beträgt etwa 3,03 °C.

Test – Anwendungen der Differenzialrechnung

1 Ordnen Sie den Gleichungssystemen Lösungen zu.

$a - 3b + 4c = -5$
$2a + 5b + 2c = 27$
$4a - b = -13$

$10 = 2x + 3y + z$
$13 = 3x + y + 2z$
$20 = 4x + 6y + 2z$

$L = \{(-2; 5; 1)\}$
$L = \{(\frac{29}{7}; \frac{4}{7}; 0)\}$
$L = \{(-2; 5; 3)\}$
$L = \{(-3; 2; 10)\}$

2 Beurteilen Sie, ob der Ausdruck den Sachverhalt wiedergibt.
Rechnen Sie, wenn nötig, auf einem zusätzlichen Blatt.

a) Sachverhalt: Eine Funktion f hat an der Stelle 6 den Funktionswert 12.
Ausdruck: $f(12) = 6$ ☐ ja ☒ nein

b) Sachverhalt: Der Graph einer Funktion f hat an der Stelle x = 1 einen Tiefpunkt.
Ausdruck: $f'(1) \geq 0$ $f'(1) = 0$ und $f''(1) > 0$ ☐ ja ☒ nein

c) Sachverhalt: Der Graph einer Funktion f hat im Punkt P(1|2) einen Wendepunkt.
Ausdruck: $f(2) = 1$ und $f'(2) = 0$ $f(1) = 2$ und $f''(1) = 0$ ☐ ja ☒ nein

d) Sachverhalt: Der Graph einer Funktion ist punktsymmetrisch zum Ursprung.
Ausdruck: $f(-x) = -f(x)$ ☒ ja ☐ nein

3 Der Graph der ganzrationalen Funktion f dritten Grades ist punktsymmetrisch zum Ursprung.
Er verläuft durch den Punkt P(3|−1) und hat dort die Steigung −3.
Prüfen Sie die Aussagen über f auf ihren Wahrheitsgehalt.
Rechnen Sie, wenn nötig, auf einem zusätzlichen Blatt.
Unterstreichen Sie die Fehler.

a) Die Funktion f hat die Gleichung $f(x) = -\frac{4}{27}x^3 + x$. ☒ wahr ☐ falsch

b) Die Funktion f hat den lokalen Hochpunkt $H(\frac{3}{2}|-1)$. $H(\frac{3}{2}|1)$ ☐ wahr ☒ falsch

c) Für $x \to -\infty$ gehen die Funktionswerte von f gegen ∞. ☒ wahr ☐ falsch

d) Zwei Tangenten am Graphen von f an zweien seiner Nullstellen haben
die Gleichung $y = -2x + 2\cdot\sqrt{3}$ und $y = -2x + 2\sqrt{2}$. $y = -2x + 3\cdot\sqrt{3}$ und $y = -2x - 3\cdot\sqrt{3}$ ☐ wahr ☒ falsch

4 Gegeben ist ein Prisma mit der Höhe h. Seine Grundfläche ist quadratisch und hat die Seitenlänge a.
Gesucht sind Werte für a und h, für die das Prisma bei konstantem Volumen V eine minimale Oberfläche A_O hat.

a) Kreuzen Sie die passende Zielfunktion an.
☐ $V = a^2 \cdot h$ ☐ $a = \sqrt{h \cdot V}$ ☐ $h = \frac{V}{a^2}$ ☐ $h = \frac{a^2}{V}$
☐ $O(a) = 2a^2 + 4a \cdot \frac{a^2}{V}$ ☐ $O(a) = a^2 + \frac{4V}{a}$ ☐ $O(a) = 2a^2 + 4a \cdot h$ ☒ $O(a) = 2a^2 + \frac{4V}{a}$

Unterstreichen Sie drei zur Ermittlung der Zielfunktion benötigte Gleichungen.

$A_O'(a) = 4a - \frac{4V}{a^2}$
$A_O''(a) = 4 + \frac{8V}{a^3} > 0$
$a = \sqrt[3]{V}$ $h = \sqrt[3]{V}$
Wenn $\sqrt[3]{V} \cdot \sqrt[3]{V} = a = h$, dann ist die Oberfläche minimal. Das Prisma ist ein Würfel.

b) Ermitteln Sie a und h, für die das Prisma bei konstantem Volumen V eine minimale Oberfläche O hat.

c) Berechne a für $h = 3$ cm und $O(a) = 14$ cm².
$a = 1$ cm

---

5 Die Abbildung zeigt den Graphen einer ganzrationalen Funktion g.

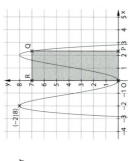

a) Begründen Sie, dass g mindestens dritten Grades sein muss.

Da der Graph von g mindestens zwei lokale Extrempunkte hat, muss die notwendige Bedingung zur Existenz lokaler Extrempunkte mindestens auf eine quadratische Gleichung mit zwei reellen Lösungen führen.
Die Funktion g' muss deshalb mindestens eine quadratische Funktion sein, d. h. die Funktion g selbst muss mindestens dritten Grades sein.

b) Lesen Sie die Koordinaten der lokalen Extrempunkte und die Nullstellen ab.
Ermitteln Sie die Funktionsgleichung dritten Grades von g.

Lokalen Extrempunkte sind H(2|0) und T(0|−2). Nullstellen liegen bei $x = -1$ und $x = 2$.

$g(x) = a \cdot x^3 + b \cdot x^2 + c \cdot x + d$ $g'(x) = 3a \cdot x^2 + 2b \cdot x + c$
$g(0) = -2$ somit gilt $d = -2$. $g'(0) = 0$ somit gilt $c = 0$.
$g(2) = 0$ somit gilt $8a + 4b - 2 = 0$. $g'(2) = 0$ somit gilt $12a + 4b = 0$.

$8a + 4b - 2 = 0$
$12a + 4b = 0$ Die Lösung des Gleichungssystems ist $a = -\frac{1}{2}$ und $b = \frac{3}{2}$.

$g(x) = -\frac{1}{2}x^3 + \frac{3}{2}x^2 - 2$ ist die gesuchte Funktionsgleichung.

6 Die Abbildung zeigt den Graphen einer ganzrationalen Funktion f vierten Grades, der achsensymmetrisch zur y-Achse ist, mit den Koordinaten eines der Hochpunkte.

a) Kreuzen Sie die Gleichungen von f an.
☐ $f(x) = 0{,}5x^4 - 4x^2$ ☒ $f(x) = -\frac{1}{2}x^4 + 4x^2$ ☒ $f(x) = 4x^2 \cdot (1 - 0{,}125x^2)$

b) Der Punkt Q liegt im I. Quadranten auf dem Graphen von f. Er bildet zusammen mit dem Ursprung O sowie den Punkten P und R ein Rechteck. Untersuchen Sie, ob der Flächeninhalt des Rechtecks OPQR ein lokales Maximum annimmt, wenn Q mit dem Hochpunkt von f im I. Quadranten zusammenfällt.

Der Hochpunkt des Graphen von f im I. Quadranten hat wegen der Achsensymmetrie die Koordinaten H(2|8).

Zu bestimmen ist zum Vergleich die x-Koordinate von Q, für die das Rechteck OPQR maximalen Flächeninhalt hat.

$A(x) = x \cdot f(x) = x \cdot (-\frac{1}{2}x^4 + 4x^2) = -\frac{1}{2}x^5 + 4x^3$ mit $0 \leq x \leq 2 \cdot \sqrt{2}$
$A'(x) = -\frac{5}{2}x^4 + 12x^2$ $A''(x) = -10x^3 + 24x$
$A'(x) = 0$ somit gilt $-\frac{5}{2}x^4 + 12x^2 = 0$ also $-\frac{1}{2}x^2 \cdot (5x^2 - 24) = 0$
$x_1 = 0; x_2 = \frac{2}{5} \cdot \sqrt{30}; x_3 = \frac{2}{5} \cdot \sqrt{30} \approx 2{,}19 > 2$ $A''(\frac{2}{5} \cdot \sqrt{30}) = -\frac{48}{5} \cdot \sqrt{30} \approx -52{,}6 < 0$
Das lokale Maximum für den Flächeninhalt liegt an der Stelle $x_3 = \frac{2}{5} \cdot \sqrt{30} \approx 2{,}19$, also fällt Q nicht mit dem lokalen Hochpunkt H(2|8) des Graphen von f zusammen.

Integralrechnung

Basisaufgaben

1 Das Diagramm zeigt den Zu- bzw. Abfluss aus einem Wasserbecken.

Vervollständigen Sie korrekt.

Die Beobachtung erfolgt über **60** Minuten. Zu Beginn gibt es einen Zufluss von **20** Kubikmeter pro **Minute**.

Dieser ist 15 Minuten **konstant**.

Nach 15 Minuten sind **300** Kubikmeter Wasser **mehr** im Becken als zu Beginn. Danach fließen 15 Minuten lang **10** Kubikmeter Wasser pro Minute **ab**, das sind in dieser Zeit insgesamt **150** Kubikmeter.

Nach 30 Minuten befinden sich im Becken insgesamt **150** Kubikmeter Wasser **mehr als** zu Beginn.

2 Zu- und Abnahme eines Bestandes als Flächenbilanz: Die Diagramme zeigen jeweils den Wasserzu- bzw. -abfluss in einem zu Beginn leeren Wasserbecken im Verlauf einer Stunde.

Hilfe: Flächenbilanz zwischen dem Graphen der Änderungsrate und der x-Achse im einem Zeitintervall entspricht der Die Zu- und Abnahme eines Bestandes F in einem Zeitintervall entspricht der Flächenbilanz zwischen dem Graphen der Änderungsrate und der x-Achse.

a) Markieren Sie die Flächen, deren Inhalte ein Maß für das zu- oder abgeflossene Wasservolumen sind.

b) Ergänzen Sie in der Tabelle für die angegebenen Zeiten (in min) die Bilanz des Wasserzu- und -abflusses in m^3.

Zeit	10	20	30	40	50	60
Bilanz (A)	200	250	150	200	-100	-400
Bilanz (B)	100	300	375	175	175	475

c) Geben Sie jeweils begründet an, wie viel Wasser zu Beginn mindestens in dem Becken gewesen sein muss und welches Fassungsvermögen das Wasserbecken mindestens haben muss. Wählen Sie geeignete Intervalle.

In Becken A müssen zu Beginn mindestens **400** m^3 gewesen sein, denn **der kleinste Bilanzwert ist –400**.

Sein Fassungsvermögen muss mindestens **700** m^3 betragen, denn **am Anfang fließen 300 Liter zu**.

In Becken B müssen zu Beginn mindestens **0** m^3 gewesen sein, da **es keine negativen Bilanzwerte gibt**.

Sein Fassungsvermögen muss mindestens **475** m^3 betragen, da **dies der maximale Bilanzwert ist**.

d) „Es gibt einen Zeitpunkt, zu dem sich genauso viel Wasser im Becken befindet wie zu Beginn." Kreuzen Sie Zutreffendes an. [X] Gilt für Becken A.   [ ] Gilt für Becken B.

Zusatzaufgabe: Geben Sie diesen Zeitpunkt, wenn möglich, an.

Nach 46 Minuten 40 Sekunden, denn ab der 40. Minute fließt in dem linken Becken ein halber Kubikmeter pro Sekunde ab, also ist nach 2800 Sekunden die Bilanz 0.

3 Gegeben sind die Graphen von Änderungsraten f' und Beständen f. Ordnen Sie die Graphen einander zu.

Zusatzaufgabe: Begründen Sie die Zuordnung.

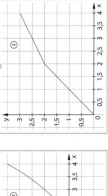

Die Änderungsrate ist ab der Stelle 2 kleiner als vorher, also wächst der Bestand langsamer.

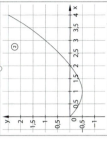

Die Änderungsrate ist ab der Stelle 1 negativ, der Bestand wird also kleiner.

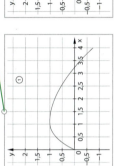

Die Änderungsrate ist anfangs negativ und der Bestand somit defizitär.

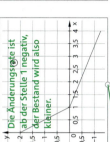

① ② ③

Weiterführende Aufgaben

4 In der Abbildung ist der Graph der Funktion f mit $f(x) = \sin(x)$ dargestellt.

Gesucht ist eine Abschätzung für den Inhalt der Fläche, die der Graph von f über dem Intervall $[0; \pi]$ mit der x-Achse einschließt.

a) Ermitteln Sie die Gleichungen der Tangenten an den Graphen von f in den Punkten $B_1(0|0)$, $B_2(\frac{\pi}{2}|1)$ und $B_3(\pi|0)$.

$f'(x) = \cos(x)$

$t_1(x) = $ **x**

$t_2(x) = $ **1**

$t_3(x) = $ **π − x**

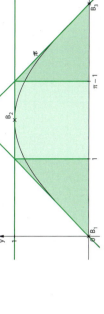

b) Zeichnen Sie die Tangenten in die Abbildung ein und geben Sie die gesuchte Abschätzung an (in Flächeneinheiten).

Man erhält zwei Dreiecke und ein Rechteck: $A = \frac{1}{2} \cdot 1 \cdot 1 + (\pi - 2) \cdot 1 + \frac{1}{2} \cdot 1 \cdot 1 = \pi - 1 \approx 2{,}14$

oder ein Trapez: $A = \frac{1}{2} \cdot (\pi + \pi - 2) \cdot 1 = \pi - 1 \approx 2{,}14$

Zusatzaufgabe: Bestimmen Sie einen Näherungswert für den Flächeninhalt, den der Graph zu $f(x) = -x^2 + 2x$ mit der x-Achse einschließt. Nutzen Sie dabei auch die Tangenten in den Punkten $(\frac{1}{2}|f(\frac{1}{2}))$ und $(\frac{3}{2}|f(\frac{3}{2}))$.

$f(\frac{1}{2}) = f(\frac{3}{2}) = \frac{3}{4}$; $A \approx \frac{11}{8} = 1{,}375$

Bestimmtes Integral

Ober- und Untersumme | Flächenbilanz

Basisaufgaben

1 Flächen zwischen Graph und x-Achse: Die Größe der krummlinig begrenzten Fläche zwischen dem Funktionsgraphen und der x-Achse kann mithilfe von Unter- und Obersummen (U_n und O_n) näherungsweise ermittelt werden.

a) Vervollständigen Sie die Wertetabelle für $f(x) = 4 - \frac{1}{4}x^2$ im Intervall $[0; 4]$.

x	0	$\frac{1}{2}$	1	$\frac{3}{2}$	2	$\frac{5}{2}$	3	$\frac{7}{2}$	4
f(x)	4	$\frac{63}{16}$	$\frac{15}{4}$	$\frac{55}{16}$	3	$\frac{39}{16}$	$\frac{7}{4}$	$\frac{15}{16}$	0

b) Veranschaulichen Sie U_4 und O_4 in der Zeichnung mithilfe gleich breiter Rechtecke im Intervall $[0; 4]$.

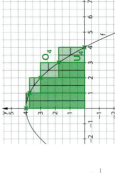

c) Ergänzen Sie die Berechnung der Unter- und Obersummen.

$O_4 = 1 \cdot 4 + 1 \cdot \frac{15}{4} + 1 \cdot 3 + 1 \cdot \frac{7}{4} = \frac{25}{2}$

$U_4 = 1 \cdot \left(\frac{15}{4} + 3 + \frac{7}{4} + 0 \right) = \frac{17}{2}$

$O_8 = \frac{1}{2} \cdot \left(4 + \frac{63}{16} + \frac{15}{4} + \frac{55}{16} + 3 + \frac{39}{16} + \frac{7}{4} + \frac{15}{16} \right) = \frac{93}{8}$

$U_8 = \frac{1}{2} \cdot \left(\frac{63}{16} + \frac{15}{4} + \frac{55}{16} + 3 + \frac{39}{16} + \frac{7}{4} + \frac{15}{16} + 0 \right) = \frac{77}{8}$

d) Kreuzen Sie wahre Aussagen an. Betrachten Sie dabei die Beträge und die Zeichnung.

☐ $O_8 < U_8$ ☐ $O_8 \geq O_4$ ☒ $O_8 \geq O_{16}$ ☒ $U_4 \leq U_{16}$ ☒ $U_n \leq O_n$ ☒ $U_n \leq U_{n+1}$

2 Bestimmtes Integral als Grenzwert von Ober- und Untersummen: f sei eine Funktion über einem Intervall $[a; b]$.
Kreuzen Sie Zutreffendes an.

Hilfe: Wovon hängt b ab und wovon a?

a) Der Grenzwert der Ober- und Untersummen von f über $[a; b]$ ist das bestimmte Integral. ☒ wahr ☐ falsch
b) Wenn Ober- und Untersummen von f über $[a; b]$ sich einem gemeinsamen Grenzwert annähern, dann wird die Differenz der jeweiligen Ober- und Untersumme kleiner. ☒ wahr ☐ falsch
c) Das bestimmte Integral gibt die Flächenbilanz zwischen dem Graphen der Funktion und der x-Achse auf dem Intervall $[a; b]$ an. ☒ wahr ☐ falsch
d) Das bestimmte Integral ist der Grenzwert der Differenz zwischen Ober- und Untersummen für f über $[a; b]$. **Dieser Grenzwert ist 0.** ☐ wahr ☒ falsch
e) Wenn der Graph von f eine parallele Gerade zur x-Achse ist, kann man das bestimmte Integral nicht bestimmen. ☐ wahr ☒ falsch

Der Flächeninhalt des Rechtecks kann berechnet werden $(f(x) \cdot (b - a))$.

3 Integral als Flächenbilanz: Ordnen Sie jeder Beschreibung eine Funktionsgleichung zu.

- Das Integral ist positiv. —— $f(x) = -x^2$ über $[1; 4]$
- Das Integral ist negativ. —— $f(x) = x^2$ über $[-4; -1]$
- Das Integral hat den Wert 0. —— $f(x) = x^3$ über $[-1; 1]$

4 Kreuzen Sie alle wahren Aussagen an.

☒ $\int_0^2 x \, dx < \int_0^3 x \, dx$ ☐ $\int_0^2 (4-x^2) \, dx < \int_0^3 (4-x^2) \, dx$ ☒ $\int_0^3 -x \, dx > \int_0^4 -x \, dx$

---

5 In der Abbildung ist der Graph der Funktion f dargestellt.

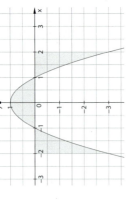

Es gilt: $\int_0^1 f(x) dx = \frac{2}{3}$ und $\int_1^2 f(x) dx = -\frac{4}{3}$.

Hilfe: $\int_a^e f(x)dx$: Flächenbilanz zwischen dem Graphen von f und der x-Achse im Intervall $[a; b]$.

Kreuzen Sie alle wahren Aussagen an. Begründen Sie kurz.

☒ $\int_{-2}^{-1} f(x) dx = \int_1^2 f(x) dx$ — **Symmetrie zur y-Achse**

☒ $\int_{-2}^0 f(x) dx = -\frac{2}{3}$ — $-\frac{4}{3} + \frac{2}{3} = -\frac{2}{3}$

☒ $\int_{-1}^2 f(x) dx = 0$ — $\frac{2}{3} + \frac{2}{3} - \frac{4}{3} = 0$

☐ $\int_{-1}^0 f(x) dx = -\frac{2}{3}$ — **falsches Vorzeichen; Fläche oberhalb der x-Achse**

☐ $\int_{-2}^2 f(x) dx = 4$ — **Flächenbilanz:** $\int_{-2}^2 f(x) dx = 2\left(-\frac{4}{3}\right) + 2\left(\frac{2}{3}\right) = -\frac{4}{3}$

☐ $\int_{-1}^0 f(x) dx = -\int_0^1 f(x) dx$ — **falsches Vorzeichen; beide Flächen oberhalb der x-Achse; Achsensymmetrie**

☒ $\int_{-1}^1 f(x) dx = 0$ — $-\frac{4}{3} + \frac{2}{3} + \frac{2}{3} = 0$

Weiterführende Aufgaben

6 Gegeben ist die Funktion f mit $f(x) = -x^2 + 4x$ mit $0\,m \leq x \leq 4\,m$.
Sie beschreibt ein großes Kirchenfenster mit Buntglas.

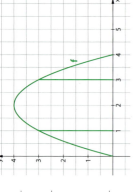

a) Ermitteln Sie die Nullstellen von f.
$-x^2 + 4x = x \cdot (-x + 4)$ $x_1 = 0$ und $x_2 = 4$

b) Skizzieren Sie den Graphen.
Schätzen Sie die Fenstergröße. **10 m² bis 11 m²**

c) Ermitteln Sie die Größe des Fensters in Quadratmetern.

Es gilt $\int_0^3 (-x^2 + 4x) dx = 1\frac{2}{3}$ und $\int_1^3 (-x^2 + 4x) dx = 3\frac{2}{3}$

$\int_0^4 (-x^2 + 4x) dx = 2\left(1\frac{2}{3} + 3\frac{2}{3}\right) \approx 10{,}67$

Das Kirchenfenster mit Buntglas ist **rund 10,67 m²** groß.

d) Durchgehende senkrechte Linien grenzen größere Teile voneinander ab, beispielsweise den Bereich $1\,m \leq x \leq 3\,m$. Veranschaulichen Sie diesen in der Skizze und berechnen Sie deren Größe.

$2 \cdot 2\frac{2}{3} = 7\frac{1}{3} \approx 7{,}33$

Das Beispielteil des Kirchenfensters ist **rund 7,33 m²** groß.

Integralrechnung

Basisaufgaben

1 Stammfunktion: Ordnen Sie jeder Funktion eine Stammfunktion zu. Ergänzen Sie dafür passende Großbuchstaben.
Hilfe: $F'(x) = f(x)$, d. h. $F(x)$ stellt eine Stammfunktion zu der Funktion f dar, wenn für die Ableitung $F'(x)$ gilt: $F'(x) = f(x)$.

| $a(x) = x$ | $b(x) = 3x + 2$ | $c(x) = 3$ | $d(x) = 3x$ | $e(x) = 0$ | $f(x) = 2x - 3$ | $g(x) = 2x$ |

Eine Funktion F heißt Stammfunktion zu der Funktion f, wenn sich alle Stammfunktionen einer Funktion f nur durch eine Konstante unterscheiden.

$\underline{C}\ (x) = 3x + 2$ $\qquad$ $\underline{A}\ (x) = \tfrac{1}{2}x^2 + 2$ $\qquad$ $\underline{B}\ (x) = \tfrac{3}{2}x^2 + 2x$ $\qquad$ $\underline{D}\ (x) = \tfrac{3}{2}x^2 + 2$

$\underline{G}\ (x) = x^2 + 3$ $\qquad$ $\underline{F}\ (x) = x^2 - 3x + 2$ $\qquad$ $\underline{E}\ (x) = 3$

2 Gesamtheit aller Stammfunktionen: Kreuzen Sie alle Stammfunktionen der Funktion $f(x) = 5x + 4$ an.
Hilfe: Alle Stammfunktionen einer Funktion f unterscheiden sich nur durch eine Konstante.

☐ $F(x) = \tfrac{5}{2}x + 4$ ☐ $F(x) = 5x^2 + 4x$ ☒ $F(x) = \tfrac{5}{2}x^2 + 4x - 3$
☒ $F(x) = \tfrac{5}{2}x^2 + 4x + 3$ ☒ $F(x) = \tfrac{5}{2}x^2 + 4x - 2$

3 Stammfunktionen grafisch bestimmen: Ordnen Sie jedem Funktionsgraphen den Graphen einer Stammfunktion zu.

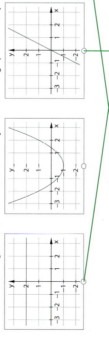

4 Potenzregel: Vervollständigen Sie.
Hilfe: $F(x) = \frac{1}{r+1} x^{r+1}$ ist stets eine Stammfunktion.

$f(x) = x$	$F(0) = 5$	$F(x) = \tfrac{1}{2}x^2 + 5$
$g(x) = 3x^2$	$G(1) = 5$	$G(x) = x^3 + 4$
$h(x) = x^7$	$H(-1) = \tfrac{1}{4}$	$H(x) = \tfrac{1}{8}x^8 + \tfrac{1}{8}$

5 Lineare Kettenregel: Kreuzen Sie an, welche Funktion F eine Stammfunktion zu $f(x) = (6x + 11)^5$ ist.

☐ $F(x) = \tfrac{6}{6}(6x + 11)^6$ ☒ $F(x) = \tfrac{1}{36}(6x + 11)^6$ ☐ $F(x) = \tfrac{5}{6}(6x + 11)^6$ ☐ $f(x) = 30(6x + 11)^4$

6 Kreuzen Sie alle Regeln an, die man zur Bestimmung der Stammfunktion verwenden muss.
$f(x) = 5x^3 + 4x - 1$

☒ Faktorregel ☒ Summenregel ☒ Potenzregel ☐ lineare Kettenregel

Zur Funktion f mit $f(x) = x^r$ und $r \in \mathbb{R}, r \neq -1$ ist F mit $F(x) = \frac{1}{r+1}x^{r+1}$

$F'(x) = f(x)$

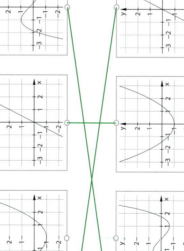

7 Kreuzen Sie Zutreffendes an. Begründen Sie die Entscheidung.

a) Zu $f(x) = 5x + 5x^2$ ist $F(x) = 5(\tfrac{1}{2}x^2 + \tfrac{1}{3}x^3)$ die Stammfunktion. ☐ wahr ☒ falsch
Es ist nur eine Stammfunktion von f. $F(x) = 5(\tfrac{1}{2}x^2 + \tfrac{1}{3}x^3) + C$ gibt alle Stammfunktionen an.

b) Zu $f(x) = 8x^3$ ist $F(x) = 32x^4$ keine Stammfunktion. ☒ wahr ☐ falsch
$F'(x) = 4 \cdot 32x^{4-1} = 128x^3$, aber für $G(x) = 2x^4$ gilt $G'(x) = 4 \cdot 2x^{4-1} = 8x^3$.

c) Zu $f(x) = 8x^3$ ist $F(x) = 2x^4$ eine Stammfunktion. ☒ wahr ☐ falsch
$F'(x) = 2 \cdot 4x^3 = 8x^3$

d) Zu $f(x) = 2x \cdot 7x$ kann man nur mithilfe der Faktorregel eine Stammfunktion bestimmen. ☐ wahr ☒ falsch
Man benötigt auch die Potenzregel bei $f(x) = 14x^2$.

e) Zu $f(x) = \tfrac{1}{x^3}$ kann man nur mithilfe der Potenzregel eine Stammfunktion bestimmen. ☒ wahr ☐ falsch
$f(x) = \tfrac{1}{x^3} = x^{-3}$ und $F(x) = -\tfrac{1}{4}x^{-4} + C$

8 F und G seien die Stammfunktionen von f und g. Kreuzen Sie alle wahren Aussagen an.
Geben Sie, wenn möglich, ein Gegenbeispiel mit Funktionsgleichungen von f oder g an.

☒ F + G ist Stammfunktion zu f + g. **aufgrund der Summenregel**
☐ F · G ist Stammfunktion zu f · g. **Gegenbeispiel: $f(x) = g(x) = 1$**
☒ $F(x) + x + 4$ ist Stammfunktion zu $f(x) + 1$. **aufgrund der Potenzregel**
☒ $2 \cdot F - 3 \cdot G$ ist Stammfunktion zu $2 \cdot f - 3 \cdot g$. **aufgrund der Summenregel**
☐ $x^2 \cdot G(x)$ ist Stammfunktion zu $x \cdot g(x)$. **Gegenbeispiel: $g(x) = x$**

Weiterführende Aufgaben

9 Der Graph f im linken Bild veranschaulicht die Wachstumsgeschwindigkeit einer Fichte in Abhängigkeit von der Zeit.

a) Begründen Sie, dass die Funktion der Fichtenhöhe in Abhängigkeit von der Zeit eine Stammfunktion von f ist. Die Wachstumsgeschwindigkeit ist die Änderungsrate der Höhe der Fichte.

Die Stammfunktion der Wachstumsgeschwindigkeit der Fichte, also der Änderung ihrer Höhe, beschreibt die Höhe der Fichte (Fläche unter der Kurve).

b) Erläutern Sie, welche Graphen vom rechten Bild die Fichtenhöhe beschreiben können.

(1) kommt nicht in Frage, da das Wachstum sich mit der Zeit verlangsamt.
(2) kommt nicht in Frage, da f keine negativen Werte annimmt.
(3) kommt nicht in Frage, da das Wachstum unterschiedlich ist.

7 Hauptsatz der Differential- und Integralrechnung und Flächenberechnung

Basisaufgaben

1 Vervollständigen Sie die Tabelle.

Funktion f	Stammfunktion F (C = 0)	a	b	F(b) − F(a)
$f(x) = 1$	$F(x) = x$	3	5	$5 - 3 = 2$
$f(x) = x$	$F(x) = \frac{1}{2}x^2$	4	6	$18 - 8 = 10$
$f(x) = \frac{1}{2}x^3$	$F(x) = \frac{1}{8}x^4$	1	2	$2 - \frac{1}{8} = \frac{15}{8}$
$f(x) = x^5$	$F(x) = \frac{1}{6}x^6$	0	2	$\frac{32}{3}$

2 Hauptsatz der Differential- und Integralrechnung: Ordnen Sie Funktion und Intervall den Inhalt der Fläche zwischen Funktionsgraph und x-Achse (in Flächeneinheiten) zu.

Hilfe: $F(a) - F(b) = \int_q^e f(x)dx$ gilt: Ist F eine beliebige Stammfunktion einer Funktion f, so gilt:

| $f(x) = x$
[0; 4] | $g(x) = 3x + 2$
[0; 2] | $h(x) = 3$
[−3; 5] | $i(x) = 0$
[−2; 2] | $j(x) = 2x - 3$
[0; 1] | $k(x) = 2x$
[−1; 1] |

Values: −2, 8, 10, 24, 0, 4c

3 Eingeschlossene Fläche zwischen Graph und x-Achse:
Gegeben ist die Funktion f mit $f(x) = 12 \cdot (x^2 - 1) \cdot (x - 2)$.
Die Abbildung zeigt den Graphen von f.
Es soll der Inhalt der Fläche bestimmt werden, die der Graph von f mit der x-Achse einschließt.

a) Lesen Sie die Nullstellen von f ab und erläutern Sie, wie man diese Nullstellen auch rechnerisch herleiten kann.
Funktionsterm mit der 3. binomischen Formel faktorisieren: $f(x) = 12 \cdot (x + 1) \cdot (x - 1) \cdot (x - 2)$, **dann kann man die Nullstellen −1, 1, 2 direkt ablesen.**

b) Multiplizieren Sie zuerst den Funktionsterm von f aus.
Geben Sie danach eine Stammfunktion von f an.
$f(x) = 12 \cdot (x^3 - 2x^2 - x + 2\ ) = 12x^3 - 24x^2 - 12x + 24$ $F(x) = 3x^4 - 8x^3 - 6x^2 + 24x$

Zusatzaufgabe: Schätzen Sie den gesuchten Inhalt des eingefärbten Flächenstücks.
Beachten Sie die unterschiedlichen Einheiten auf den Koordinatenachsen.   **zwischen 30 und 40 FE**

c) Berechnen Sie die Integrale zwischen benachbarten Nullstellen.

$\int_{-1}^{1} f(x)dx = [F(x)]_{-1}^{1} = 3 - 8 - 6 + 24 - (3 + 8 - 6 - 24) = 32$

$\int_{1}^{2} f(x)dx = [F(x)]_{1}^{2} = 48 - 64 - 24 + 48 - (3 - 8 - 6 + 24) = -5$

d) Geben Sie den gesuchten Flächeninhalt A an.
$A = \underline{32 + |-5| = 32 + 5 = 37}$

---

4 Fläche zwischen Graph und x-Achse über einem Intervall: Die Funktion f mit $f(x) = x^2 - x$ schließt mit der x-Achse über dem Intervall [−1; 3] ein (mehrteiliges) Flächenstück ein, dessen Flächeninhalt bestimmt werden soll.

a) Geben Sie alle Nullstellen innerhalb des Intervalls an.
$x_1 = \underline{0}$ und $x_2 = \underline{1}$

b) Berechnen Sie die Integrale über den drei Teilintervallen.

$\int_{-1}^{0} f(x)dx = \left[\frac{1}{3}x^3 - \frac{1}{2}x^2\right]_{-1}^{0} = 0 - \left[-\frac{1}{3} - \frac{1}{2}\right] = \frac{5}{6}$

$\int_{0}^{1} f(x)dx = \left[\frac{1}{3}x^3 - \frac{1}{2}x^2\right]_{0}^{1} = \left(\frac{1}{3} - \frac{1}{2}\right) - 0 = -\frac{1}{6}$

$\int_{1}^{3} f(x)dx = \left[\frac{1}{3}x^3 - \frac{1}{2}x^2\right]_{1}^{3} = 9 - \frac{9}{2} - \left[\frac{1}{3} - \frac{1}{2}\right] = \frac{14}{3}$

c) Geben Sie den gesuchten Flächeninhalt A an.
$A = \underline{\frac{5}{6} + \left|-\frac{1}{6}\right| + \frac{14}{3} = \frac{17}{3}}$

5 Von zwei Funktionsgraphen eingeschlossene Fläche:
Die Abbildung zeigt die Graphen der Funktionen f und g mit $f(x) = -x^3 + x^2 + x + 2$ und $g(x) = -x^2 + x + 2$.
Ermitteln Sie die Größe der Fläche in zwei Schritten.

1. Lesen Sie die Schnittstellen der Graphen ab.
Zeigen Sie rechnerisch, dass es keine weiteren Schnittstellen außerhalb des abgebildeten Bereichs gibt.
$x_1 = \underline{0}$ und $x_2 = \underline{2}$
Durch Gleichsetzen erhält man:
$-x^3 + x^2 + x + 2 = -x^2 + x + 2$
$\underline{x^3 - 2x^2 = 0 \Leftrightarrow x^2 \cdot (x - 2) = 0}$

2. Berechnen Sie die Größe des Flächenstücks.
$\int_{0}^{2} f(x) - g(x)dx = \left[-\frac{1}{4}x^4 + \frac{2}{3}x^3\right]_{0}^{2} = -4 + \frac{16}{3} = \frac{4}{3}$

Weiterführende Aufgaben

6 Für $a > 0$ ist die Funktion f_a gegeben durch
$f_a(x) = -\frac{1}{4}x^2 + \frac{1}{2}a \cdot x$.
In der Abbildung sind für einige Werte von a die Graphen von f_a dargestellt.

a) Zeigen Sie, dass der Graph von f_a mit der x-Achse ein Flächenstück mit dem Flächeninhalt $\frac{1}{3}a^3$ einschließt.

$f_a(x) = -\frac{1}{4}x \cdot (x - 2a)$ f_a hat die Nullstellen 0 und 2a.

$\int_{0}^{2a} f_a(x)dx = \left[-\frac{1}{2}x^3 + \frac{1}{4}ax^2\right]_{0}^{2a} = -\frac{2}{3}a^3 + a^3 = \frac{1}{3}a^3$

b) Bestimmen Sie a so, dass der Graph von f_a mit der x-Achse ein Flächenstück mit dem Inhalt 9 FE einschließt.
Nach Teilaufgabe a) muss gelten: $\frac{1}{3}a^3 = 9 \Leftrightarrow a = 3$
Nullstellen: 0 und 6

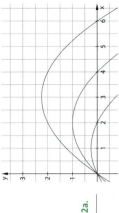

$$\int_a^b f(x)dx = F(b) - F(a)$$

Basisaufgaben

1 Ergänzen Sie den Text zu sinnvollen Aussagen zum Thema „Rekonstruktion aus Änderungsraten".

Kennt man den Bestand einer Größe (z. B. den in einer bestimmten Zeit zurückgelegten Weg) und möchte wissen, wie sich dieser ändert, dann ist **die momentane Änderungsrate des Bestandes** zu betrachten. Die momentane Änderungsrate wird mathematisch durch die **1. Ableitung** der Bestandsfunktion beschrieben (im Beispiel von der Geschwindigkeit).

Kennt man die Änderungsrate und möchte **umgekehrt** von der Ableitung zurück zum Bestand (im Beispiel von der Geschwindigkeit zum zurückgelegten Weg) in einem Zeitintervall), muss man **integrieren** (im Beispiel: Der im Intervall $(t_1; t_2)$ bei einer Geschwindigkeit v zurückgelegte Weg s wird berechnet durch $s = \int_{t_1}^{t_2} v(t)dt$).

2 Der im Zeitraum [0; 8 s] zurückgelegte Weg s kann durch die Geschwindigkeits-Zeit-Funktion

$v(t) = \begin{cases} 2 \cdot \sqrt{x}, & 0 \leq t \leq 4 \\ 4, & 4 < t \leq 8 \end{cases}$

näherungsweise beschrieben werden.

Kreuzen Sie alle richtigen Angaben an. (Hinweis: Im Antwortsatz müssen die Einheiten angegeben werden!)

a) Der im Zeitraum $0 \leq t \leq 4$ zurückgelegte Weg lässt sich berechnen durch

☐ $\int 2 \cdot \sqrt{t}\, dt$ ☒ $\int_0^4 2 \cdot t^{\frac{1}{2}}\, d$-   ☒ $\frac{4}{3} \cdot \sqrt{4^3}$ ☒ $\frac{4}{3} \cdot 2^3$

b) Der im Zeitraum $4 < t \leq 8$ zurückgelegte Weg lässt sich ermitteln durch

☐ $(4\frac{m}{s}) \cdot (4s)$ ☒ $\int_4^8 4\, dt$ ☒ $(4 \cdot 8) - (4 \cdot 4)$ ☒ $4 \cdot [8-4]$

3 In ein zum Zeitpunkt t = 0 (Zeit t in Minuten) leeres Gefäß fließt Wasser ein.

Das Diagramm zeigt die Zuflussrate des Wassers in Liter pro Minute.

Beurteilen Sie, ob die Aussagen wahr sind. Korrigieren Sie falsche Aussagen.

Aussage	Wahr?	Korrektur
Im Intervall [4; 6] fließt kein Wasser zu.	falsch	Im Intervall [4; 6] fließen insgesamt 4 Liter Wasser zu: $\int_4^6 2\, dt = 4\,\ell$
Vier Minuten nach Füllbeginn sind 2 Liter Wasser im Gefäß.	falsch	Vier Minuten nach Füllbeginn sind $\int_0^4 0{,}5 \frac{\ell}{\min} \cdot t\, dt = 4\,\ell$ im Gefäß.
Nach 8 Minuten ist das Gefäß wieder leer.	falsch	$\int_0^4 0{,}5 \frac{\ell}{\min} \cdot t\, dt + \int_4^6 2\, dt + \int_6^8 (-t+8)\, dt$ $= 4\,\ell + 4\,\ell + \left(-\frac{t^2}{2}+8t\right)\Big|_6^8\,\ell = 10\,\ell$

Weiterführende Aufgaben

4 Vervollständigen Sie die Tabelle. Wählen Sie für die letzte Zeile ein eigenes Beispiel.

Abhängige Größe als momentane Änderungsrate	Unabhängige Größe	Deutung des bestimmten Integrals
Anzahl Geburten b(t) pro Tag	Zeit t in Tagen	$\int_0^n b(t)dt$ beschreibt die Gesamtzahl von Geburten in n Tagen
Momentaner Kraftstoffverbrauch v(s) in Liter pro 100 km	Weg in km	$\frac{1}{100} \cdot \int_{s_1}^{s_2} v(s)ds$ beschreibt den Gesamtkraftstoffverbrauch im Intervall $[s_1; s_2]$
Momentangeschwindigkeit v(t) in m/s	Zeit t in Sekunden	$\int_{t_1}^{t_2} v(t)dt$ beschreibt den zurückgelegten Gesamtweg im Intervall $[t_1; t_2]$
Momentaner Schadstoffaustausch a(t) in mg/min	Zeit t in Minuten	$\int_{t_1}^{t_2} a(t)dt$ beschreibt die gesamte ausgestoßene Schadstoffmenge im Intervall $[t_1; t_2]$
z. B. Momentane Abflussrate f(t) einer Flüssigkeit in Liter/min	Zeit t in Minuten	$\int_{t_1}^{t_2} f(t)dt$ beschreibt die gesamte Abflussmenge im Intervall $[t_1; t_2]$

5 Der Zu- und Abfluss einer Flüssigkeit in einen Behälter kann durch Ventile gesteuert werden. Die momentane Änderungsrate im Zeitintervall [0 min; 5,5 min] wird näherungsweise beschrieben durch die Funktion
$f(t) = 0{,}5t \cdot (t-3) \cdot (t-5)$.

a) Geben Sie an, in welchen Zeiträumen Zufluss bzw. Abfluss zu verzeichnen ist.
Zufluss: [0 min; 3 min] und [5,0; 5,5]
Abfluss: [3 min; 5,5 min]

b) Berechnen Sie die Volumenbilanz im Zeitraum [0 min; 5,5 min].

$\int_0^{5{,}5} (0{,}5t \cdot (t-3) \cdot (t-5))\, dt$

$= \int_0^{5{,}5} \left(\frac{1}{2}t^3 - 4t^2 + \frac{15}{2}t\right) dt = \left[\frac{3}{24}t^4 - \frac{32}{24}t^3 + \frac{90}{24}t\right]_0^{5{,}5} = 6{,}0$ Liter

6 Die von einer Ölquelle geförderte Ölmenge geht von 450 Tonnen pro Tag kontinuierlich um eine halbe Tonne pro Tag zurück.

Interpretieren Sie die 2. und 3. Zeile der CAS-Rechnung im Sachzusammenhang.
Nach 880 Tagen werden nur noch 10 t pro Tag gefördert. Das Integral gibt die Menge an.

$f(t) := 450 - 0{,}5 \cdot t$

$\text{solve}(f(t) = 10, t)$ $t = 880$.

$\int_0^{880} f(t)\, dt$

Fertig

Test – Integralrechnung

1 Die Abbildung zeigt die Änderungsrate einer Staulänge in Abhängigkeit von der Zeit.
Tragen Sie im Satz die Zeitpunkte a, b oder c passend ein.
Ergänzen Sie die Begründungen.

a) Der Stau erreicht seine größte Länge zum Zeitpunkt **b**,
da bis zu diesem Zeitpunkt die Änderungsraten **positiv sind,**
also ein Zuwachs des Staus vorliegt.

b) Der Stau nimmt zum Zeitpunkt **a** am stärksten zu, da an
diesem Zeitpunkt die Änderungsrate **maximal ist.**

c) Zusatzaufgabe: Vervollständigen Sie den Satz.
Die Funktion ist zur Modellierung des Staus geeignet, weil ...
die Bilanz des Staus in dem betrachteten Bereich positiv ist. Es gibt keine negativen Staulängen.

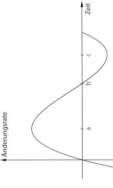

2 Kreuzen Sie alle wahren Aussagen über Obersummen bzw. Untersummen an.
Zusatzaufgabe: Korrigieren Sie falsche Aussagen.

[x] Für $f(x) = x^2$ im Intervall $[0; 1]$ gilt: $O_2 = \frac{1}{2}(f(\frac{1}{4}) + 1)$.

[x] Für $f(x) = x^2$ im Intervall $[0; 1]$ gilt: $O_2 = \frac{1}{2}(f(\frac{1}{2}) + f(1))$.

[ ] Für $f(x) = x^2$ im Intervall $[0; 1]$ gilt: $U_2 = \frac{1}{2}(f(\frac{1}{2}) + f(1))$. $U_2 = \frac{1}{2}(f(0) + f(\frac{1}{2}))$

[ ] Für $f(x) = x^2$ im Intervall $[-1; 0]$ gilt: $U_2 = \frac{1}{2}(f(-\frac{1}{2}) + f(-1))$. $U_2 = \frac{1}{2}(f(-\frac{1}{2}) + f(0))$

[ ] Jede Untersumme ist größer als jede Obersumme.   **Untersummen kleiner als Obersummen**

[x] Eine Untersumme mit mehr Zwischenwerten ist größer als die Untersumme mit weniger Zwischenwerten, wenn man jeweils den Betrag betrachtet.

3 Ordnen Sie den Funktionen mindestens eine Stammfunktion zu.
Ergänzen Sie bei Bedarf eine Stammfunktion.

$f(x) = 7x^8$ — $F(x) = 5 + \frac{7}{9}x^9$

$f(x) = x \cdot 5x^4$

$f(x) = \frac{1}{\sqrt{x}} + 1$ — $F(x) = 2\sqrt{x} + x + \frac{7}{8}$

$f(x) = 3x^2$ — $F(x) = \frac{5}{6}x^6 + \frac{7}{9}$

$f(x) = \frac{1}{\sqrt{x^3}} + x^4$ — $F(x) = -\frac{2}{\sqrt{x}} + \frac{1}{5}x^5$

4 Vervollständigen Sie die Tabelle.

Funktion Intervall	Nullstellen im Intervall	Flächeninhalt gleich Integral?	Begründung
$f(x) = x$ $[-1; 1]$	$x = 0$	nein	Fläche teils unterhalb, teils oberhalb der x-Achse
$f(x) = 3x^2$ $[-1; 1]$	$x = 0$	ja	Graph berührt x-Achse, schneidet nicht
$f(x) = -x^2 + 1$ $[-1; 1]$	$x_1 = -1, x_2 = 1$	ja	Nullstellen am Rand des Intervalls
$f(x) = -x^2 + 1$ $[-2; 2]$	$x_1 = -1, x_2 = 1$	nein	Fläche teils unterhalb, teils oberhalb der x-Achse

5 Berechnen Sie den Flächeninhalt zwischen dem Graphen der Funktion f und der x-Achse im Intervall $[-5; 5]$.
$f(x) = 2x + 3$
Integrationsgrenzen: $-5; -1,5; 5$ **(Intervallgrenzen und ggf. Nullstellen)**
Stammfunktion mit C = 0: $F(x) = x^2 + 3x$

Einsetzen der Integrationsgrenzen in F: $F(-5) = 10$ $F(-1,5) = -2,25$ $F(5) = 40$
$A = |-12,25| + |42,25| = 54,5$ **A = 54,5 FE**

6 Kreuzen Sie alle korrekten Berechnungen des Inhalts der Fläche zwischen beiden Funktionsgraphen an.

[x] $f(x) = x^2, g(x) = 4$ $d(x) = f(x) - g(x) = x^2 - 4 = (x + 2)(x - 2)$, Intervall $[-2; 2]$, $D(x) = -4x + \frac{1}{3}x^3$,
$A = D(2) - D(-2) = \frac{16}{3} - |\frac{16}{3}| = \frac{32}{3}$ [FE]

[ ] $f(x) = -x^2 + 1, g(x) = -3$ $d(x) = -3 + x^2 - 1 = x^2 - 4 = (x + 2)(x - 2)$, Intervall $[-3; 3]$, $D(x) = \frac{1}{3}x^3 - 4 \cdot x$,
$[-2, 2], A = \frac{32}{3}$ FE $A = D(3) - D(-3) = |\frac{1}{3}3^3 - 4 \cdot 3| - |\frac{1}{3}(-3)^3 - 4 \cdot (-3)| = |9 - 12| - |-9 + 12| = 0$ [FE]

[x] $f(x) = -x^2 + x + 14, g(x) = x + 5$ $d(x) = -x^2 + 9$; Intervall $[-3; 3]$; $D(x) = -\frac{1}{3}x^3 + 9x$;
$A = D(3) - D(-3) = 18 - (-18) = 36$

7 Ermitteln Sie den Inhalt der Fläche zwischen den beiden Funktionsgraphen im Intervall $I = [-2; 4]$.

a) $f(x) = \frac{1}{4}x^3 + 2, g(x) = x + 2$

$d(x) = \frac{1}{4}x^3 - x = \frac{1}{4} \cdot x \cdot (x^2 - 4) = \frac{1}{4} \cdot x \cdot (x + 2)(x - 2)$ Integrationsgrenzen: **-2; 0; 2**

$D(x) = \frac{1}{16}x^4 - \frac{1}{2}x^2$ $D(0) = 0$ $D(2) = D(-2) = 1 - 2 = -1$ $D(4) = 8$ A = **9 FE**

b) $f(x) = \frac{1}{4}x^3 - 2, g(x) = x - 2$ A = **9 FE**   **(Beide Graphen sind um 4 Einheiten nach unten verschoben.)**

8 Die Graphen der Funktionen f mit $f(x) = -\frac{2}{3}x^3 + 2x^2$
und g mit $g(x) = -\frac{2}{3}x^3 - x^2 - 3x + 60$ schließen ein Flächenstück
ein. Es ist ein künstlich angelegter See.

a) Bestätigen Sie rechnerisch, dass das zu berechnende
Flächenstück über dem Intervall $[-5; 4]$ begrenzt wird.

$-\frac{2}{3}x^3 + 2x^2 = -\frac{2}{3}x^3 - x^2 - 3x + 60$

$3x^2 + 3x - 60 = 0$

$x^2 + x - 20 = 0$

$(x + 5) \cdot (x - 4) = 0$

Die Intervallgrenzen sind demzufolge -5 und 4.

b) Berechnen Sie den Flächeninhalt des eingeschlossenen Flächenstücks.
Differenzfunktion: $d(x) = g(x) - f(x) = -3x^2 - 3x + 60$
Stammfunktion: $D(x) = -x^3 - \frac{3}{2}x^2 + 60x$
Flächeninhalt: $A = [D(x)]_{-5}^{4} = -64 - 24 + 240 - (125 - 37,5 - 300) = 364,5$ **A = 364,5 FE**

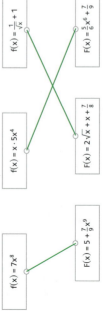

9 Bestimmen Sie den Wert des Parameters k so, dass die Gleichung erfüllt ist: $\int_{-k}^{k} (3x^2 + 2x)dx = 54$

$\int_{-k}^{k} (3x^2 + 2x)dx = [x^3 + x^2]_{-k}^{k} = [k^3 + k^2] - [-k^3 + k^2] = 2k^3$

$2k^3 = 54 \Leftrightarrow k^3 = 27 \Leftrightarrow k = 3$

Grundlagentraining

1 Ableitung beliebiger Exponentialfunktionen:
In der Abbildung sind die Graphen der Funktionen f, g, h und i dargestellt, die Graphen ihrer Ableitungsfunktionen farblich passend, aber gestrichelt.

a) Ordnen Sie den Funktionsgleichungen die Graphen zu.

$f(x) = 4^x$ __C__ $g(x) = 3^x$ __B__

$h(x) = 2^x$ __A__ $i(x) = 1,5^x$ __D__

b) Vervollständigen Sie für die Funktionen der Form $f(x) = b^x$.

Für $b = 1,5$ und $b = 2$ gilt $f'(x) < f(x)$.

Für $b = 4$ und $b = 3$ gilt $f'(x) > f(x)$.

c) Beurteilen Sie die Behauptung: „Der Graph der Ableitungsfunktion und der Graph der Funktion sind fast gleich."

Das gilt für $b = 3$

Je größer x ist, desto __größer__ ist die Steigung $f'(x)$.

und genau für $b = e \approx 2{,}71$.

Zusatzaufgabe: Überprüfen Sie die letzte Aussage für $j(x) = 0{,}5^x$. __individuelle Lösung__

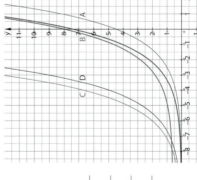

2 Der Graph der Funktion f mit $f(x) = e^{0{,}6x+2}$ ist rot dargestellt.

a) Kreuzen Sie den Graphen der Ableitungsfunktion f' an und begründen Sie Ihre Wahl.

☒A ☐B ☐C ☐D

Begründung:

z. B. Es gilt $f'(x) = 0{,}5 e^{0{,}6x+2}$, der Graph muss wegen des Faktors 0,6 unterhalb des Funktionsgraphen verlaufen und weniger steil sein. Bei C und D ist Anstieg zu steil.

B, C und D verlaufen oberhalb des Funktionsgraphen.

b) Ergänzen Sie einen passenden Buchstaben.

„Die Funktionsgleichung $g(x) = 0{,}6 + e^{0{,}4x+2}$ kann zum Graphen von __B__ gehören."

3 Kreuzen Sie die Ableitungsfunktion an.

a) $f(x) = e^x$ ☒ $f'(x) = e^x$ ☐ $f'(x) = x^e$

b) $f(x) = e^{-x}$ ☐ $f'(x) = e^{-x}$ ☐ $f'(x) = x^{-e}$ ☒ $f'(x) = -e^{-x}$ ☐ $f'(x) = -x^{-e}$

c) $f(x) = e^{2x}$ ☐ $f'(x) = 2x$ ☒ $f'(x) = 2e^{2x}$ ☐ $f'(x) = -e^{2x}$ ☐ $f'(x) = x^{2x}$

d) $f(x) = e^{0{,}5x}$ ☐ $f'(x) = 0{,}5e^x$ ☐ $f'(x) = x^{0{,}5}$ ☒ $f'(x) = 0{,}5e^{0{,}5x}$ ☐ $f'(x) = x^{0{,}5e}$

e) $f(x) = -e^x$ ☒ $f'(x) = -e^x$ ☐ $f'(x) = -x^e$

f) $f(x) = -e^{-x}$ ☐ $f'(x) = e^x$ ☒ $f'(x) = e^{-x}$

g) $f(x) = 2e^x$ ☒ $f'(x) = 2e^x$ ☐ $f'(x) = x^{2e}$ ☐ $f'(x) = -e^{2x}$ ☐ $f'(x) = x^{2e}$

h) $f(x) = 3 + e^x$ ☒ $f'(x) = e^x$ ☐ $f'(x) = x^e$

i) $f(x) = x - e^x$ ☒ $f'(x) = 1 - e^x$ ☐ $f'(x) = x^e$

Für $f(x) = b^x$ gilt:
$f'(x) = f'(0) \cdot b^x$
$(b \in \mathbb{R}, b > 0)$
Für $f(x) = e^x$ gilt:
$f'(x) = f(x)$

4 Lineare Kettenregel:
Verbinden Sie Funktionen mit deren Ableitungsfunktionen.

$f(x) = (7x-3)^4$ — $f'(x) = 28 \cdot (7x-3)^3$

$f(x) = (28-2x)^2$ — $f'(x) = -4 \cdot e^{-4x+6} + 8x^7$

$f(x) = e^{5x+1}$ — $f'(x) = 5 \cdot e^{5x+1}$

$f(x) = e^{-4x+6} + x^8$ — $f'(x) = -4 \cdot (28-2x)$

$f(x) = 4x^2 + \sqrt{1-x}$ — $f'(x) = 8x - \dfrac{1}{2\sqrt{1-x}}$

$f(x) = (x-e)^5$ — $f'(x) = 5(x-e)^4$

$f(x) = g(ax+b)$
$f'(x) = a \cdot g'(ax+b)$
$f(x) = e^{ax+b}$
$f'(x) = a \cdot e^{ax+b}$
$f(x) = g(ax^2+bx+c)$
$f'(x) = (2ax+b) \cdot g'(ax^2+bx+c)$
$f(x) = e^{ax^2+bx+c}$
$f'(x) = (2ax+b) \cdot e^{ax^2+bx+c}$

Aufbautraining

5 Quadratische Kettenregel:
Korrigieren Sie, wenn nötig, die Ableitungsfunktionen.

f(x)	$(5x^2+4)^6$	e^{2x^2-1}	$(x^2-x)^2$	$1 + (x^2-19)^3$
f'(x)	$6 \cdot (5x^2+4)^5$	$4x \cdot e^{2x^2-1}$	$2x \cdot (x^2-x)$	$6x \cdot (x^2-19)^2$

Korrektur: $60x \cdot (5x+4)^5$; $2 \cdot (2x-1) \cdot (x^2-x)$

Zusatzaufgabe: Nennen Sie naheliegende Fehlerursachen. __individuelle Lösung__

6 Geben Sie die Ableitungsfunktionen an.

a) $f(x) = (9-x)^3$ b) $f(x) = e^{7x-5}$ c) $f(x) = (4x^2-2x)^4$
$f'(x) = -3 \cdot (9-x)^2$ $f'(x) = 7 \cdot e^{7x-5}$ $f'(x) = 4 \cdot (8x-2) \cdot (4x^2-2x)^3$

d) $f(x) = e^{x^2+1}$ e) $f(x) = \dfrac{1}{(3x+5)^2}$ f) $f(x) = \sqrt{8x-2} + x$
$f'(x) = 2x \cdot e^{x^2+1}$ $f'(x) = -6 \cdot (3x+5)^{-3} = -\dfrac{6}{(3x+5)^3}$ $f'(x) = \dfrac{4}{\sqrt{8x-2}} + 1$

7 Gegeben ist die Funktion f mit $f(x) = 4e^{-x} - 2$.
Ermitteln Sie, wenn möglich, die Angaben. Skizzieren Sie den Graphen.

Schnittpunkt P mit der y-Achse: $f(0) = 4e^{-0} - 2 = 2$ $P(0|2)$

Schnittpunkt Q mit der x-Achse: $0 = 4e^{-x} - 2$ $-\ln(0{,}5) \approx 0{,}69$ $Q(0{,}69|0)$
$0{,}5 = e^{-x}$

Extremstellen und Wendepunkte: $f'(x) = -4e^{-x} < 0$ Beides gibt es nicht.

Verhalten im Unendlichen: Für $x \to \infty$ gilt $f(x) \to -2$. Für $x \to -\infty$ gilt $f(x) \to \infty$.

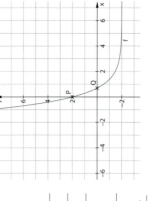

8 Allgemeine Kettenregel:
Haben die Funktionen u und v die Ableitungsfunktionen u' und v', dann hat f mit $f(x) = u(v(x))$ die Ableitung $f'(x) = u'(v(x)) \cdot v'(x)$. $(f(x) = e^{v(x)}$ und $f'(x) = e^{v(x)} \cdot v'(x))$
Bestimmen Sie die Ableitungsfunktion mit dieser Regel.
Überprüfen Sie Ihre Ergebnisse, wenn möglich, mithilfe der linearen oder der quadratischen Kettenregel.

a) $f(x) = (2x^6 - 3x^3)^2$ b) $f(x) = 2 \cdot e^{x+2x^2}$ c) $f(x) = \sqrt{x^6 + 5x^3 + 1}$
$f'(x) = 2 \cdot (12x^5 - 9x^2) \cdot (2x^6 - 3x^3)$ $f'(x) = 2 \cdot (1+4x) \cdot e^{x+2x^2}$ $f'(x) = \dfrac{6x^5 + 15x^2}{2\sqrt{x^6 + 5x^3 + 1}}$

8 Natürlicher Logarithmus und Exponentialgleichungen

Basisaufgaben

1 Natürliche Logarithmen: Vereinfachen Sie die Terme.

a) $e^{\ln 3} = \underline{3}$

b) $\ln(e^7) = \underline{7}$

c) $\ln(e^2 \cdot \sqrt{e}) = \underline{2{,}5}$

d) $e^{\ln(6) - \ln(1{,}5)} = \underline{4}$

e) $\dfrac{1}{e^{-\ln(7)}} = \underline{7}$

f) $\sqrt{\ln(e^{36^1})} = \underline{19}$

g) $\ln\left(e^{\ln(5) + \ln(0{,}2)}\right) = \underline{0}$

h) $\ln\left(\sqrt[3]{e^3}\right) = \underline{1{,}5}$

i) $\ln(e^e) \cdot e^{-1} = \underline{1}$

Hilfekasten:
- $\ln(a \cdot c) = \ln(a) - \ln(c)$
- $\ln\left(\dfrac{a}{c}\right) = \ln(a) - \ln(c)$
- $\ln(a^r) = r \cdot \ln(a)$
- $e^{\ln(a)} = a$ $\ln(e) = 1$
- $\ln(e^a) = a$ $\ln(1) = 0$

2 Markieren Sie gleichwertige Terme mit der gleichen Farbe oder oder dem gleichen Symbol.

$\ln(\sqrt{e})$ **A**	$\ln\left(\dfrac{e^2}{e^4}\right)$ **B**	$\ln(e^3 \cdot (e^x)^2)$ **C**	$\ln(e^{17})$ **D**	$e^{3\cdot \ln(0{,}5)}$ **E**
$\ln(\sqrt[3]{e^2})$ **F**	$e^{3\cdot \ln(5)}$ **G**	$4 \cdot e^{3+\frac{1}{2}\ln(9)}$ **H**	$\ln\left(\sqrt{\dfrac{e}{\sqrt{e}}}\right)$ **I**	$\ln\left(\dfrac{1}{\sqrt{e}}\right)$ **J**
$\dfrac{1}{8}$ **E**	$\dfrac{1}{6}$	$\dfrac{1}{3}$	$\dfrac{1}{2}$ **F**	$-0{,}5$ **J**	17	125 **D**	$3 + 2x$ **G**	$x^2 - 4$ **C**	$12e^3$ **H**	**B**

3 Exponentialfunktionen mit der Basis e darstellen: Schreiben Sie die Exponentialfunktion in der Form $f(x) = e^{g(x)}$.

Hilfe: $(q)\mathsf{u}_1 \cdot x^{\partial} = x^{(q)\mathsf{u}_1 \partial} = (x)f$:jjeyia uew :(b)u1·x^\partial = b·q \mathsf{u}_1\partial

a) $f(x) = 5^x = e^{x \cdot \ln(5)}$

b) $f(x) = 3 \cdot 2^x = e^{x \cdot \ln(2) + \ln(3)}$

Zusatzaufgabe: Begründen Sie, dass sich die Funktion aus d als $f(x) = e^{(2x-4) \cdot \ln(5)}$ darstellen lässt.

$f(x) = 0{,}2 \cdot 5^{2x-3} = 5^{-1} \cdot 5^{2x-3} = 5^{2x-4} = e^{(2x-4) \cdot \ln(5)}$

4 Ableitung der Funktion f mit $f(x) = b^x$: Bestimmen Sie die Ableitung mithilfe der linearen Kettenregel.

Hilfe: $x^{\cdot q \cdot (q)\mathsf{u}_1} = (x)_i f$ ∙ $(q)\mathsf{u}_1 \cdot x^{\partial} = b \cdot (x)f$:jjeyia uew :(b)u1·x^\partial = b

c) $f(x) = 7^{3x} = e^{3x \cdot \ln(7)}$

d) $f(x) = 0{,}2 \cdot 5^{2x-3} = e^{\ln(0{,}2) + (2x-3) \cdot \ln(5)}$

a) $f(x) = 3^x = e^{x \cdot \ln(3)}$

b) $f(x) = 2^{5x} = e^{5x \cdot \ln(2)}$

c) $f(x) = \dfrac{3}{4} \cdot 5^{4x} = \dfrac{3}{4} \cdot e^{4x \cdot \ln(5)}$

5 Bestimmen Sie eine Gleichung der Tangente an den Graphen von f mit $f(x) = e^{0{,}5x}$ im Punkt $B(2 \mid f(2))$.

y-Koordinate von B: $f(2) = e^{0{,}5 \cdot 2} = e^1 = e$ $B(2 \mid e)$

Ableitung: $f'(x) = 0{,}5 e^{0{,}5x}$

Tangentensteigung: $m = f'(2) = 0{,}5 e^{0{,}5 \cdot 2} = 0{,}5 e$

Tangente: $t(x) = 0{,}5e \cdot x + b$ $e = 0{,}5e \cdot 2 + b$ somit gilt $b = 0$ und $t(x) = 0{,}5e \cdot x$

6 Exponentialgleichungen: Ordnen Sie den Gleichungen Lösungsmengen zu. Markieren Sie die Paare.

$e^x = 5$ **A**	$3e^x = 12$ **B**	$5e^{2x-6} - 3 = 17$ **C**	$e^{0{,}25x} = 7$ **D**	$e^{11x} = 1$ **E**
$e^{-x} = 2$ **F**	$7e^{-x} - 4 = 3$ **G**	$e^x + 9 = 7$ **H**	$2e^{3x} = 16$ **I**	$e^{4x} = 3e^{3x}$ **J**
$L = \{0\}$ **E,G**	$L = \left\{\dfrac{1}{3} \cdot \ln(8)\right\} = \{\ln(2)\}$ **I**	$L = \{\ln(4)\}$ **B**	$L = \{-\ln(2)\}$ **F**	$L = \{\ln(5)\}$ **A**
$L = \{\ln(3)\}$ **J**	$L = \{4 \cdot \ln(7)\}$ **D**	$L = \{\}$ **H**	$L = \left\{\dfrac{1}{2} \ln(4) + 3\right\} = \{\ln(2) + 3\}$ **C**	

7 Unterstreichen Sie alle Fehler. Geben Sie die Lösungsmenge an.

a) $e^{3x} = 9$
$\ln(e^{3x}) = \ln(9)$
$3x = \ln(9)$
$x = \ln(3)$
$x \approx \underline{0{,}48}$

$L = \{0{,}73\}$

b) $8e^{2x} = 8$
$8 \cdot (\ln(e^{2x})) = \ln(8)$
$8 \cdot (\ln(e^{2x})) = 8 \cdot \ln(1)$
$\ln(e^{2x}) = 1 \cdot \ln(1)$
$\underline{x = 0}$

c) $x = \dfrac{\ln(9)}{3}$
$x \approx 0{,}73$

$L = \left\{ \underline{0}\; \dfrac{}{}\right\}$
$8 \cdot e^{2x} = 8$
$e^{2x} = 1$
$2x = \ln(1)$
$2x = 0$
$x = 0$

8 Ermitteln Sie die Lösungsmenge der Gleichung. Nutzen Sie dabei den Satz vom Nullprodukt.

a) $(e^x - e) \cdot (x^2 - 196) = 0$
$(e^x - e) \cdot (x + 14) \cdot (x - 14) = 0$
$L = \{1; -14; 14\}$

b) $e^x \cdot x^2 + 10 \cdot e^x = e^x \cdot 7x$
$e^x \cdot (x^2 - 7x + 10) = 0$
$e^x \cdot (x - 2)(x - 5) = 0$
$L = \{2; 5\}$

c) $(e^{2x} - 9) \cdot (x^3 - 16x) = 0$
$(e^x - 3)(e^x + 3) \cdot x \cdot (x + 4)(x - 4) = 0$
$L = \{-4; 0; \ln(3); 4\}$

d) $x \cdot e^{2x} + 2x = 3x \cdot e^x$
$x \cdot (e^{2x} - 3 \cdot e^x + 2) = 0$
$x \cdot (e^x - 2)(e^x - 1) = 0$
$L = \{0; \ln(2)\}$

9 Ordnen Sie den Gleichungen Lösungen zu – ohne Rechner oder schriftliche Rechnung.

$e^{x-1} = e$	$x^2 \cdot e^x = 0$	$e^{x+1} = x \cdot e^x$	$-2e^x = 4$
	$x = 2$	$x = 0$	$x = e$
keine Lösung			

Aufbautraining

10 Berechnen Sie die gemeinsamen Punkte der Funktionsgraphen.

a) $f(x) = e^{-x^2}$ und $g(x) = e^{1-2x}$
$-x^2 = 1 - 2x$
$x^2 - 2x + 1 = 0$
$(x - 1)^2 = 0$
$x = 1$
$f(1) = e^{-1}; \; P\left(1 \mid \dfrac{1}{e}\right)$

b) $f(x) = e^{x-3}$ und $g(x) = e^{-2x+6}$
$x - 3 = -2x + 6$
$3x = 9$
$x = 3$
$f(3) = 1; \; P(3 \mid 1)$

Hinweis: $\ln(f(x)) = \ln(g(x))$

11 Kommentieren Sie die Schritte zur Lösung der Gleichung $2 \cdot e^{7x} - 32 \cdot e^{4x} + 126 \cdot e^x = 0$.

$2 \cdot e^x \cdot (e^{6x} - 16 \cdot e^{3x} + 63) = 0$ — **optimal ausklammern**

$2 \cdot e^x \cdot ((e^{3x})^2 - 16 \cdot e^{3x} + 63) = 0$ — **quadratischen Term erzeugen (Ziel: Substitution von e^{3x})**

$e^{3x} = 8 \pm \sqrt{8^2 - 63} = 8 \pm 1$ — **Möglichkeit 1: p-q-Formel anwenden (e^{3x} statt x)**

$2 \cdot e^x \cdot (e^{3x} - 7)(e^{3x} - 9) = 0$ — **Möglichkeit 2: direkt faktorisieren**

$e^{3x} - 7 = 0$ oder $e^{3x} - 9 = 0$ — **Satz vom Nullprodukt**

$L = \left\{\dfrac{\ln(7)}{3}; \dfrac{\ln(9)}{3}\right\}$ — **Exponentialgleichungen lösen**

Grundlagentraining

1 Ergänzen Sie zu einer wahren Aussage:

a) Die Funktion f mit $f(x) = \ln(x)$ mit $x > \underline{0}$ heißt natürliche <u>Logarithmusfunktion</u>. Sie ist die <u>Umkehrfunktion</u> der natürlichen Exponentialfunktion mit $g(x) = e^x$. Es gilt $\ln(e^x) = \underline{e^{\ln(x)} = x}$.

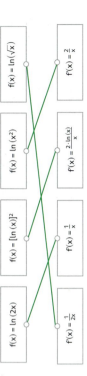

$f(x) = \ln(x)$
mit $x \in \mathbb{R}; x > 0$
$f'(x) = \frac{1}{x}$

b) Zeichnen Sie den Graphen von f mit $f(x) = \ln(x)$ in das Koordinatensystem ein.

c) Geben Sie die folgenden Eigenschaften von f mit $f(x) = \ln(x)$ an:

Definitionsbereich: $D = \mathbb{R}^+$
Wertebereich: $W = \mathbb{R}$
Nullstelle: $x_0 = 1$
Monotonie: streng monoton s:eigend
$\lim\limits_{\substack{x \to 0 \\ x > 0}} \ln(x) = -\infty$

2 Ergänzen Sie zu wahren Aussagen.

$\ln(x^r) = r \cdot \ln(x)$
$\ln(a \cdot b) = \ln(a) + \ln(b)$
$\ln\left(\frac{a}{b}\right) = \ln(a) - \ln(b)$

Funktion g	Nullstelle von g	Wie geht der Graph von g aus dem Graphen von f mit $f(x) = \ln(x)$ hervor?
$g(x) = 2 \cdot \ln(x)$	$x = 1$	Streckung mit Faktor 2 in y-Richtung
$g(x) = \ln(x - 2)$	$x = 3$	Verschiebung um 2 LE in positive x-Richtung
$g(x) = \ln(x + 2)$	$x = -1$	Verschiebung um 2 LE in negative x-Richtung
$g(x) = \ln(-x)$	$x = -1$	Spiegelung an der y-Achse
$g(x) = \ln\left(\frac{x}{2}\right)$	$x = 2$	Streckung mit Faktor 2 in x-Richtung/Verschiebung um $\ln(2)$ LE in negative y-Richtung (wegen $\ln\left(\frac{x}{2}\right) = \ln(x) - \ln(2)$).
$g(x) = \ln\left(\frac{1}{x}\right)$	$x = 1$	Spiegelung an der x-Achse (wegen $\ln\left(\frac{1}{x}\right) = \ln(1) - \ln(x) = 0 - \ln(x)$).
$g(x) = \ln(-x^2)$	Keine	Nicht definiert, weil $-x^2 < 0$.
$g(x) = -3\ln(x - 4)$	$x = 5$	Verschiebung um 4 LE in positive x-Richtung, Streckung mit dem Faktor 3 in y-Richtung und Spiegelung an der x-Achse
$g(x) = \ln(\sqrt{x})$	$x = 1$	gestaucht, mit $\ln(k) = g(k^2)$

3 Ordnen Sie den Ungleichungen die richtige Lösungsmenge zu.

| $\ln(x) > 4$ | $[\ln(x)]^2 > 4$ | $\ln(x^2) > 4$ | $(\ln(x))^2 < 4$ | $\ln(x^2) < 2$ |

| $x > e^2$ oder $0 < x < e^{-2}$ | $x > e^2$ oder $x < e^{-2}$ | $x > e^4$ | $0 < x < e$ oder $-e < x < 0$ | $\frac{1}{e^2} < x < e^2$ |

Aufbautraining

4 Ordnen Sie jeder Funktion f die richtige Ableitungsfunktion f' zu.

| $f(x) = \ln(2x)$ | $f(x) = [\ln(x)]^2$ | $f(x) = \ln(x^2)$ | $f(x) = \ln(\sqrt{x})$ |

| $f'(x) = \frac{1}{2x}$ | $f'(x) = \frac{1}{x}$ | $f'(x) = \frac{2 \cdot \ln(x)}{x}$ | $f'(x) = \frac{2}{x}$ |

5 Kreuzen Sie korrekt gebildete Ableitungen von f an der Stelle x_0 an. Korrigieren Sie falsche Lösungen.

f(x)	x_0	f'(x)	richtig?	Korrektur
$\ln(3 \cdot x) + 1$	4	$\frac{1}{4}$	ja	
$\ln(3 \cdot x + 1)$	4	$\frac{1}{4}$	nein	$\frac{3}{13}$
$\ln(2 \cdot x^2 + x)$	1	$\frac{5}{3}$	nein	$\frac{3}{13}$
$\ln(\cos(x))$	$\frac{\pi}{4}$	1	nein	-1
$x^2 \cdot \sqrt{\ln(a \cdot x)}$ mit $a > 0$	1	$\frac{4 \cdot \ln(a+1)}{2 \cdot \sqrt{\ln(a)}}$	nein	$\frac{4 \cdot \ln(a) + 1}{2 \cdot \sqrt{\ln(a)}}$
$\frac{\ln(x-2)}{e^x}$	1	$\frac{1}{e}$		nicht definiert

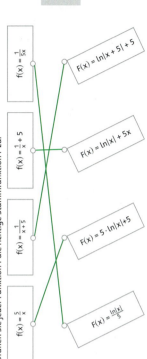

$\int \frac{1}{x} dx = \ln(|x|) + c$
mit $x \in \mathbb{R}; x \neq 0$

6 Ordnen Sie jeder Funktion f die richtige Stammfunktion F zu.

| $f(x) = \frac{1}{x+5}$ | $f(x) = \frac{5}{x}$ | $f(x) = \frac{1}{x} + 5$ | $f(x) = \frac{1}{5x}$ |

| $F(x) = 5 \cdot \ln|x| + 5$ | $F(x) = \frac{\ln|x|}{5}$ | $F(x) = \ln|x + 5| + 5$ | $F(x) = \ln|x| + 5x$ |

7 Die Funktion f mit $f(x) = x^x$ mit $x \in \mathbb{R}; x > 0$ kann weder als Potenz- noch als Exponentialfunktion differenziert werden. Im Folgenden wird die 1. Ableitung mithilfe eines „Tricks" gebildet. Kommentieren Sie die Umformungsschritte.

	Angabe der Funktionsgleichung.
$f(x) = x^x$	
$f(x) = x^x = (e^{\ln(x)})^x$	$x = e^{\ln(x)}$, da e- und ln-Funktion Umkehrfunktionen zueinander sind („Umformungstrick")
$f(x) = e^{x \cdot \ln(x)}$	Anwendung des Potenzgesetzes $(a^b)^c = a^{b \cdot c}$
$f'(x) = [e^{x \cdot \ln(x)}]'$	Bilden der 1. Ableitung
$[e^{x \cdot \ln(x)}]' = e^{x \cdot \ln(x)} \cdot \left[1 \cdot \ln(x) + x \cdot \frac{1}{x}\right]$	Anwendung von Kettenregel und Produktregel.
$f(x) = [e^{x \cdot \ln(x)}]' = x^x \cdot [\ln(x) + 1]$	Einsetzen von $x^x = (e^{\ln(x)})^x$, vereinfachen

Produktregel

Basisaufgaben

1 Produktregel: Gegeben ist die Funktion $f(x) = (x^3 - 2x) \cdot e^{-x}$.
Ergänzen Sie die Schritte zur Bestimmung von f'.

$u(x) = x^3 - 2x$ und $u'(x) = 3x^2 - 2$ laut der Summenregel und Ableitung der Potenzfunktion

$v(x) = e^{-x}$ und $v'(x) = -e^{-x}$ laut der Ableitung der e-Funktion und Kettenregel

$f'(x) = (3x^2 - 2) \cdot e^{-x} + (x^3 - 2x) \cdot (-e^{-x})$ laut der Produktregel

$f'(x) = (-x^3 + 3x^2 + 2x - 2) \cdot e^{-x}$ nach dem Ordnen und Zusammenfassen

2 Vervollständigen Sie die Ermittlung der ersten Ableitung der Funktion.

a) $f(x) = e^{2x-1} \cdot (3x^2 - 1)$
$u(x) = e^{2x-1}$ $u'(x) = 2e^{2x-1}$
$v(x) = 3x^2 - 1$ $v'(x) = 6x = 2 \cdot 3x$
$f'(x) = 2 \cdot e^{2x-1} \cdot (3x^2 + 3x - 1)$

b) $g(x) = (x^4 + 4x^5) \cdot e^{-x}$
$u(x) = x^4 + 4x^5$ $u'(x) = 4x^3 + 20x^4$
$v(x) = e^{-x}$ $v'(x) = -e^{-x}$
$g'(x) = (-4x^5 + 19x^4 + 4x^3) \cdot e^{-x}$

c) $h(t) = (t - e^t) \cdot e^{3t-2}$
$u(t) = t - e^t$ $u'(t) = 1 - e^t$
$v(t) = e^{3t-2}$ $v'(t) = 3e^{3t-2}$
$h'(t) = -(4e^t - 3t - 1) \cdot e^{3t-2}$

3 Berechnen Sie die erste Ableitung zuerst mit Produktregel und danach ohne Produktregel.

a) $f(x) = x^5 \cdot (3 - x)$ b) $g(x) = e^{-x} \cdot e^{x+1}$ c) $h(x) = (x^2 + 5) \cdot (x^2 - 5)$

Berechnung der ersten Ableitung mit der Produktregel:

$u(x) = x^5$ $u'(x) = 5x^4$ $u(x) = e^{-x}$ $u'(x) = -e^{-x}$ $u(x) = x^2 + 5$ $u'(x) = 2x$
$v(x) = 3 - x$ $v'(x) = -1$ $v(x) = e^{x+1}$ $v'(x) = e^{x+1}$ $v(x) = x^2 - 5$ $v'(x) = 2x$
$f'(x) = 5x^4 \cdot (3 - x) + x^5 \cdot (-1)$ $g'(x) = (-e^{-x}) \cdot e^{x+1} + e^{-x} \cdot e^{x+1}$ $h'(x) = 2x \cdot (x^2 - 5) + (x^2 + 5) \cdot 2x$
$f'(x) = 15x^4 - 5x^5 - x^5$ $g'(x) = -e^{-x+x+1} + e^{-x+x+1}$ $h'(x) = 2x^3 - 10x + 2x^3 + 10x$
$f'(x) = 15x^4 - 6x^5$ $g'(x) = -e + e = 0$ $h'(x) = 4x^3$

Berechnung der ersten Ableitung ohne die Produktregel (beispielsweise erst ausmultiplizieren, danach ableiten):

$f(x) = 3x^5 - x^6$ $g(x) = e^{-x+x+1} = e$ $h(x) = (x^2)^2 - 5^2 = x^4 - 25$
$f'(x) = 15x^4 - 6x^5$ $g'(x) = 0$ $h'(x) = 4x^3$

4 Kreuzen Sie die korrekt gebildeten 1. Ableitungen an. Korrigieren Sie gegebenenfalls die Fehler.

☐ $f(x) = (2x + 3) \cdot e^x$
$f'(x) = 2 \cdot e^x$
$f'(x) = (2x + 5) \cdot e^x$

☐ $g(x) = (x^2 + 1) \cdot e^{2x}$
$g'(x) = (2x) \cdot e^{2x} \cdot 2$
$g'(x) = (2x^2 + 2x + 2) \cdot e^{2x}$

☒ $h(x) = (x^3 + x) \cdot e^{-2}$
$h'(x) = (3x^2 + 1) \cdot e^{-2}$

5 Ordnen Sie den Funktionen ihre 2. Ableitung zu. Rechnen Sie, wenn nötig, auf einem zusätzlichen Blatt.

$f(x) = (x^3 - 4x) \cdot e^{1-x}$ ——— $f''(x) = (x^2 - 4x - 7) \cdot e^{1-x}$

$f(x) = (x^2 - 3x + 1) \cdot e^{-x+1}$ ⤫ $f''(x) = (x^3 - 6x^2 + 3x + 7) \cdot e^{1-x}$

$f(x) = (x - 3) \cdot (3 + x) \cdot \frac{e}{e^x}$ ⤫ $f''(x) = (x^3 - 6x^2 + 2x + 8) \cdot e^{1-x}$

Exponentialfunktionen und weitere Funktionsklassen

6 Gegeben ist eine Stammfunktion F einer Funktion f.
Ermitteln Sie die zugehörige Funktion f.

a) $F(x) = (x - 1) \cdot e^x + 1$
$f(x) = F'(x) = 1 \cdot e^x + (x - 1) \cdot e^x + 0$
$f(x) = e^x + x \cdot e^x - e^x = x \cdot e^x$

b) $F(x) = x^2 \cdot e^{x^2} + c$
$f(x) = F'(x) = 2x \cdot e^{x^2} + x^2 \cdot e^{x^2} \cdot 2x \cdot e^{x^2} + 0$
$f(x) = (2x + 2x^3) \cdot e^{x^2} = 2 \cdot (x + x^3) \cdot e^{x^2}$

7 Bilden Sie die ersten fünf Ableitungen von $f(x) = x \cdot e^{-x}$.
Welchen Term vermuten Sie für die n-te Ableitung dieser Funktion? Schreiben Sie ihn auf.

$f'(x) = -(x - 1) \cdot e^{-x}$ $f''(x) = (x - 2) \cdot e^{-x}$
$f'''(x) = -(x - 3) \cdot e^{-x}$ $f^{(4)}(x) = (x - 4) \cdot e^{-x}$
$f^{(5)}(x) = -(x - 5) \cdot e^{-x}$ $f^{(n)}(x) = (-1)^n \cdot (x - n) \cdot e^{-x}$ mit $n \in \mathbb{N}$

Weiterführende Aufgaben

8 Gegeben ist eine Stammfunktion einer Funktion f. Kreuzen Sie passende Funktionen an.
$F(x) = \frac{1}{2} e^x \cdot (2x - e^x - 2)$ ☐ $f(x) = (x - e^x) \cdot e^x$ ☒ $f(x) = (x - 1) \cdot e^x + x - 2$

9 Markieren Sie zuerst alle Fehler. Ermitteln Sie danach die Ableitungsfunktionen von f und g.

$f(x) = \frac{x+1}{e^{x^2}} = (x + 1) \cdot e^{-x^2}$ $g(x) = \frac{e^{x+2}}{2x}$
$f'(x) = 1 \cdot e^{-x^2} + (x + 1) \cdot (-x^2) \cdot e^{-x^2}$ $g(x) = e^{x+2} \cdot 2x^{-1}$
$f'(x) = (1 - x^3 + x^2) \cdot e^{-x^2}$ $g'(x) = 2e^{x+2} \cdot \frac{1}{x}$
$f'(x) = 1 \cdot e^{-x^2} + (x + 1) \cdot (-2x) \cdot e^{-x^2}$ $g'(x) = e^{x+2} \cdot (2x)^{-1} + e^{x+2} \cdot (-1) \cdot (2x)^{-2} \cdot 2$
$f'(x) = (-2x^2 - 2x + 1) \cdot e^{-x^2}$ $g'(x) = e^{x+2} \cdot ((2x)^{-1} - 2 \cdot (2x)^{-2}) = \frac{e^{x+2}}{2x^2} \cdot (x - 1)$

10 Die Produktregel gilt auch für Produkte aus drei oder mehr Faktoren, z. B. ist $(u \cdot v \cdot w)' = u' \cdot v \cdot w + u \cdot v' \cdot w + u \cdot v \cdot w'$.
Berechnen Sie f' von $f(x) = x^2 \cdot x^4 \cdot x^6$ zuerst mit und danach ohne diese Produktregel.
Geben Sie eine allgemeine Begründung für das Ergebnis an.

Berechnung von f' mit der Produktregel:

$u(x) = x^2$ $u'(x) = 2x$ $v(x) = x^4$ $v'(x) = 4x^3$ $w(x) = x^6$ $w'(x) = 6x^5$

$f'(x) = 2x \cdot x^4 \cdot x^6 + x^2 \cdot 4x^3 \cdot x^6 + x^2 \cdot x^4 \cdot 6x^5 = 12x^{11}$

Berechnung von f' ohne die Produktregel (erst ausmultiplizieren, danach ableiten):

$f(x) = x^{2+4+6} = x^{12}$ $f'(x) = 12x^{11}$

Allgemeine Begründung von $(u \cdot v \cdot w)' = u' \cdot v \cdot w + u \cdot v' \cdot w + u \cdot v \cdot w'$ mithilfe der Produktregel für zwei Faktoren:

$(u \cdot v)' = u' \cdot v + u \cdot v'$ laut der Produktregel für die Faktoren u und v

$((u \cdot v) \cdot w)' = (u \cdot v)' \cdot w + (u \cdot v) \cdot w'$ laut der Produktregel für die Faktoren $(u \cdot v)$ und w

$((u \cdot v) \cdot w)' = (u' \cdot v + u \cdot v') \cdot w + (u \cdot v) \cdot w' = (u' \cdot v) \cdot w + (u \cdot v') \cdot w + (u \cdot v) \cdot w'$

Basisaufgaben

1 Die Bestimmung der Ableitung von f mit $f(x) = \frac{1}{2x}$ mit $x \in \mathbb{R}$; $x \neq 0$ wird auf mehreren Wegen begonnen. Vervollständigen Sie jeden Rechenweg.

Mit Faktorregel:
$f(x) = \frac{1}{2x} = \frac{1}{2} \cdot \frac{1}{x} = \frac{1}{2} \cdot x^{-1}$
$f'(x) = \frac{1}{2} \cdot (-1) \cdot x^{-2}$
$f'(x) = -\frac{1}{2x^2}$

Mit Kettenregel:
$f(x) = (-1) \cdot (2x)^{-2} \cdot 2$
$f'(x) = -\frac{2}{(2x)^2}$
$f'(x) = -\frac{1}{2x^2}$

Mit Produktregel und
$f(x) = \frac{1}{2} \cdot \frac{1}{x}$:
$f'(x) = \left(\frac{1}{2}\right)' \cdot \frac{1}{x} + \frac{1}{2} \cdot \left(\frac{1}{x}\right)'$
$f'(x) = 0 \cdot \frac{1}{x} - \frac{1}{2} \cdot x^{-2} = -\frac{1}{2x^2}$

Mit Quotientenregel
$f(x) = \frac{1}{2x}$:
$f'(x) = \frac{1' \cdot 2x - 1 \cdot (2x)'}{(2x)^2}$
$f'(x) = \frac{0 - 2}{4x^2} = -\frac{1}{2x^2}$

$\left(\frac{1}{x^r}\right)' = (x^{-r})' = -r \cdot x^{-r-1}$
$(u \cdot v)' = u' \cdot v + u \cdot v'$
$\left(\frac{u}{v}\right)' = \frac{u' \cdot v - u \cdot v'}{v^2}$

2 Kreuzen Sie alle Funktionen f' an, welche Ableitungsfunktionen zu f sind.

a) $f(z) = \frac{1}{2x-3} + \frac{4}{x}$

☐ $f'(z) = \frac{1}{(2x-3)^2} - \frac{4}{x^2}$ ☒ $f'(x) = \frac{-2}{(2x-3)^2} - \frac{4}{x^2}$ ☒ $f'(x) = \frac{-6 \cdot (3x^2 - 8x + 6)}{x^2 \cdot (2x-3)^2}$

b) $f(z) = \frac{x}{2x-3}$

☒ $f'(x) = \frac{-3}{(2x-3)^2}$ ☐ $f'(z) = \frac{3x}{(2x-3)^2}$ ☒ $f'(x) = \frac{-3}{4x^2 - 12x + 9}$

c) $f(x) = \frac{x^2}{2x-3}$

☒ $f'(x) = \frac{2x \cdot (x-3)}{(2x-3)^2}$ ☒ $f'(x) = \frac{2x^2 - 6x}{(2x-3)^2}$ ☒ $f(x) = 2 - \frac{-3x + x^2}{4x^2 - 12x + 9}$

3 Ordnen Sie jeder Funktionsgleichung einer Funktion f eine Funktionsgleichung einer Stammfunktion F zu.

$f(x) = -\frac{2}{x^2}$ — $F(x) = \frac{2x - x^2}{(x-1)^2}$

$f(x) = \frac{2}{(x+1)^2}$ — $F(x) = \frac{x^2}{1-x}$

$f(x) = \frac{x-1}{x+1}$ — $F(x) = \frac{1}{x^2}$

4 Bestimmen Sie die Ableitung der Funktion f. Geben Sie jeweils an, welche Regeln Sie verwenden.

a) $f(x) = \frac{4}{x^2}$
$f'(x) = -\frac{8}{x^3}$ mit Faktorregel, Quotientenregel oder Produktregel für z.B. $\frac{4}{x^2} = \frac{2}{x} \cdot \frac{2}{x}$

b) $f(x) = \frac{1}{4x^2}$
$f'(x) = -\frac{1}{2x^3}$ mit Faktorregel, Quotientenregel oder Produktregel für z.B. $\frac{1}{4x^2} = \frac{1}{2x} \cdot \frac{1}{2x}$

c) $f(x) = \frac{1}{x-4}$
$f'(x) = -\frac{1}{(x-4)^2}$ mit Quotientenregel oder Produktregel für z.B. $\frac{1}{x-4} = \frac{1}{x-2} \cdot \frac{1}{x+2}$

d) $f(x) = \frac{9}{x^2-4}$
$f'(x) = -\frac{18x}{(x^2-4)^2}$ mit Quotientenregel oder Produktregel für z.B. $\frac{9}{x^2-4} = \frac{3}{x-2} \cdot \frac{3}{x+2}$

Weiterführende Aufgaben

5 Gegeben sind die Funktionen f und g mit $f(x) = x + 2x^{-1}$ und $g(x) = \frac{x^2+2}{x}$.

a) Zeigen Sie, dass f und g identisch sind.
$g(x) = \frac{x^2+2}{x} = \frac{x^2}{x} + \frac{2}{x} = x + 2x^{-1} = f(x)$

b) Zeigen Sie: Die Berechnung der Ableitungsfunktion führt für beide Terme zum gleichen Ergebnis.
$f'(x) = 1 + 2 \cdot (-1) \cdot x^{-2} = 1 - 2x^{-2}$
$g'(x) = \frac{2x \cdot x - (x^2+2) \cdot 1}{x^2} = \frac{x^2-2}{x^2} = 1 - 2x^{-2}$

6 Zeigen Sie, dass die beiden voneinander verschiedenen Funktionen f und g mit $f(x) = \frac{4}{x^2-4}$ und $g(x) = \frac{x^2}{x^2-4}$ die gleiche Ableitungsfunktion besitzen.
$f'(x) = \frac{0 - 4 \cdot (2x)}{(x^2-4)^2} = \frac{-8x}{(x^2-4)^2}$
$g'(x) = \frac{2x \cdot (x^2-4) - x^2 \cdot (2x)}{(x^2-4)^2} = \frac{2x^3 - 8x - 2x^3}{(x^2-4)^2} = \frac{-8x}{(x^2-4)^2}$

7 Kreuzen Sie die richtige Lösung an.
Die Tangente an den Graphen der Funktion f mit $f(x) = \frac{x^2+3}{x-1}$ an der Stelle x = 2 hat die Gleichung

☐ $y = 3x - 13$ ☐ $y = -3x - 13$ ☐ $y = -3x + 13$ ☒ $y = 13x - 3$

8 Für die Funktionen f_a wurden die 2. Ableitungen gebildet. Beurteilen Sie, ob die Lösungen richtig sind. Korrigieren Sie falsche Lösungen.

$f_a(x)$	$f_a''(x)$	wahr/falsch	Korrektur
$\frac{1}{(x-2)^2}$	$\frac{4a}{(x-2)^4}$	falsch	$\frac{6a}{(x-2)^4}$
$\frac{2}{(x-a)^2}$	$\frac{12}{(x-a)^4}$	wahr	
$\frac{x+a}{(x+a)^2}$	$\frac{2}{(x+a)^3}$	wahr	
$\frac{a-x}{(2x+a)^2}$	$\frac{8x-32a}{(2x+a)^4}$	falsch	$\frac{-8x+32a}{(2x+a)^4}$

9 Mit einem CAS wurde die Ableitung einer Funktion f gebildet. Prüfen Sie handschriftlich nach, ob das Ergebnis samt Definitionsbereich korrekt angezeigt wurde.

$f'(x) = \frac{2x \cdot (x^2+1) - (x^2-1) \cdot (2x)}{(x^2+1)^2}$
$= \frac{4x}{(x^2+1)^2}$

Der Ableitungsterm ist korrekt, und auch der
Definitionsbereich von f' ist korrekt, da f auf diesem
Bereich definiert ist und f' in diesem Bereich keine
Definitionslücke hat. Die Ableitung von f ist an den
Grenzen des Intervalls nicht definiert, weil dort nur die
einseitigen Grenzwerte des Differenzenquotienten existieren.

$f(x) := \frac{x^2-1}{x^2+1} \Big| -2 \leq x \leq 2$

$\frac{d}{dx}(f(x))$

▲ $\frac{4 \cdot x}{(x^2+1)^2} \Big| -2 < x < 2$.

Fertig

8 Integration durch Substitution und partielle Integration

Basisaufgaben

1 Integration durch Substitution: Vervollständigen Sie den Satz zu einer wahren Aussage:

Wenn f mit $f(x) = g(a \cdot x + b)$ eine verkettete Funktion mit einer linearen Funktion als innerer Funktion ist, dann ist $F(x) = \frac{1}{a} \cdot G(a \cdot x + b)$ _____ eine Stammfunktion von f.

2 Geben Sie die innere Funktion von f(x) an.

Verkettete Funktion	$f(x) = \sqrt{3-2x}$	$f(t) = 2 \cdot e^{-t+1}$	$f(x) = \cos(5x)$
Innere Funktion	$z(x) = 3 - 2x$	$z(t) = -t + 1$	$z(x) = 5x$

3 Ergänzen Sie die Lücken im Beispiel: $\int (2x+4)^{10} \, dx$

Innere Funktion: $z(x) = 2x + 4$, also ist $a = 2$. Äußere Funktion: $g(z) = z^{10}$

Stammfunktion der äußeren Funktion: $G(z) = \frac{1}{11} \cdot z^{11}$

$\int (2x+4)^{10} \, dx = \frac{1}{2} \cdot \frac{1}{11} \cdot (2x+4)^{11} + c = \frac{1}{22} \cdot (2x+4)^{11} + c$

Probe: Es muss gelten $F'(x) = f(x)$.

$\left(\frac{1}{22} \cdot (2x+4)^{11} + c\right)' = 11 \cdot \frac{1}{22} \cdot (2x+4)^{10} \cdot 2 \quad = (2x+4)^{10}$

4 Ordnen Sie jeder Funktion f durch Pfeile eine mögliche Stammfunktion F zu.

$\int f(a \cdot x + b) \, dx = \frac{1}{a} \cdot F(a \cdot x + b) + c$

$f(x) = (1-x)^5$ — $F(x) = \left(\frac{1}{2}x - 5\right)^5$

$F(x) = \frac{(x-10)^6}{192}$ — $f(x) = \frac{(x-10)^5}{2}$

$F(x) = -\frac{(x-1)^6}{6} + 4$

5 Kreuzen Sie richtige Ergebnisse an.

a) $\int_2^3 \sqrt{2x - 3} \, dx$ [x] $\frac{3^{\frac{3}{2}} - 1^{\frac{3}{2}}}{3}$ [ ] $3^{\frac{3}{2}} - 1$ [x] $\sqrt{3} - \frac{1}{3}$ [ ] $\sqrt{3} - \frac{1}{3}$ [ ] $\frac{3\sqrt{3} - 1}{3}$

b) $\int_2^{\frac{5}{2}} \frac{2}{4-x} \, dx$ [ ] $2 \cdot \ln(3)$ [ ] $-2 \cdot \ln(3) - 2 \cdot \ln(1)$ [ ] $\ln(3)$ [x] $-2 \cdot \ln(3)$

c) $\int_0^{\frac{\pi}{4}} \sin(2x) \, dx$ [ ] -1 [ ] $-\frac{\cos(2\pi)}{2} + \frac{\cos(0)}{2}$ [x] 1 [ ] 0

d) $\int_{-3}^{1} e^{1-x} \, dx$ [ ] $1 - e^4$ [x] $-e^0 - (-e^4)$ [ ] $e^2 - 1$ [x] $e^4 - 1$

e) $\int_{-1}^{2} \frac{1}{(1+x)^{-2}} \left(\frac{1}{2}\right)^{-2} \, dx$ [ ] $-\frac{4}{4}$ [ ] $\left(\frac{4}{1}\right)^1$ [x] $-1 - \left(-\frac{4}{-1+2}\right)$ [x] 3 [ ] $5-$

6 Ermitteln Sie die Menge aller Stammfunktionen von $f(x) = (1-x)^{-2}$. Erklären Sie die Anzeige des CAS.

$F(x) = \frac{1}{-1} \cdot \frac{1}{-2+1} \cdot (1-x)^{-2+1} + c = \frac{1}{1-x} + c$

Das CAS zeigt ∞ als Ergebnis an, weil im Integrationsintervall [−2; 2] die Stelle x = 1 liegt, an der f(x) nicht definiert ist. Die Funktionswerte gehen dort asymptotisch gegen ∞, so dass auch symbolisch für das bestimmte Integral der Wert ∞ angezeigt wird.

$\int_{-2}^{2} (1-x)^{-2} \, dx \quad \infty$

---

7 Partielle Integration: Vervollständigen Sie den Text: Bei der Berechnung von Integralen, bei denen der Integrand das **Produkt** zweier Funktionen ist, führt in vielen Fällen die **partielle** Integration zum Ziel. Man wählt eine der Funktionen im Integranden als u(x), die andere als v'(x). Die Auswahl sollte so erfolgen, dass sich die weitere Berechnung **vereinfacht**.

$\int u(x) \cdot v'(x) \, dx = u(x) \cdot v(x) - \int u'(x) \cdot v(x) \, dx$

Vervollständigen Sie die Berechnung von $\int x \cdot \sin(x) \, dx$.

Wahl von u und v': $u(x) = x \quad v'(x) = \sin(x)$
Bestimmung von u' und v: $u'(x) = 1 \quad v(x) = -\cos(x)$
Partielle Integration: $\int x \cdot \sin(x) \, dx = x \cdot (-\cos(x)) - \int 1 \cdot (-\cos(x)) \, dx$

Vereinfachung: $\int x \cdot \sin(x) \, dx = -x \cdot \cos(x) + \int \cos(x) \, dx = -x \cdot \cos(x) + \sin(x) + c$

Probe (Ableitung mit Produktregel): $(-x \cdot \cos(x) + \sin(x) + c)'$
$= (-1) \cdot \cos(x) + (-x) \cdot (-\sin(x)) + \cos(x) + 0$
$= x \cdot \sin(x)$

Begründen Sie kurz: Due Wahl von $u(x) = \sin(x)$ und $v'(x) = x$ wäre nicht zielführend für die Integration.

Für $u(x) = \sin(x)$, $v'(x) = x$ ist $u'(x) = \cos(x)$ und $v(x) = \frac{1}{2} \cdot x^2$, also $\int u'(x) \cdot v(x) \, dx = \frac{1}{2} \cdot \int \cos(x) \cdot x^2 \, dx$.

Dieses Integral stellt keine Vereinfachung gegenüber $\int x \cdot \sin(x) \, dx$ im Hinblick auf das Integrieren dar.

Weiterführende Aufgaben

8 Ergänzen Sie die Berechnung von $\int \sin^2(x) \, dx$.

$\sin^2(x)$ als Produkt: $\sin(x) \cdot \sin(x)$ mit $u(x) = \sin(x)$ und $v'(x) = \sin(x)$ $u'(x) = \cos(x)$ und $v(x) = -\cos(x)$

$\int \sin^2(x) \, dx = -\sin(x) \cdot \cos(x) + \int \cos^2(x) \, dx$. Mit $\cos^2(x) = 1 - \sin^2(x)$ („Winkelpythagoras") folgt:

$\int \sin^2(x) \, dx = -\sin(x) \cdot \cos(x) + \int (1 - \sin^2(x)) \, dx = -\sin(x) \cdot \cos(x) + \int 1 \, dx - \int \sin^2(x) \, dx$ Auf beiden Seiten $\int \sin^2(x) \, dx$ addieren: $2 \cdot \int \sin^2(x) \, dx = -\sin(x) \cdot \cos(x) + x$ Durch 2 dividieren: $\int \sin^2(x) \, dx = \frac{1}{2} \cdot (x - \sin(x) \cdot \cos(x))$

9 Ordnen Sie den unbestimmten Integralen die richtige Stammfunktion zu.

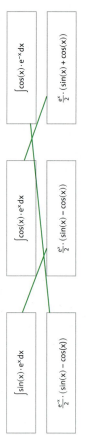

$\int \sin(x) \cdot e^x \, dx$ — $\frac{e^{-x}}{2} \cdot (\sin(x) - \cos(x))$

$\int \cos(x) \cdot e^x \, dx$ — $\frac{e^x}{2} \cdot (\sin(x) + \cos(x))$

$\int \cos(x) \cdot e^x \, dx$ — $\int \sin(x) \cdot e^x \, dx$ usw.

a) Integration durch lineare Substitution und partielle Integration
b) Integration durch lineare Substitution und zweimal partielle Integration
c) Schreiben Sie den Quotienten als Produkt und wenden Sie partielle Integration an.

10 Für die Berechnung der folgenden Integrale können Sie die angegebenen Hilfen anwenden. Rechnen Sie auf einem Extrablatt und geben Sie hier die Ergebnisse an.

a) $\int x \cdot \sqrt{2x - 1} \, dx$
$= \frac{1}{15} \cdot (2x - 1)^{\frac{3}{2}} \cdot (3x + 1)$

b) $\int x^2 \cdot \sin(2x) \, dx$
$= \left(\frac{1}{4} - \frac{x^2}{2}\right) \cdot \cos(2x) + \frac{x}{2} \cdot \sin(2x)$

c) $\int \frac{\sin(x)}{e^x} \, dx$
$= -\frac{e^{-x}}{2} \cdot (\cos(x) + \sin(x))$

Hilfe:

Basisaufgaben

1 Die Funktion f(t) = 60 · e^(−0,02t) beschreibt den Zerfallsprozess einer Substanz, wobei t die Zeit in Tagen und f(t) die Menge der Substanz in Milligramm angibt. Der Zeitpunkt t = 0 stellt den Beobachtungsbeginn dar. Vervollständigen Sie die Tabelle.

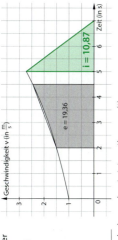

Sachverhalt	Mathematisches Modell	Ergebnis
Menge der Substanz 20 Tage nach Beobachtungsbeginn.	$f(20) = 60 \cdot e^{-0,02 \cdot 20}$	$f(20) \approx 40{,}2\,mg$
Menge der Substanz 24 Stunden nach Beobachtungsbeginn.	$f(1) = 60 \cdot e^{-0{,}02 \cdot 1}$	$f(1) \approx 58{,}8\,mg$
Anzahl der Tage (von t = 0 an), bis noch 48 mg übrig sind.	$48 = 60 \cdot e^{-0{,}02t}$	$t \approx 11{,}2\,Tage$
Halbwertszeit dieses Zerfallsprozesses	$60 \cdot e^{-0{,}02 \cdot 34{,}66} \approx 30$	$t \approx 34{,}66\,Tage$
Menge der Substanz sechs Sturden vor Beobachtungsbeginn.	$f(-0{,}25) = 60 \cdot e^{-0{,}02 \cdot (-0{,}25)}$	$f(-0{,}25) \approx 60{,}3\,mg$
Zeitpunkt, an dem die Zerfallsgeschwindigkeit $-1\,\frac{mg}{Tag}$ beträgt.	$-1 = -1{,}2 \cdot e^{-0{,}02t}$	$t \approx 9{,}12$ Tage nach Beobachtungsbeginn

2 Die Abbildung zeigt den stark vereinfachten Graphen der Änderungsrate des Wasservolumens in einem zum Zeitpunkt t = 0 min leeren Gefäß.
Kreuzen Sie wahre Aussagen an.

- Zum Zeitpunkt t = 1,5 min beträgt die Zuflussgeschwindigkeit 1 Liter/min. [x]
- Nach 3 min sind 2 Liter im Gefäß. [ ]
- Nach 4 min sind 4 Liter im Gefäß. [x]
- Im Zeitraum [4s; 7s] fließen 1,5 Liter Wasser aus dem Gefäß ab. [x]
- Nach 7 min. ist das Gefäß wieder leer. [ ]
- Am schnellsten fließt das Wasser zwischen der dritten und vierten Minute ab. [ ]
- Zwischen der sechsten und siebten Minute verringert sich der Abfluss und kommt dann ganz zum Erliegen. [x]
- Nach 7 min sind 2,5 Liter Wasser im Gefäß. [x]
- Zur sechsten Minute ist die Abflussgeschwindigkeit am größten. [x]

Änderungsrate f'(t) ⇒ Bestand in [t_1; t_2] = $\int_{t_1}^{t_2} f(t)dt$

3 Eine Pflanze ist zum Beobachtungsbeginn 6 cm hoch. In den nächsten zehn Tagen vergrößert sich das Wachstum mit einer Wachstumsgeschwindigkeit v mit v(t) = e^(0,2t). Gesucht ist die Höhe der Pflanze nach zehn Tagen. Streichen Sie falsche Ansätze durch und berechnen Sie die gesuchte Höhe.

~~$e^{0,2 \cdot 10} + 6$~~ $6 + \int_0^{10} e^{0,2t}\,dt$ ~~$\int_0^{10} (\sqrt[5]{e})^t\,dt + 6$~~

Höhe: h = $(5e^2 + 1)\,cm \approx 37{,}9\,cm$

Weiterführende Aufgaben

4 Die Geschwindigkeit eines Fahrzeugs in m/s auf gerader Strecke wird für 0 ≤ t ≤ 10 (t in s) durch die in der Abbildung grafisch dargestellte Funktion v(t) = 2 · e^(0,1t) mathematisch modelliert.

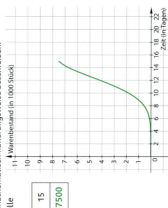

a) Der im Intervall [4s, 9s] zurückgelegte Weg kann durch den Flächeninhalt der blauen Trapezfläche näherungsweise bestimmt werden. Ermitteln Sie diesen Näherungswert.

$A_{Trapez} \approx \frac{3 + 5}{2}\,\frac{m}{s} \cdot 5\,s = 20\,m$

b) Berechnen Sie den genauen Wert dieses Weges durch eine geeignete Integration von v(t).

$\int_4^9 2 \cdot e^{0,1t}\,dt = [20 \cdot e^{0,1t}]_4^9 = 20 \cdot (e^{0,9} - e^{0,4}) \approx 19{,}4\,m$

c) Von t = 10 s ab bremst das Fahrzeug mit konstanter (negativer) Beschleunigung und kommt bei t = 14 s zum Stillstand. Veranschaulichen Sie diesen Bremsvorgang im v-t-Diagramm. Berechnen Sie die Größe der Bremsbeschleunigung sowie die Länge des Bremsweges.

Bremsbeschleunigung: $a(t) = \frac{0 - v(10)}{14 - 10} = -\frac{1}{2} \cdot e \approx -1{,}36\,\frac{m}{s^2}$

Bremsweg: $s = \int_{10}^{14} \left(-\frac{1}{2}e \cdot x + 7e\right)dx = \left[-\frac{1}{4}e \cdot x^2 + 7e \cdot x\right]_{10}^{14} = 4e \approx 10{,}9\,m$

5 Die produzierte Gesamtmenge einer neuen Ware lässt sich nach dem Anlaufen der Produktion für die ersten 15 Tage durch die Funktion $p(t) = \frac{t}{2} \cdot e^{-(0,2t-3)^2}$ (t in Tagen; p in 1000 Stück) mathematisch näherungsweise beschreiben.

a) Vervollständigen Sie die Tabelle. Stellen Sie mithilfe der Tabelle den Warenbestand für die ersten 15 Tage grafisch dar.

Tag	2	4	6	8	10	12	15
Menge	1	16	117	563	1839	4186	7500

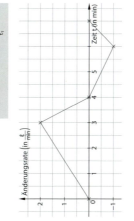

Warenbestand (in 1000 Stück)

b) Schätzen Sie anhand der Grafik, zu welchem Zeitpunkt der Zuwachs der Produktionsmenge am größten war.
Der Zuwachs ist am Wendepunkt am größten; dieser liegt bei t = 12,3 Tagen.

6 In ein zu Beginn mit 40 Liter gefülltes Becken fließt in den ersten zehn Minuten Wasser gemäß der Funktion w(t) = 8 · t Wasser zu (w(t) in Litern pro Minute, t in Minuten).
Nach zehn Minuten wird der Zufluss beendet. Danach fließen vier Liter Wasser pro Minute ab.

a) Geben Sie eine Funktion an, die die Wassermenge im Becken beschreibt.

$f(t) = \begin{cases} 40 + \int_0^{10} 8 \cdot t\,dt, & 0 \leq t \leq 10 \\ 440 - 4 \cdot (t-10), & t > 10 \end{cases}$

b) Ermitteln Sie, wann das Becken leer ist.
$440 - 4 \cdot (t - 10) = 0 \Rightarrow t = 120\,min$

Verknüpfungen mit Logarithmusfunktionen

Basisaufgaben

1 Ergänzen Sie wahre Aussagen über den Definitionsbereich D_f und die Nullstellen der Funktion.

f(x)	D_f	Nullstellen von f
$(2x-1) \cdot \ln(1-x)$	$]-\infty; 1[$	$x_1 = \frac{1}{2}; x_2 = 0$
$\sqrt{x^2-1} \cdot \ln(x^2-4)$	$]-\infty; -2[\cup]2; \infty[$	$x_1 = -\sqrt{5}; x_2 = \sqrt{5}$
$(e^{-x}-2) \cdot \ln(\sqrt{x+2})$	$]-2; \infty[$	$x_1 = -1;$ $x_2 = -\ln(2)$
$(e^{-x}-2) \cdot \ln(\sqrt{x-2})$	$]2; \infty[$	$x_0 = 3$

Für x > 0 ist ln(x) definiert.
Es gilt ln(1) = 0.

2 Ergänzen Sie wahre Aussagen über den Definitionsbereich D_f und das Verhalten der Funktionswerte von f an den Rändern des Definitionsbereiches.

f(x)	D_f	Verhalten von f an den Rändern von D_f
$\ln(4x-8)$	$]2; \infty[$	$\lim_{x \to 2, x>2}(f(x)) = -\infty;$ $\lim_{x \to \infty}(f(x)) = \infty$
$x^3 \cdot \ln(3x+2)$	$]-\frac{2}{3}; \infty[$	$\lim_{x \to -2/3, x > -2/3}(f(x)) = \infty;$ $\lim_{x \to \infty}(f(x)) = \infty$
$x^4 \cdot \ln(x^2)$	$]-\infty; 0[\cup]0; \infty[$	$\lim_{x \to 0}(f(x)) = 0;$ $\lim_{x \to \pm\infty}(f(x)) = \infty$
$\frac{\ln(x-2)}{x^3}$	$]2; \infty[$	$\lim_{x \to 2, x>2}(f(x)) = -\infty;$ $\lim_{x \to \infty}(f(x)) = 0$

$\lim_{x \to 0, x>0}(x^n \cdot \ln(x)) = 0$
$\lim_{x \to \infty}\left(\frac{\ln(x)}{x^n}\right) = 0$
für alle $n \in \mathbb{N}$

3 Prüfen Sie, ob die Ableitungen von f richtig gebildet wurden. Korrigieren Sie falsche Ergebnisse.

f(x)	f'(x)	richtig?	Korrektur
$x^4 \cdot \ln(4x)$	$x^3 \cdot (4 \cdot \ln(4x) + 1)$	ja	
$\frac{x^4}{\ln(4x)}$	$\frac{x^3 \cdot (4 \cdot \ln(4x)+1)}{[\ln(4x)]^2}$	nein	$\frac{x^3 \cdot (4 \cdot \ln(4x)-1)}{[\ln(4x)]^2}$
$\frac{\ln(4x)}{x^4}$	$\frac{1-4 \cdot \ln(4x)}{x^5}$	ja	
$e^{-x} \cdot \ln(\sqrt{x})$	$\left(\frac{1}{x} + \frac{\ln(x)}{x}\right) \cdot e^{-x}$	nein	$\left(\frac{1}{2x} - \ln(\sqrt{x})\right) \cdot e^{-x}$

4 Beurteilen Sie diese Anzeige einer Mathematiksoftware.
Hinweis: *domain(f(x),x)* gibt den Definitionsbereich von f zurück.

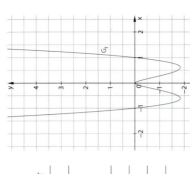

Der Definitionsbereich von f wird richtig bestimmt.
Allerdings kann x = −1 nicht Nullstelle von f sein,
denn dieser Wert liegt nicht im Definitionsbereich von f.

5 Betrachten Sie die Funktion g mit $g(x) = \ln(\ln(x))$. Bestimmen Sie, falls möglich, die Nullstelle von g sowie den Definitionsbereich von g.

Nullstelle: Da ln(1) = 0, muss ln(x) = 1 gelten, also x = e.
Definitionsbereich: $1 < x$ bzw. $D_g = [1, \infty[$

Weiterführende Aufgaben

6 Vervollständigen Sie die Rechnungen für die Funktion f mit $f(x) = x^3 \cdot \ln(x)$.
Skizzieren Sie den Graphen von f mindestens im Intervall $0 < x \le 1$.

Definitionsbereich: **x > 0**
Ableitungen:
$f'(x) = x^2 \cdot (\mathbf{3 \cdot \ln(x)} + 1)$ $f''(x) = x \cdot (\mathbf{6 \cdot \ln(x) + 5})$
Extremstelle: $x_e = e^{-\frac{1}{3}}$
Wendestelle: $x_e = e^{-\frac{5}{6}}$

7 Die Abbildung zeigt den mit einer Mathematiksoftware erstellten Graphen G_f der Funktion f mit $f(x) = 10 \cdot x^2 \cdot \ln(|x|)$. Beurteilen Sie, ob die Aussagen wahr sind.

a) G_f ist symmetrisch zur y-Achse.

Wahre Aussage: Da sowohl x^2 als auch $|x|$ achsensymmetrisch zur y-Achse sind, gilt f(−x) = f(x).

b) G_f hat die Tiefpunkte $T_1\left(-e^{-\frac{1}{2}}\big| -5e^{-1}\right)$ und $T_2\left(-e^{-\frac{1}{2}}\big| -5e^{-1}\right)$.

Wahre Aussage: Die Extremstelle wird nur für x > 0 durch f'(x) = 0 berechnet und der zugehörige Funktionswert bestimmt. Der zweite Tiefpunkt kann mithilfe der Symmetrie von G_f bestimmt werden.

c) G_f hat den Hochpunkt H(0|0).

Falsche Aussage: f(x) ist für x = 0 nicht definiert.

8 Nehmen Sie mithilfe einer Rechnung Stellung zur Behauptung von Mark:
„Der Graph von f mit $f(x) = x \cdot \ln(x^2 - x)$ besitzt keinen Wendepunkt, denn der grafischen Darstellung kann man entnehmen, dass der Graph überall rechtsgekrümmt ist."

Definitionsbereich: $]-\infty; 0[\cup]1; \infty[$

2. Ableitung: $f''(x) = \frac{2x^2 - 4x + 1}{x \cdot (x-1)^2}$

Mögliche Wendestellen: $2x^2 - 4x + 1 = 0$
$x_{W1} = \frac{2-\sqrt{2}}{2} \approx 0{,}29$ und $x_{W2} = \frac{2+\sqrt{2}}{2} \approx 1{,}71$: Die Funktionswerte der Nennerfunktion der zweiten Ableitung an diesen Stellen sind ungleich null, aber x_{W1} liegt nicht im Definitionsbereich und entfällt deshalb.

Hinreichende Bedingung: $f'''(x) = -\frac{2x^3 - 6x^2 + 3x - 1}{x^2 \cdot (x-1)^3}$, $f'''\left(\frac{2+\sqrt{2}}{2}\right) = 8 \cdot (\sqrt{2} - 1) > 0$

Ergebnis: Marks Behauptung ist falsch, denn bei $x_{W2} = \frac{2+\sqrt{2}}{2}$ hat der Graph von f eine Wendestelle, bei der eine Rechtskrümmung in eine Linkskrümmung übergeht.

Basisaufgaben

1 Gegeben ist die Funktion f mit $f(x) = (x + \ )\cdot \sqrt{1-x}$.

a) Kreuzen Sie an, wenn die 1. und 2. Ableitung f' bzw. f'' von f korrekt gebildet ist. Korrigieren Sie ggf. falsche Lösungen.

[x] $f'(x) = \frac{1-3x}{2\cdot\sqrt{1-x}}$ [ ] $f''(x) = \frac{3x-5}{2\cdot(1-x)}$ [ ] $f''(x) = \frac{3x-5}{4\cdot(1-x)^{\frac{3}{2}}}$

b) Ergänzen Sie: Für die Definitionsbereiche von f, f' und f'' gilt:

$D_f = \ ]-\infty; 1]$ $D_{f'} = \ ]-\infty; 1[$ $D_{f''} = \ ]-\infty; 1[$

c) Ermitteln Sie die Koordinaten des lokalen Hochpunktes H von f.

$f'(x) = 0 \Leftrightarrow \frac{1-3x}{2\cdot\sqrt{1-x}} = 0$

$\Leftrightarrow 1-3x = 0$ und $2\cdot\sqrt{1-x} \neq 0$

$\Leftrightarrow x = \frac{1}{3}$

$f\left(\frac{1}{3}\right) = \frac{4}{3}\sqrt{\frac{2}{3}} \approx H\left(\frac{1}{3}\middle| \frac{4\sqrt{6}}{9}\right)$

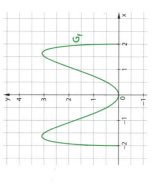

Definitionsbereich:
Radikand ≥ 0
Nenner ≠ 0

d) Begründen Sie, dass f keinen Wendepunkt besitzt.

Die Nullstelle von f'' muss Nullstelle des Zählers sein, das ist $x = \frac{5}{3} > 1$.
Aber diese liegt außerhalb des Definitionsbereiches von f,
denn der Nenner von f ist für $x = \frac{5}{3}$ (wie für alle Zahlen >1)
im Bereich der reellen Zahlen nicht definiert.

2 Gegeben ist die Funktion f mit $f(x) = 10 \cdot (x - x^2) \cdot \sqrt{2x+1}$.

a) Ergänzen Sie in den Ableitungstermen die fehlenden Zählerfunktionen.

$f'(x) = \dfrac{-50x^2 + 10x + 10}{\sqrt{2x+1}}$ $f''(x) = \dfrac{-30x\cdot(5x+3)}{(2x+1)^{\frac{3}{2}}}$

b) Ordnen Sie den x-Werten die passende Eigenschaft zu.

Extremstelle	Nullstelle	Wendestelle

x = 1   x = −0,6   x = 0   x ≈ −0,36   x ≈ 0,56   x = −0,5

c) Begründen Sie, weshalb ein x-Wert übrig bleibt.

Übrig bleibt der Wert $x = -0,6$. Er ist als Nullstelle der Zählerfunktion von f'' eine mögliche
Wendestelle. Es gilt aber $x = -\frac{3}{5} = -0,6 < -0,5$: Diese Stelle liegt außerhalb des Definitionsbereiches
von f mit $x \in \mathbb{R}; x \geq -0,5$.
(Der Nenner von f ist für $x = -0,6$ im Bereich der reellen Zahlen nicht definiert.)

3 Ordnen Sie den Funktionstermen jeweils eine der Funktionsbezeichnungen f, f', g bzw. g' zu.

$f(x) = \dfrac{3\cdot x + 3}{2 \cdot \sqrt{x}}$ $g''(x) = \dfrac{0{,}75 \cdot x - 3}{(x+3)^3 \cdot \sqrt{x+3}}$ $f''(x) = \dfrac{3 \cdot x - 3}{4 \cdot x \cdot \sqrt{x}}$

$g(x) = x \cdot \sqrt{x+3}$ $g'(x) = \dfrac{1{,}5 \cdot x + 3}{\sqrt{x+3}}$ $f(x) = (x+3)\cdot \sqrt{x}$

Weiterführende Aufgaben

4 Gegeben ist die Funktion f mit $f(x) = x^2 \cdot \sqrt{4-x^2}$.

a) Beurteilen Sie, ob die folgende Aussagen über f die Funktion f und ihren Graphen G_f korrekt sind. Korrigieren Sie falsche Aussagen.

Aussage	wahr/falsch	Korrektur
$f'(x) = \dfrac{8x - 3x^3}{\sqrt{4-x^2}}$	wahr	
$f''(x) = \dfrac{6x^4 - 36x^2 + 32}{(4-x^2)^{\frac{3}{2}}}$	wahr	
Definitionsbereich von f: $x \in \mathbb{R}; -2 \leq x \leq 2$	falsch	$x \in \mathbb{R}; -2 < x < 2$
G_f ist symmetrisch zur y-Achse.	wahr	
Alle Extremstellen: $x = \pm\frac{2\sqrt{6}}{3}$	falsch	Unvollständig: Neben $x = \pm\frac{2\sqrt{6}}{3}$ ist auch $x = 0$ Extremstelle.
G_f hat Wendepunkte bei $x \approx \pm 2{,}22$ und $x \approx \pm 1{,}04$.	falsch	Die Stellen $x \approx \pm 2{,}22$ liegen außerhalb des Definitionsbereiches von f.

b) Ergänzen Sie die Tabelle der Funktionswerte von f und zeichnen Sie den Graphen G_f.

x	f(x)
−2; 0; 2	0
$\pm\frac{2\sqrt{6}}{3} \approx 1{,}63$	$\frac{16\sqrt{3}}{9} \approx 3{,}08$
±1	$\sqrt{3} \approx 1{,}73$
$\pm\frac{1}{2}$	$\frac{\sqrt{15}}{8} \approx 0{,}48$

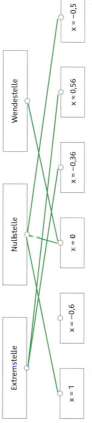

5 Gegeben ist die Funktion f_a mit $f_a(x) = 5\cdot\sqrt{x^2 - a}\cdot e^{-x^2}$ mit dem reellen Parameter a.

a) Untersuchen Sie, wie bei f_a der Definitionsbereich von a abhängt.

Der Radikand darf nicht negativ sein, also muss gelten:

Für $a \leq 0$ ist f_a für alle reellen Zahlen x definiert.

Für $a > 0$ ist f_a für alle reellen Zahlen x definiert mit $x \leq -\sqrt{a}$ oder mit $x \geq \sqrt{a}$.

b) Beschreiben Sie, welche Schlüsse sich aus dem Term von $f'_a(x)$ (siehe Abbildung) hinsichtlich der Anzahl möglicher Extremstellen von f_a in Abhängigkeit von a ziehen lassen.

Für $-0{,}5 < a \leq 0$ drei mögliche Extremstellen: $x = 0$
und $x = \pm\sqrt{a + 0{,}5}$; für $a \leq -0{,}5$ eine bei $x = 0$.

Für $a > 0$ entfällt $x = 0$ als mögliche

Extremstelle und es bleiben noch $x = \pm\sqrt{a + 0{,}5}$.

$f_a(x) := 5\cdot\sqrt{x^2 - a}\cdot e^{-x^2}$

$\dfrac{d}{dx}\left(f_a(x)\right) \quad \dfrac{-5\cdot x\cdot(2\cdot x^2 - 2\cdot a - 1)\cdot e^{-x^2}}{\sqrt{x^2 - a}}$ *Fertig*

Test – Exponentialfunktionen und weitere Funktionsklassen

1 Kreuzen Sie Zutreffendes an. Rechnen Sie, wenn nötig, auf einem zusätzlichen Blatt.

a) $f(x) = e^{-4x+5} - 3$ ☐ $f(x) = 5e^{-4x+5}$ ☒ $f'(x) = -4e^{-4x+5}$ ☐ $f''(x) = 16e^{-4x+5}$

b) $f(x) = (2x-1)^3$ ☐ $f'(x) = 12(2x-1)$ ☐ $f(x) = 3(2x-1)^2$ ☒ $f'(x) = 6(2x-1)^2$

c) $f(x) = \sqrt{3x}$ ☒ $f(x) = \frac{3}{2\sqrt{3x}}$ ☐ $f(x) = \frac{3}{\sqrt{3x}}$ ☐ $f'(x) = \frac{1}{2\sqrt{3x}}$

d) $f(x) = x^5 + \sqrt{x}$ ☒ $f(x) = 5x^4 + \frac{1}{2\sqrt{x}}$ ☒ $f''(x) = 20x^3 - \frac{1}{4\sqrt{x^3}}$ ☐ $f(x) = \frac{5x^4}{2\sqrt{x}}$

e) $f(x) = (-x^2-2)^2$ ☒ $f''(x) = 12x^2 + 8$ ☒ $f'(x) = 4x^3 + 8x$ ☒ $f'(x) = -4x \cdot (-x^2 - 2)$

f) $f(x) = \sqrt{x^2 + 3}$ ☐ $f(x) = \frac{x^2}{2\sqrt{x^2+3}}$ ☐ $f'(x) = \frac{x}{\sqrt{x^2+3}}$ ☒ $f''(x) = 2x \cdot \sqrt{x^2+3}$

g) $f(x) = e^x + e^{-x^3}$ ☒ $f(x) = e^x - 3e^{-x^3}$ ☒ $f'(x) = e^x - e^{-x^3}$ ☒ $f'(x) = e^x - 3x^2 e^{-x^3}$

h) $f(x) = 3e^{x^3-x}$ ☐ $f(x) = 9x^2 \cdot e^{x^3-x}$ ☐ $f(x) = 3x \cdot e^{x^3-x}$ ☒ $f'(x) = (9x^2 - 3) \cdot e^{x^3-x}$

i) $f(x) = \frac{1}{4x^2-5x}$ ☒ $f'(x) = -\frac{8x-5}{(4x^2-5x)^2}$ ☐ $f(x) = -\frac{8x-5}{4x^2-5x}$ ☒ $f'(x) = (5-8x)(4x^2-5x)^{-2}$

2 Vervollständigen Sie die Gleichungen.

a) $\ln(a \cdot c) = \ln(a) + \ln(c)$ b) $e^{\ln(a)} + \ln(1) = a$ c) $\ln(a^r) - \ln(e) = r \cdot \ln(a) - 1$ d) $\ln\left(\frac{a}{c}\right) = \ln(a) - \ln(c)$

3 Kreuzen Sie alle wahren Aussagen über Exponentialfunktionen der Form $f(x) = c \cdot e^{a \cdot x + b}$, $c > 0$ an.

☒ f ist streng monoton fallend für a < 0.   ☐ (0 | c) liegt auf dem Graphen von f.

☐ f hat die Nullstelle $-\frac{b}{a}$.   ☒ $\left(-\frac{b}{a} \mid c\right)$ liegt auf dem Graphen von f.

☒ f hat den Wertebereich $W = \mathbb{R}^{>0}$.   ☐ (0 | b) liegt auf dem Graphen von f.

4 Kreuzen Sie alle richtig angegebenen Werte an. Zusatzaufgabe: Korrigieren Sie falsche Werte.

a) $f(x) = 2^x$ $f(1) = 4$ **2**   ☒ $f(10) = 1024$ ☐ $f(0,1) = 2,07$ **1,07**

b) $f(x) = e^x$ ☒ $f(1) = 2$ **2,72**   ☒ $f(10) = 22026$ ☐ $f(0,1) = 2,1$ **1,1**

c) $f(x) = e^{3x+5}$ ☒ $f(1) = 2981$ ☐ $f(2) = 598$ **59874**   ☒ $f(0,1) = 200$

d) $f(x) = 5 \cdot e^{7x-2}$ ☒ $f(1) = 742$ ☒ $f(0) = 0,68$ ☐ $f(0,1) = 3,4$ **1,36**

5 Stellen Sie nach x um.

a) $6 \cdot e^x = 3$ $e^x = \frac{1}{2}$ $x = -\ln(2)$

b) $5 \cdot e^{7x-2} = 30$ $e^{7x-2} = 6$ $7x - 2 = \ln(6)$ also gilt $x = \frac{1}{7} \cdot (\ln(6) + 2)$

c) $x^2 \cdot e^{2x} + 36 \cdot e^{2x} = 12x \cdot e^{2x}$ $(x^2 - 12x + 36) \cdot e^{2x} = 0$ $(x-6)^2 \cdot e^{2x} = 0$ also gilt $x = 6$

d) $e^{8x} - 4 \cdot e^{4x} + 3 = 0$ $(e^{4x} - 1) \cdot (e^{4x} - 3) = 0$ $x = 0$ oder $x = \frac{1}{4} \cdot \ln(3)$

6 Kreuzen Sie alle wahren Aussagen an.

☒ Die Wachstumsgeschwindigkeit eines exponentiellen Wachstums ist proportional zum Bestand.

☐ Die Wachstumsgeschwindigkeit eines exponentiellen Wachstums ist selbst nicht exponentiell.

☒ Für $f(x) = a \cdot e^{k \cdot t}$ gilt: $f'(x) = k \cdot f(x)$.

☒ Für $f(x) = a \cdot e^{k \cdot t}$ gilt: $f'(x) = a \cdot k \cdot e^{k \cdot t}$.

7 Gesucht ist der Extrempunkt des Graphen der Funktion f mit $f(x) = e^x - e \cdot x$.

$f'(x) = e^x - e$ $f''(x) = e^x$

Nullstelle(n) von f': $f'(x) = 0$ $e^x - e = 0$ gilt für $x = 1$

Hinreichende Bedingung: $f'(1) = 0$ und $f''(1) = e^1 = e > 0$, also hat f an der Stelle 1 ein lokales Minimum. $f(1) = 0$ Der Graph von f hat den Tiefpunkt $T(1 | 0)$.

---

8 Das Bevölkerungswachstum eines Landes verläuft über einen gewissen Zeitraum exponentiell: $f(t) = 12{,}7 \cdot e^{0{,}0149 \cdot t}$. Dabei gibt t die Zeit in Jahren und f(t) die Bevölkerungszahl in Millionen an.

a) Berechnen Sie, um wie viel Prozent die Bevölkerung pro Jahr zunimmt.

$e^{0{,}0149} \approx 1{,}015$ **Die Bevölkerungszahl wächst jährlich um ca. 1,5 %.**

b) Berechnen Sie, nach wie vielen Jahren die Bevölkerungszahl auf ca. 15 Millionen angestiegen ist.

$12{,}7 \cdot e^{0{,}0149 \cdot t} = 15$ $t = \frac{1}{0{,}0149} \cdot \ln\left(\frac{15}{12{,}7}\right) \approx 11{,}17$ **Nach gut 11 Jahren werden 15 Millionen erreicht.**

c) Berechnen Sie die Wachstumsgeschwindigkeit der Bevölkerung nach 10 Jahren.

$f'(t) = 0{,}18923 \cdot e^{0{,}0149 \cdot t}$, $f'(10) \approx 0{,}2196$ **Nach 10 Jahren wächst sie um ca. 220 000 pro Jahr.**

d) Tatsächlich ist die Bevölkerung nach 10 Jahren auf 18,3 Millionen angewachsen. Geben Sie die Wachstumsfunktion für den Fall, dass dieses Wachstum exponentiell verlaufen ist.

$12{,}7 \cdot e^{10k} = 18{,}3$ $k = \frac{1}{10} \cdot \ln\left(\frac{18{,}3}{12{,}7}\right) \approx 0{,}03653$, also $f(t) = 12{,}7 \cdot e^{0{,}03653 \cdot t}$

9 Bestimmen Sie die Extrem- und Wendestellen der Funktion f mit $f(x) = 2 \cdot (x-1)^2 \cdot e^{-0{,}5 \cdot x}$.

Sie können die Ableitungen ohne Nachweis verwenden (oder selbst bestimmen und vergleichen).

$f'(x) = (x-1) \cdot (5-x) \cdot e^{-0{,}5 \cdot x}$; $f''(x) = \frac{1}{2} \cdot (x^2 - 10x + 17) \cdot e^{-0{,}5 \cdot x}$, $f'''(x) = -\frac{1}{4} \cdot (x^2 - 14x + 37) \cdot e^{-0{,}5 \cdot x}$

Extremstellen: $f'(1) = 0$ und $f''(1) = 4 \cdot e^{-0{,}5} > 0$ **Also hat f an der Stelle 1 ein lokales Minimum.**

$f'(5) = 0$ und $f''(5) = -4 \cdot e^{-2{,}5} < 0$ **Also hat f an der Stelle 5 ein lokales Maximum.**

Notwendige Bedingung für eine Wendestelle: $f''(x) = 0$

p-q-Formel: $x_{1,2} = 5 \pm \sqrt{8}$ $f'''(x_1) \approx -0{,}95 \neq 0$ und $f'''(x_2) \approx 0{,}06 \neq 0$,

also hat f bei $x_1 = 5 - \sqrt{8} \approx 2{,}17$ und bei $x_2 = 5 + \sqrt{8} \approx 7{,}83$ Wendestellen.

10 In toten Organismen wird der Anteil am radioaktiven Kohlenstoffisotop ^{14}C, der in lebenden Organismen nahezu konstant ist, mit einer Halbwertzeit von 5730 Jahren abgebaut.

Der Rest an ^{14}C wird durch die Funktion f mit $f(t) = 100 \cdot e^{-k \cdot t}$ beschrieben (t in Jahren und f(t) in Prozent).

a) Zeigen Sie, dass der Wert der Wachstumskonstante $k = 0{,}000121$ ist.

$f(5730) = 50$, also ist $100 \cdot e^{k \cdot 5730} = 50$ also gilt $k = \frac{1}{5730} \cdot \ln\left(\frac{1}{2}\right) \approx 0{,}000121$

b) Im Schwarzlaichmoor bei Peiting in Oberbayern wurde ein Sarg mit der gut erhaltenen Moorleiche einer etwa 25-jährigen Frau gefunden. Bei der Untersuchung des Sarges ergab sich, dass noch ca. 90 % der ^{14}C-Atome vorhanden waren. Bestimmen Sie einen Näherungswert für das Alter.

$f(t) = 90$ $100 \cdot e^{-0{,}000121 \cdot t} = 90$ $t = \frac{\ln(0{,}9)}{-0{,}000121} \approx 870$ **Die Moorleiche ist etwa 900 Jahre alt.**

c) In der Höhle von Lascaux in Frankreich wurden Höhlenmalereien gefunden. Ein Kunsthistoriker stellt auf Grund stilistischer Vergleiche die These auf, dass die Höhlenmalereien ca. 10 000 Jahre alt sind. Berechnen Sie, wie viel Prozent der ursprünglichen ^{14}C-Atome nach dieser These in einer Materialprobe noch vorhanden sein müssten.

$f(10000) = 100 \cdot e^{-0{,}000121 \cdot 10000} \approx 29{,}8$ **Es müssten noch ca. 30 % vorhanden sein.**

d) Bei einer Gewebeprobe aus dem Turiner Grabtuch wurde ein Gehalt von 92 % der ursprünglichen ^{14}C-Atome festgestellt. Wie alt ist diese Gewebeprobe?

$f(t) = 92$ $100 \cdot e^{-0{,}000121 \cdot t} = 92$ $t = \frac{\ln(0{,}92)}{-0{,}000121} \approx 689$ **Das Tuch ist etwa 700 Jahre alt.**

Inhaltsverzeichnis

5 Untersuchung ganzrationaler Funktionen — 58
- Monotoniekriterium — 58
- Lokale Extrempunkte und Sattelpunkte — 60
- Globale Extrema — 62
- Krümmung — 64
- Wendepunkte — 66
- Test – Untersuchung ganzrationaler Funktionen — 68

6 Anwendungen der Differenzialrechnung — 70
- Newton-Verfahren — 70
- Extremalprobleme — 72
- Rekonstruktion — 74
- Test – Anwendungen der Differenzialrechnung — 78

7 Integralrechnung — 80
- Rekonstruktion aus Änderungsraten — 80
- Bestimmtes Integral — 82
- Stammfunktionen — 84
- Hauptsatz der Differential- und Integralrechnung und Flächenberechnung — 86
- Bestandsänderungen und Bestandsfunktionen — 88
- Test – Integralrechnung — 90

8 Exponentialfunktionen und weitere Funktionsklassen — 92
- Natürliche Exponentialfunktion und Kettenregel — 92
- Natürlicher Logarithmus und Exponentialgleichungen — 94
- Natürliche Logarithmusfunktion — 96
- Produktregel — 98
- Quotientenregel — 100
- Integration durch Substitution und partielle Integration — 102
- Bestände und Änderungsraten bei verknüpften Funktionen — 104
- Verknüpfungen mit Logarithmusfunktionen — 106
- Verknüpfungen mit Wurzelfunktionen — 108
- Test – Exponentialfunktionen und weitere Funktionsklassen — 110

Zahlenfolgen

Basisaufgaben

1 Vervollständigen Sie die Definition:

Eine **Folge** (a_n) ist eine Funktion, die jeder _____ Zahl n eine _____ Zahl a_n zuordnet.

2 Die Anfangsglieder a_1 bis a_6 jeder Zahlenfolge sind nach einem bestimmten Muster gebildet. Versuchen Sie, diese Muster zu erkennen und nach diesem Muster a_7 zu bilden. Beschreiben Sie kurz jedes Muster.

	a_1	a_2	a_3	a_4	a_5	a_6	a_7	Beschreibung
a)	3	4	6	9	13	18		
b)	3	5	7	11	13	17		
c)	3	5	7	9	11	13		

3 Ergänzen Sie den Text zu den Bildungsvorschriften für Zahlenfolgen. (Beispiel: Folge der ungeraden Zahlen)

Explizite Darstellung:
$a_n = 2n - 1$
Gegeben ist das n-te Folgenglied a_n durch _____
a_n lässt sich _____ berechnen.

Rekursive Darstellung:
$a_{n+1} = a_n + 2$ mit $a_1 = 1$
Gegeben sind das erste Folgenglied _____ und eine Gleichung, mit der zu jedem Folgenglied _____ das nächste Folgenglied _____ berechnet werden kann.

4 Ordnen Sie durch Pfeile zu, welche expliziten und rekursiven Darstellungen ein und dieselbe Zahlenfolge beschreiben.

$a_n = 2n$	$a_n = n^2$	$a_n = 2^n$

$a_{n+1} = a_n + 2n - 1$ mit $a_1 = 1$	$a_{n+1} = 2 \cdot a_n$ mit $a_1 = 2$	$a_{n+1} = a_n + 2$ mit $a_0 = 0$

5 Ergänzen Sie die Definitionen für Monotonie und Beschränktheit von Zahlenfolgen.

a) Eine Folge (a_n) heißt **monoton steigend**, wenn für alle $n \in \mathbb{N}$ gilt: _____

b) Eine Folge (a_n) heißt **nach oben beschränkt**, wenn es eine **obere Schranke** $S_o \in \mathbb{R}$ gibt, sodass für alle $n \in \mathbb{N}$ gilt: _____ Eine Folge (a_n) heißt _____, wenn es eine _____ gibt, sodass für alle $n \in \mathbb{N}$ gilt: $a_n \geq S_u$.

6 Geben Sie zutreffende Eigenschaften an. S_u: größte untere Schranke, S_o: kleinste obere Schranke.

Graph			
Gleichung	$a_n = 1 - \frac{1}{n}$	$a_n = 1 + \frac{1}{n}$	$a_n = (-1)^n \cdot \left(1 + \frac{1}{n}\right)$
Monotonie			
Schranken	$S_u = $ ___, $S_o = $ ___	$S_u = $ ___, $S_o = $ ___	$S_u = $ ___, $S_o = $ ___

Grenzwerte von Zahlenfolgen 1

Weiterführende Aufgaben

7 Berechnen Sie für die Zahlenfolge (a_n) mit $n \in \mathbb{N}$; $n \geq 1$ die ersten vier Glieder.

a) $a_n = 2n - 1$ $a_1 = $ _____ $a_2 = $ _____ $a_3 = $ _____ $a_4 = $ _____

b) $a_n = 0{,}2^n$ $a_1 = $ _____ $a_2 = $ _____ $a_3 = $ _____ $a_4 = $ _____

c) $a_n = (-1)^{n+1}$ $a_1 = $ _____ $a_2 = $ _____ $a_3 = $ _____ $a_4 = $ _____

d) $a_n = \cos(2\pi \cdot n)$ $a_1 = $ _____ $a_2 = $ _____ $a_3 = $ _____ $a_4 = $ _____

e) $a_n = 2 + \left(-\frac{1}{2}\right)^n$ $a_1 = $ _____ $a_2 = $ _____ $a_3 = $ _____ $a_4 = $ _____

f) $a_n = (-1)^n \cdot \left(1 - \frac{1}{n}\right)$ $a_1 = $ _____ $a_2 = $ _____ $a_3 = $ _____ $a_4 = $ _____

8 Ermitteln Sie die die nächsten vier Glieder der mit rekursiver Bildungsvorschrift gegebenen Zahlenfolgen.

a) $a_{n+1} = 2 \cdot a_n - 1$ mit $a_1 = 5$: $a_2 = $ _____ $a_3 = $ _____ $a_4 = $ _____ $a_5 = $ _____

b) $a_{n+1} = \frac{a_n}{2} + 1$ mit $a_1 = 0$: $a_2 = $ _____ $a_3 = $ _____ $a_4 = $ _____ $a_5 = $ _____

c) $a_{n+2} = a_{n+1} + a_n$ mit $a_2 = -1$; $a_1 = 1$: $a_3 = $ _____ $a_4 = $ _____ $a_5 = $ _____ $a_6 = $ _____

d) $a_{n+1} = \frac{1}{2} \cdot \left(a_n + \frac{1}{a_n}\right)$ mit $a_1 = 1$: $a_2 = $ _____ $a_3 = $ _____ $a_4 = $ _____ $a_5 = $ _____

9 Tragen Sie die Nummern der Zahlenfolgen der Aufgaben 7a-7f bzw. 8a-8d ein, auf welche die Eigenschaft zutrifft.

Die Zahlenfolge ist alternierend.	
Es handelt sich um eine konstante Zahlenfolge.	
Die Zahlenfolge ist monoton steigend.	
Die Zahlenfolge ist monoton fallend.	
Die Zahlenfolge ist beschränkt.	

10 Geben Sie eine explizite und, wenn möglich, auch eine rekursive Bildungsvorschrift für die Zahlenfolge an, für die die ersten fünf Glieder gegeben sind.

Anfang der Zahlenfolge	explizit mit $n \in \mathbb{N}$; $n \geq 1$	rekursiv
$\{2; 4; 6; 8; 10\}$		
$\left\{\frac{2}{3}; \frac{4}{9}; \frac{8}{27}; \frac{16}{81}; \frac{32}{243}\right\}$		

11 Ein Fahrrad hat nach acht Jahren noch ungefähr 25 % des Neuwertes. Kreuzen Sie an, wie groß der durchschnittliche prozentuale Wertverlust pro Jahr ist. (Annahme: Der prozentuale Wertverlust ist von Jahr zu Jahr konstant.)

☐ 12,5 %   ☐ 84 %   ☐ 20 %   ☐ 16 %

12 Geben Sie die nächsten sechs Zahlenfolgenglieder der Zahlenfolge an, für die $a_1 = a_2 = 1$ und $a_{n+2} = a_{n+1} + a_n$ gilt. Diese berühmte Zahlenfolge ist nach dem Mathematiker **Leonardo Fibonacci** (ca. 1170-1240 in Pisa) bezeichnet.

_____

13 Begründen Sie: $\sin(1000°)$, $\sin(10\,000°)$, $\sin(100\,000°)$, ... ist eine konstante Folge.

_____

_____

1 Grenzwerte und Grenzwertsätze

Basisaufgaben

1 Grenzwert: Ergänzen Sie die Definition.

Eine Folge (a_n) heißt konvergent mit dem Grenzwert g, _____

eine natürliche Zahl n > 0 existiert, so dass von diesem n an immer $|a_n - g|$ ____ gilt.

2 Kreuzen Sie an, welche Beschreibung für den Grenzwertbegriff zutreffend ist.

☐ Die Zahl g ist Grenzwert einer Zahlenfolge (a_n), wenn ab einem beliebigen Folgenglied a_n für alle nachfolgenden Folgenglieder der Abstand zum Grenzwert g kleiner als eine noch so kleine Zahl ε > 0 ist.

☐ Die Zahl g ist Grenzwert einer Zahlenfolge (a_n), wenn fast alle a_n in jeder noch so kleinen ε–Umgebung von g liegen, d. h. wenn nur endlich viele Folgenglieder außerhalb jeder ε–Umgebung liegen.

☐ Die Zahl g ist Grenzwert einer Zahlenfolge (a_n), wenn unendlich viele Folgenglieder a_n in jeder noch so kleinen ε–Umgebung von g liegen.

3 Ordnen Sie die grafischen Darstellungen den Zahlenfolgen (a_n) bzw. (b_n) mit $a_n = 2 + \frac{1}{n}$, $b_n = (-1)^n \cdot \left(1 - \frac{1}{n}\right)$ zu.
Begründen Sie, weshalb (a_n) einen Grenzwert besitzt, (b_n) hingegen nicht konvergent ist.

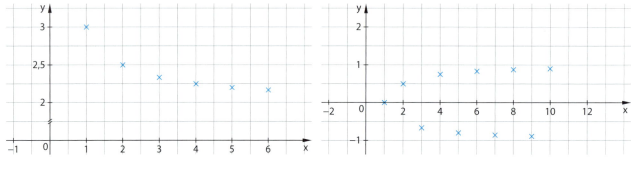

Zuordnung Zahlenfolge: _____   Zahlenfolge: _____

Begründung: _____

_____

_____

4 Kreuzen Sie die richtige Antwort an.

a) Gegeben sind die Zahlenfolge $(a_n) = \left(\frac{1}{n}\right)$ und die reelle Zahl $\varepsilon = 10^{-3}$. Die Zahlenfolgenglieder liegen in der ε–Umgebung des Grenzwertes g von (a_n) ab
  ☐ n = 100   ☐ n = 1000   ☐ n = 1010   ☐ n = 1001

b) Gegeben sind die konstante Zahlenfolge $(b_n) = (1)$ und die reelle Zahl $\varepsilon = 10^{-4}$. Die Zahlenfolgenglieder liegen in der ε–Umgebung des Grenzwertes g von (b_n) ab
  ☐ n = 100   ☐ n = 10   ☐ n = 10001   ☐ n = 1

c) Gegeben sind die Zahlenfolge $(c_n) = \left(2 - \frac{1}{2^n}\right)$ und die reelle Zahl $\varepsilon = 10^{-4}$. Die Zahlenfolgenglieder liegen in der ε–Umgebung des Grenzwertes g von (c_n) ab
  ☐ n = 1   ☐ n = 10   ☐ n = 13   ☐ n = 14

d) Gegeben sind die Zahlenfolge $(d_n) = \left(\frac{2n+1}{n-1}\right)$ und die reelle Zahl $\varepsilon = 10^{-2}$. Die Zahlenfolgenglieder liegen in der ε–Umgebung des Grenzwertes g von (b_n) ab
  ☐ n = 100   ☐ n = 301   ☐ n = 1000   ☐ n = 302

Grenzwerte von Zahlenfolgen

5 Grenzwertsätze: Vervollständigen Sie zu wahren Aussagen.

Gegeben seien die Folgen a_n und b_n, die jeweils die Grenzwerte g_a und g_b haben. Dann gilt:

$\lim\limits_{n \to \infty} (a_n + b_n) = \lim\limits_{n \to \infty} (a_n)$ _____ $\lim\limits_{n \to \infty} (b_n) = g_a$ _____ g_b $\lim\limits_{n \to \infty} (a_n - b_n) = $ _____

$\lim\limits_{n \to \infty} (a_n \cdot b_n) = $ _____ $\lim\limits_{n \to \infty} \left(\dfrac{a_n}{b_n}\right) = $ _____

Weiterführende Aufgaben

6 Ordnen Sie den Zahlenfolgen (a_n) den richtigen Grenzwert g zu.

| $a_n = \dfrac{1+3n}{1-5n}$ | $a_n = \dfrac{3^{n+1} - 2}{3^n}$ | $a_n = \dfrac{n^2 - 2n + 1}{2 + n + n^2}$ | $a_n = \dfrac{(1-2n)^3}{(3-n)^3}$ |

| $g = \log_2 8$ | $g = 0{,}001^0$ | $g = \binom{8}{7}$ | $g = -0{,}6$ |

7 Ein Teich hat eine Gesamtoberfläche von einem Hektar. Davon sind beim Beobachtungsbeginn $10\,m^2$ von einer Algensorte bedeckt, von der man annimmt, dass sie kontinuierlich wöchentlich um 5 % zunimmt.

a) Ermitteln Sie die Größe der von Algen bedeckten Fläche nach einer Woche, zwei Wochen, drei Wochen, vier Wochen nach Beobachtungsbeginn. (Tipp: Nutzen Sie die Konstantenautomatik des Taschenrechners.)

```
DEG
10            10
ans*1.05      10.5
ans*1.05      11.025
```
```
DEG
ans*1.05      11.57625
ans*1.05      12.1550625
```

b) Bestimmen Sie die Länge der Zeit, bis der Teich zur Hälfte von Algen bedeckt ist.

_____

8 Ergänzen Sie die Sätze zum Konvergenzkriterium für Zahlenfolgen.

① Jede monoton fallende und nach _____ Folge ist konvergent.

② Jede _____ und nach oben beschränkte Folge ist konvergent.

9 Begründen Sie, dass die Folge 0,6; 0,66; 0,666; 0,6666; ... konvergent ist. Geben Sie den Grenzwert an.

_____

_____

10 Kreuzen Sie an, ob die Aussage wahr ist.

☐ Jede monotone Folge ist konvergent.   ☐ Jede beschränkte Folge ist konvergent.

☐ Die Folge $\left(\dfrac{1 + (-1)^n}{n}\right)$ ist konvergent.   ☐ Wenn (a_n) divergent ist, so ist $\left(\dfrac{1}{a_n}\right)$ konvergent.

11 Stellen Sie eine Vermutung über den Grenzwert der Folge $\left(1 + \dfrac{1}{n}\right)^{n+1}$ auf. Nutzen Sie ggf. ein CAS.

_____

_____

_____

Test – Grenzwerte von Zahlenfolgen

1 Die Anfangsglieder a_1 bis a_6 jeder Zahlenfolge sind nach einem bestimmten Muster gebildet. Versuchen Sie, dieses Muster zu erkennen und nach diesem Muster a_7 zu bilden. Beschreiben Sie kurz jedes Muster.

	a_1	a_2	a_3	a_4	a_5	a_6	a_7	Beschreibung
a)	1	4	9	16	25	36		
b)	1	2	1	2	1	2		
c)	0	1	1	2	3	5		
d)	1	$\frac{1}{2}$	$\frac{1}{4}$	$\frac{1}{8}$	$\frac{1}{16}$	$\frac{1}{32}$		

2 Ermitteln Sie die die nächsten vier Glieder der mit rekursiver Bildungsvorschrift gegebenen Zahlenfolgen.

a) $a_{n+1} = a_n + 2$ mit $a_1 = 5$: $\qquad a_2 = \underline{\quad} \qquad a_3 = \underline{\quad} \qquad a_4 = \underline{\quad} \qquad a_5 = \underline{\quad}$

b) $a_{n+1} = \frac{a_n}{2} + 1$ mit $a_1 = 0$: $\qquad a_2 = \underline{\quad} \qquad a_3 = \underline{\quad} \qquad a_4 = \underline{\quad} \qquad a_5 = \underline{\quad}$

c) $a_{n+2} = a_{n+1} - a_n$ mit $a_2 = -1$; $a_1 = 1$: $\qquad a_3 = \underline{\quad} \qquad a_4 = \underline{\quad} \qquad a_5 = \underline{\quad} \qquad a_6 = \underline{\quad}$

d) $a_{n+1} = \sqrt{a_n}$ mit $a_1 = 64$: $\qquad a_2 = \underline{\quad} \qquad a_3 = \underline{\quad} \qquad a_4 = \underline{\quad} \qquad a_5 = \underline{\quad}$

3 Tragen Sie die Nummern der Zahlenfolgen der Aufgaben 2a-2d ein, auf welche die Eigenschaft zutrifft.

Die Zahlenfolge ist nach unten beschränkt.	
Die Zahlenfolge ist nach oben beschränkt.	
Die Zahlenfolge ist monoton steigend.	
Die Zahlenfolge ist monoton fallend.	
Die Zahlenfolge ist konvergent.	

4 Gegeben ist die Zahlenfolge $(a_n) = \left(\frac{3n+1}{2+4n}\right)$.

a) Geben Sie die Folgenglieder als dezimale Näherungswerte auf vier Nachkommastellen gerundet an.

$a_1 \approx \underline{\quad} \qquad a_{10} \approx \underline{\quad} \qquad a_{100} \approx \underline{\quad} \qquad a_{1000} \approx \underline{\quad}$

b) Zeigen Sie, dass sich der Term $\frac{3n+1}{2+4n}$ in der Form $\frac{3}{4} - \frac{1}{4 \cdot (2n+1)}$ schreiben lässt.

$\frac{3}{4} - \frac{1}{4 \cdot (2n+1)} = \underline{\qquad\qquad\qquad\qquad\qquad\qquad}$

c) Erläutern Sie, wie man an der Form $\frac{3}{4} - \frac{1}{4 \cdot (2n+1)}$ erkennen kann, dass (a_n) monoton steigend ist.

_____

_____

d) Begründen Sie mithilfe von Grenzwertsätzen, dass die Folge konvergiert und g = \underline{\quad} Grenzwert der Folge ist.

$\lim\limits_{n\to\infty}\left(\frac{3n+1}{2+4n}\right) = \lim\limits_{n\to\infty}\left(\underline{\quad}\right) = \lim\limits_{n\to\infty}\left(\underline{\quad}\right) - \lim\limits_{n\to\infty}\left(\underline{\quad}\right) = \underline{\quad} - \underline{\quad} = \frac{3}{4}$

e) Ergänzen Sie die Berechnung dafür, ab welcher Zahl n alle Folgenglieder a_n in der $\frac{1}{100}$-Umgebung des Grenzwertes g liegen.

Es muss gelten: $|a_n - g| < \varepsilon$ für fast alle natürlichen Zahlen n.

$\left|\underline{\qquad} - \frac{3}{4}\right| < \frac{1}{100} \Rightarrow \left|\frac{\underline{\quad}}{4 \cdot (2n+1)}\right| < \frac{1}{100} \Rightarrow \underline{\qquad} < \frac{1}{100}$

$\Rightarrow \underline{\qquad} > 100 \Rightarrow \underline{\qquad}$

Ab \underline{\quad} liegen alle Folgenglieder in der $\frac{1}{100}$-Umgebung des Grenzwertes g.

Grenzwerte von Zahlenfolgen 1

5 Geben Sie folgende Eigenschaften von (a_n) mit $a_n = \frac{3n+2}{5n}$ mit $n \in \mathbb{N}; n \geq 1$ an.

(a_n) ist streng monoton _____ .

(a_n) hat die kleinste obere Schranke $S_o = $ _____ . (a_n) hat die größte untere Schranke $S_u = $ _____ .

(a_n) hat den Grenzwert $g = $ _____ .

Für $\varepsilon = $ _____ liegen nur 4000 Zahlenfolgenglieder außerhalb der ε-Umgebung von g.

6 Geben Sie eine explizite Bildungsvorschrift und die ersten zehn Folgenglieder einer Zahlenfolge an, die nicht den Grenzwert 2 hat, obwohl in jeder ε-Umgebung von 2 unendlich viele Glieder der Zahlenfolge liegen.

Beispiel: $(a_n) = $ _____

n	1	2	3	4	5	6	7	8	9	10
a_n										

7 Ordnen Sie den Zahlenfolgen (a_n) den richtigen Grenzwert g zu.

| $a_n = \frac{1}{1-2n}$ | $a_n = \frac{2^n - 1}{2^n}$ | $a_n = \frac{1 - 2 \cdot n^2}{2 + n + n^2}$ | $a_n = \frac{(1+2n)^2}{(1-n)^2}$ |

| $g = 2^0$ | $g = -\sqrt{4}$ | $g = \binom{4}{3}$ | $g = \log_{10} 1$ |

8 Ein Patient nimmt täglich 10 mg eines Medikamentes ein. Im Laufe des Tages baut der Körper 45% des am Morgen bereits im Körper befindlichen Wirkstoffs ab und scheidet diesen Anteil aus.

a) Kreuzen Sie an, welche der rekursiven Bildungsvorschriften die Anreicherung des Wirkstoffes im Körper mathematisch zutreffend modelliert.

☐ $a_{n+1} = 10 - 0{,}45 \cdot a_n$ und $a_1 = 10$ ☐ $a_{n+1} = 10 + 0{,}45 \cdot a_n$ und $a_1 = 0$

☐ $a_{n+1} = 10 + 0{,}55 \cdot a_n$ und $a_1 = 10$ ☐ $a_n = 10 + 0{,}55 \cdot a_{n-1}$ und $a_1 = 10$

b) Geben Sie an, wie groß die Menge des Wirkstoffes im Körper nach 1, 5, 10, 15, 20 Tagen ist.

Tag	1	5	10	15	20
Menge in mg (auf 2 Dezimalstellen gerundet)					

Zusatzaufgabe: Äußern Sie eine Vermutung über die Höhe des Medikamentenspiegels, auf die sich das Medikament längerfristig einpegelt.

9 Gegeben ist die Zahlenfolge $a_{n+1} = 300 \cdot a_n \cdot (1 - a_n)$ und $a_1 = \frac{299}{300}$.

a) Zeigen Sie, dass die Zahlenfolge konstant ist.

b) Bestimmen Sie ersten zehn Folgenglieder als Dezimalzahlen mit einem Taschenrechner. Erläutern Sie das dabei zu beobachtende Phänomen.

2 Grundlagen zu Funktionen

Basisaufgaben

1 Eine lineare Funktion f hat den Anstieg –2 und ihr Graph verläuft durch den Punkt P(0|4).
  a) Zeichnen Sie den Graphen von f.
  b) Kreuzen Sie alle wahren Aussagen an.
   ☐ f hat die Nullstelle x = 2.
   ☐ Anstiegswinkel des Graphen von f: α = 120°.
   ☐ Der Punkt $Q\left(-\frac{2}{3}\Big|\frac{16}{3}\right)$ liegt auf dem Graphen.
   ☐ Der Graph von f schließt mit den Koordinatenachsen eine Fläche mit dem Inhalt A = 4 FE ein.
   ☐ Die Gerade $y = g(x) = \frac{1}{2}x + 1$ schneidet den Graphen von f im Punkt $R\left(\frac{6}{5}\Big|\frac{8}{5}\right)$.
  c) Geben Sie eine Gleichung der Geraden h durch die Punkte $Q\left(-\frac{2}{3}\Big|\frac{16}{3}\right)$ und $R\left(\frac{6}{5}\Big|\frac{8}{5}\right)$ an.

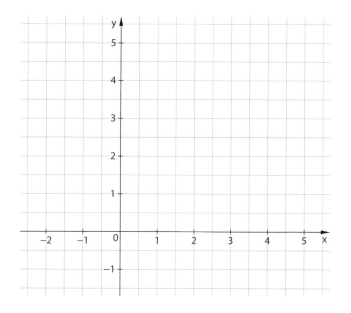

2 Ermitteln Sie die Koordinaten des Scheitelpunktes und die Nullstellen der Funktion $y = f(x) = x^2 - 4x + 3$.
Skizzieren Sie den Graphen von f.
Scheitelpunkt: _____

Nullstellen: _____

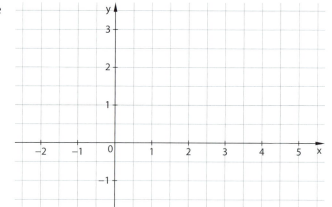

3 Ordnen Sie jeder Funktion den passenden Graphen zu.
Eine Funktion bleibt übrig, skizzieren Sie deren Graphen.

$f(x) = -x^3$ A _____ $g(x) = x^4 - 2$ B _____

$h(x) = \frac{1}{x-2} + 3$ C _____ $k(x) = \frac{1}{x-3}$ D _____

Geben Sie den Definitions- und Wertebereich an.

	f	g	h	k
D: x ∈				
W: y ∈				

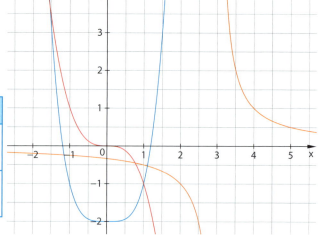

4 Kreuzen Sie wahre Aussagen an.
☐ Jede Potenzfunktion f mit $f(x) = -x^n$ (n ∈ ℕ) ist symmetrisch zur y-Achse.
☐ Jede lineare Funktion f mit f(x) = 2x + n (n ∈ ℝ) hat einen konstanten Differenzenquotienten $\frac{\Delta y}{\Delta x}$.
☐ Jede quadratische Funktion f mit $f(x) = a \cdot x^2$ (a ∈ ℝ; a ≠ 0) hat einen größten Funktionswert.
☐ Jede quadratische Funktion f mit $f(x) = a \cdot x^2 - 1$ (a ∈ ℝ; a > 0) besitzt genau zwei Nullstellen.

5 Ralf läuft um 08:00 Uhr los. Chris folgt ihm drei Minuten später.

a) Ermitteln Sie aus dem Weg-Zeit-Diagramm die Geschwindigkeiten (in km/h), mit denen jeder läuft.

Ralf: _____

Chris: _____

b) Kreuzen Sie an, wie lange Chris laufen muss, bis er Ralf eingeholt hat.
□ 6 min   □ er holt ihn nie ein
□ 5,4 min   □ $\frac{1}{12}$ h und 24 s

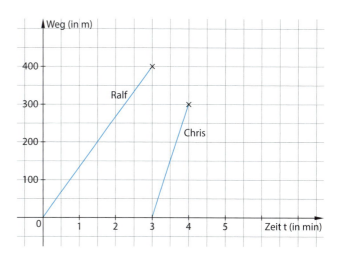

Weiterführende Aufgaben

6 Geben Sie an, welche der Aussagen über die Funktionen f und g mit $f(x) = -\frac{1}{2}x^2 + x + 4$ und $g(x) = x + n$ mit $n \in \mathbb{R}$ wahr sind. Korrigieren Sie falsche Aussagen.

Aussage	Wahr?	Korrektur
Der Graph von g ist streng monoton steigend für alle $n \in \mathbb{R}$.		
Der Graph von f ist streng monoton steigend für alle $x > 1$.		
Die Graphen von f und g haben genau zwei Schnittpunkte für n = 4.		
Die Graphen von f und g berühren einander für n = 4.		
Für n = 2 schneiden sich die Graphen von f und g in den Punkten A(2|2) und B(−2|0).		

7 Bestimmen Sie näherungsweise auf grafischem Wege und exakt durch eine Rechnung den Punkt auf der Geraden $y = -\frac{2}{3}x + 5$, der vom Ursprung den kleinsten Abstand hat.

$f \perp g$
$\Leftrightarrow m_f \cdot m_g = -1$

Zeichnung:

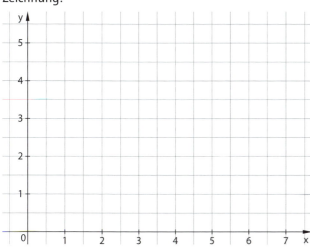

Rechnung:

_____

_____

_____

_____

2 Ganzrationale Funktionen

Potenzfunktion

Basisaufgaben

1 Grad einer ganzrationalen Funktion und Punkte auf ihrem Graphen:

Funktion	Grad	Punkte
$f_1(x) = x^3 - 2x^2 + 1$	3	E; F
$f_2(x) = 4x \cdot (x - x^2)$		
$f_3(x) = -2$		
$f_4(x) = 1{,}5 + x$		
$f_5(x) = (x + 1) \cdot (x - 1)$		

$H(-1 | \frac{1}{2})$ $A(0|-1)$ $G(\frac{1}{2} | \frac{1}{16})$

$K(1000|-2)$ $B(3|8)$ $E(\sqrt{2} | 2\sqrt{2} - 3)$

$C(-2|-2)$ $F(1|0)$ $D(-0{,}5|1{,}5)$

a) Geben Sie den Grad der ganzrationalen Funktion an.
Ordnen Sie die Punkte den Graphen der ganzrationalen Funktionen zu.
Hilfe: Der höchste Exponent gibt den Grad an. P(2|29) liegt auf f(x) = $x^5 - 3$, denn $2^5 - 3 = 32 - 3 = 29$.

b) Einer der Punkte lässt sich keinem der Graphen der gegebenen Funktionen zuordnen.
Geben Sie eine Gleichung einer ganzrationalen Funktion an,
auf deren Graph dieser Punkt liegt. _____

c) Ermitteln Sie die fehlenden ganzzahligen Koordinaten der Punkte auf dem Graphen von $f_1(x) = x^3 - 2x^2 + 1$.
P(−1| ___)   Q(10| ___)   R(___ |10) S_1(___ |1) und S_2(___ |1)

2 Koeffizienten ganzrationaler Funktionen: Die Koeffizienten sind die Faktoren bei den Potenzen.

a) Markieren Sie, soweit möglich, die Koeffizienten der ganzrationalen Funktion.
Geben Sie den häufigsten Koeffizienten an.
$f(x) = x^7 + 0{,}2x^6 + x^5 \cdot 6 - 7x^4 - x - 1$ Der häufigste Koeffizient ist _____

$x^0 = 1 \ (x \neq 0)$
$5x^0 = 5 \ (x \neq 0)$
$0x^4 = 0$

b) Die Gleichung $f(x) = 2x^4 + 3x^3 + 2x^2 + 2x + 3$ ist ein Beispiel für eine ganzrationale Funktion
vierten Grades, in der ausschließlich die Koeffizienten 2 oder 3 vorkommen. Notieren Sie drei Gleichungen
von ganzrationalen Funktionen vierten Grades, in denen ausschließlich die Koeffizienten 1 oder 5 vorkommen.

_____

Zusatzaufgabe: Wie viele derartige Funktionen gibt es?

c) Geben Sie den Grad und die Koeffizienten von $f(x) = (x^3 - x^2) \cdot (x + 5)$ an.

_____

3 Graphen und Funktionsgleichungen: Beschriften Sie die Graphen, ohne ein digitales Hilfsmittel zu nutzen.

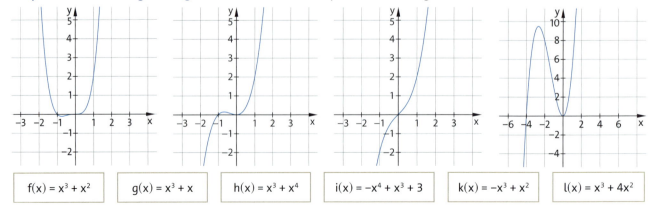

$f(x) = x^3 + x^2$ $g(x) = x^3 + x$ $h(x) = x^3 + x^4$ $i(x) = -x^4 + x^3 + 3$ $k(x) = -x^3 + x^2$ $l(x) = x^3 + 4x^2$

Zusatzaufgabe: Zwei Funktionsgleichungen bleiben übrig. Skizzieren Sie passende Graphen.

4 Gegeben sind die Funktionen f(x) = x² und g(x) = 2 − x, beide sind für x ∈ ℝ definiert.

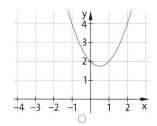 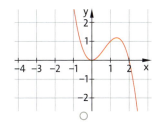 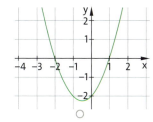 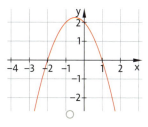

| j(x) = f(x) · g(x) | k(x) = f(x) + g(x) | m(x) = g(x) − f(x) | l(x) = f(x) − g(x) |
| j(x) = −x³ | k(x) = | m(x) = | l(x) = |

a) Ergänzen Sie die Funktionsterme und ordnen Sie diese den abgebildeten Graphen zu.
Zusatzaufgabe: Begründen Sie eine Ihrer Entscheidungen.

b) Kreuzen Sie die ganzrationalen Funktionen an.
☐ m(x) = 2 : g(x)   ☐ n(x) = 2 · g(x)   ☐ o(x) = g(x) : 2   ☐ p(x) = g(x)²

c) Beschreiben Sie den Einfluss des reellen Parameters a auf die Nullstellen der Funktionen $s_a(x) = f(x) \cdot (a - x)$.

Weiterführende Aufgaben

5 Ein rechteckiges Beet ist 4 m lang und 6 m breit.
Es wird von gleich breiten Wegen umgeben.

a) Beschriften Sie die Zeichnung so, dass der Flächeninhalt des Weges
mit A(x) = (4 + 2x) · (6 + 2x) − 6 · 4 berechnet werden kann.

b) Der gesamte Weg und das Beet haben gleich große Flächeninhalte.
Ermitteln Sie die Breite des Weges.

6 Graphen ganzrationaler Funktionen mit den Punkten A, B, C und D

Funktion 3. Grades: f(x) = ___ x³ ___ · x² ___ · x ___

Funktion 4. Grades: g(x) = ___ · x⁴ ___ · x³ − 2 · x² ___ · x ___

a) Tragen Sie „1" und „−1" als passende Koeffizienten ein.

b) Skizzieren Sie die Graphen im Koordinatensystem.

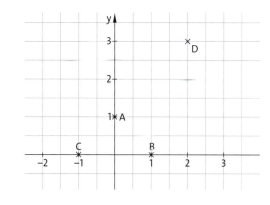

2 Globalverhalten, Monotonie und Extrema

Basisaufgaben

1 Globalverhalten: Ordnen Sie den Funktionen f mithilfe des vermutlichen Globalverhaltens Graphen zu.
Geben Sie je eine Funktion g mit $g(x) = a_n x^n$ an, die das gleiche Globalverhalten wie f hat.

Hilfe: Der Graph einer ganzrationalen Funktion f mit $f(x) = a_n x^n + a_{n-1} x^{n-1} + \ldots + a_1 x + a_0$ mit $a_n \neq 0$ verhält sich für $x \to +\infty$ und $x \to -\infty$ wie der Graph von g mit $g(x) = a_n \cdot x^n$.

| $f(x) = x^3 - 3x - 1$ | $f(x) = 0{,}1x^6 - 0{,}2x - 1$ | $f(x) = -0{,}01x^5 + 0{,}2x^2 - 1$ | $f(x) = x - x^4 - 1$ |

① 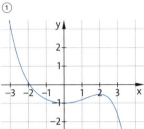 ② 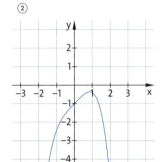 ③ 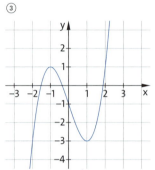 ④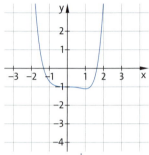

| Für $x \to -\infty$ gilt $f(x) \to \infty$. | Für $x \to \infty$ gilt $f(x) \to -\infty$. | Für $x \to -\infty$ gilt $f(x) \to -\infty$. | Für $x \to \infty$ gilt $f(x) \to -\infty$. | Für $x \to -\infty$ gilt $f(x) \to -\infty$. | Für $x \to \infty$ gilt $f(x) \to \infty$. | Für $x \to -\infty$ gilt $f(x) \to \infty$. | Für $x \to \infty$ gilt $f(x) \to \infty$. |

f(x) = _____   f(x) = _____   f(x) = _____   f(x) = _____

g(x) = _____   g(x) = _____   g(x) = _____   g(x) = _____

2 Kreuzen Sie Zutreffendes an.

| $f_1(x) = 0{,}5x^3 - 2x^2 - 2$ | $f_2(x) = 2x^4 - 2x^2 + x + 1$ | $f_3(x) = -x^5 + 2x^4 - x$ | $f_4(x) = -0{,}2x^6 + 0{,}1x^5 + 3$ |

Funktion	Grad n der Funktion		a_n		Verhalten für $x \to \infty$		Verhalten für $x \to -\infty$	
	gerade	ungerade	positiv	negativ	$f(x) \to \infty$	$f(x) \to -\infty$	$f(x) \to \infty$	$f(x) \to -\infty$
f_1								
f_2								
f_3								
f_4								

Zusatzaufgabe: Formulieren Sie zwei Aussagen zum Globalverhalten einer Funktion mit $g(x) = a_n x^n$.

3 Linda betrachtet den Graphen der Funktion $f(x) = -0{,}02x^3 + 0{,}98x^2 + 1{,}04x - 2$. Sie stellt fest:
„Für $x \to +\infty$ und $x \to -\infty$ gehen die Funktionswerte gegen ∞."
Nennen Sie mögliche Fehlerquellen für Lindas Aussage.

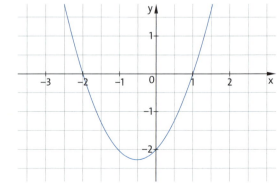

_____

_____

_____

_____

2 Funktionen und deren Eigenschaften

4 Monotonie: Ergänzen Sie die Lückentexte zu den Definitionen über das Monotonieverhalten von Funktionen.

Wenn für zwei Stellen x_1 und x_2 eines Intervalls I mit _____ immer _____ gilt, dann heißt die Funktion f auf dem Intervall I **streng monoton steigend**.

Wenn für zwei Stellen x_1 und x_2 eines Intervalls I mit _____ immer _____ gilt, dann heißt die Funktion f auf dem Intervall I **streng monoton fallend**.

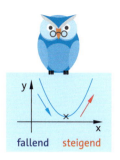

5 Kreuzen Sie unter Bezugnahme auf den Graphen Zutreffendes an.

f ist im Intervall	streng monoton steigend	streng monoton fallend
[a; b]		
[a; c]		
[b; d]		
[c; e]		
[1; 3]		
[3; 8]		

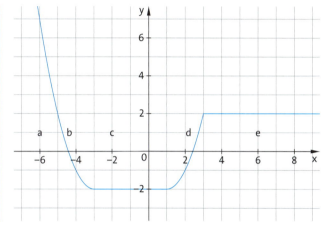

6 Geben Sie die größtmöglichen Intervalle an, in denen die Funktion streng monoton wachsend ist.

a) $f(x) = x^2$: _____   b) $f(x) = -(x+4)^6 - 3$: _____   c) $f(x) = x^5$: _____

d) $f(x) = \cos(x)$ mit $0 \leq x \leq 2\pi$: _____

e) $f(x) = \sin(2x)$ mit $0 \leq x \leq 2\pi$: _____

f) $f(x) = -x^3$: _____

7 Schraffieren Sie farbig diejenigen Intervalle, in denen die Funktion f streng monoton fallend ist.

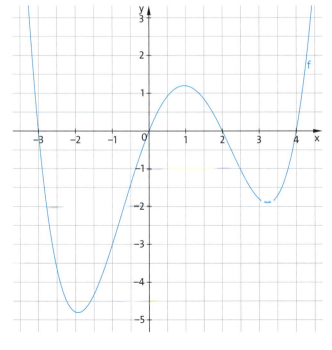
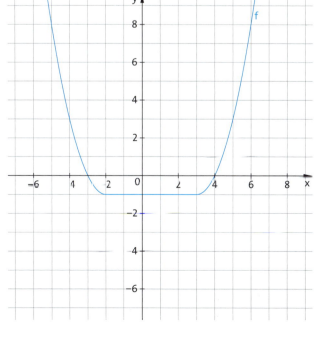

2 Globalverhalten, Monotonie und Extrema

8 Lokale und globale Extrema: Gegeben ist der Graph einer ganzrationalen Funktion f mit D = (−5,5; 8,5).

Hilfe: Der Graph einer Funktion f hat an der Stelle x_E einen Hochpunkt bzw. Tiefpunkt, wenn für alle x in einer Umgebung um x_E gilt: $f(x) \leq f(x_E)$ bzw. $f(x) \geq f(x_E)$. Den Funktionswert $f(x_E)$ nennt man lokales Maximum bzw. lokales Minimum. Ist f(x) der größte bzw. kleinste Funktionswert im Definitionsbereich von f, so ist f(x) ein globales Maximum bzw. globales Minimum von f.

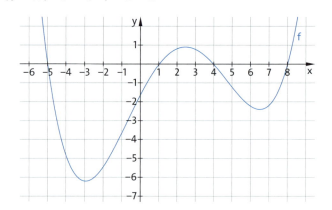

a) Geben Sie näherungsweise die Koordinaten der lokalen Hoch- und Tiefpunkte von f in der Zeichnung an.

b) Ergänzen Sie die Sätze.

_____ ist ein lokales Maximum an der Stelle x = 2,4.

_____ ist ein lokales Minimum ebenso wie −2,4.

_____ ist das globale Minimum an der Stelle x = −3.

c) Färben Sie die Teile, in denen der Graph fällt, und die Teile, in denen er wächst, verschiedenfarbig ein.

Zusatzaufgabe: Beschreiben Sie das Wachstumsverhalten in der Umgebung der Hoch- und Tiefpunkte.

9 Ergänzen Sie zu passenden Graphen ganzrationaler Funktionen im Intervall [0; 4].

a) 3 ist lokales Minimum.   b) 3 ist globales Maximum.   c) 3 ist globales Minimum.   d) 3 ist lokales Minimum.

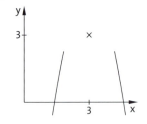 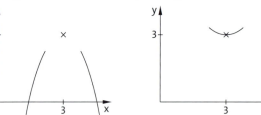 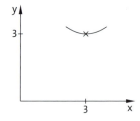

10 Zeichnen Sie einen passenden Funktionsgraphen mit D = [−4; 8].

a) globales Minimum: −2
globales Maximum: 4
lokales Minimum: −1
lokales Maximum: 0

b) globales Minimum bei x = 5
globales Maximum bei x = 4
lokales Minimum bei x = −2; x = 1; x = 3 und x = 5
lokales Maximum bei x = 0; x = 2 und x = 4

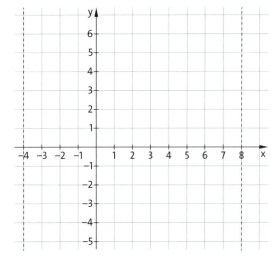 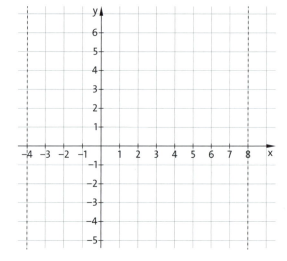

Zusatzaufgabe: Markieren Sie alle lokalen Hoch- und Tiefpunkte verschiedenfarbig.

Zusatzaufgabe: Geben Sie näherungsweise die Koordinaten der Extrempunkte an.

2 Funktionen und deren Eigenschaften

11 Skizzieren Sie einen Graphen mit den gegebenen Eigenschaften.

a)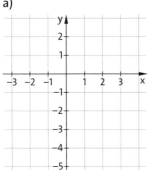

| Für x → −∞ gilt f(x) → −∞. | Für x → ∞ gilt f(x) → ∞. |

lokales Minimum: −2
lokales Maximum: 0

b)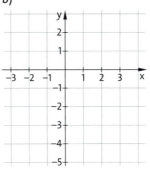

| Für x → −∞ gilt f(x) → −∞. | Für x → ∞ gilt f(x) → −∞. |

lokales Minimum: −1,5
lokales Maximum: 2
globales Maximum: 2

c)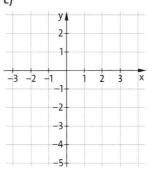

| Für x → −∞ gilt f(x) → ∞. | Für x → ∞ gilt f(x) → ∞. |

lokales Minimum: 1; −5
globales Minimum: −5
lokales Maximum: 3

d)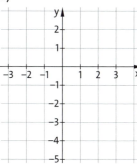

| Für x → −∞ gilt f(x) → ∞. | Für x → ∞ gilt f(x) → −∞. |

lokales Minimum: −1,5
lokales Maximum: 2,5

12 Randextrema: Ergänzen Sie die Tabelle zu f für beide Intervalle. Geben Sie alle lokalen Hoch- und Tiefpunkte des Graphen im Koordinatensystem an.

	D = (0; 4)	D = (−2,5; 1)
globales Maximum		
globales Minimum		
lokales Maximum		
lokales Minimum		

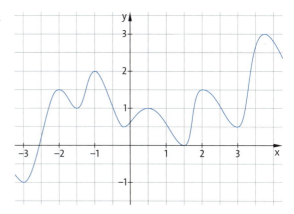

13 Beurteilen Sie die Aussagen. Widerlegen Sie falsche Aussagen mit einem Gegenbeispiel.

| Jede ganzrationale Funktion dritten Grades besitzt einen lokalen Hochpunkt und einen lokalen Tiefpunkt. ☐ wahr ☐ falsch |
| Jede ganzrationale Funktion dritten Grades mit mindestens zwei Nullstellen besitzt einen lokalen Hochpunkt und einen lokalen Tiefpunkt. ☐ wahr ☐ falsch |
| Jede ganzrationale Funktion zweiten Grades besitzt entweder einen lokalen Hochpunkt oder einen lokalen Tiefpunkt. ☐ wahr ☐ falsch |
| Für jede ganzrationale Funktion f vierten Grades gilt: Für x → ±∞ geht f(x) → ∞. ☐ wahr ☐ falsch |

| Jede ganzrationale Funktion vierten Grades besitzt höchstens zwei lokale Hochpunkte. ☐ wahr ☐ falsch |
| Wenn eine ganzrationale Funktion vierten Grades genau einen Hochpunkt besitzt, dann hat sie zwei lokale Tiefpunkte. ☐ wahr ☐ falsch |
| Für keine ganzrationale Funktion sechsten Grades gilt: Für x → −∞ geht f(x) → −∞ und für x → ∞ geht f(x) → ∞. ☐ wahr ☐ falsch |
| Jede ganzrationale Funktion sechsten Grades besitzt mindestens ein lokales Extremum. ☐ wahr ☐ falsch |

2 Globalverhalten, Monotonie und Extrema

Weiterführende Aufgaben

14 Zeichnen Sie die Graphen der Funktion $f(x) = a \cdot (x^2 - x)$ für $a = 1$ und $a = -1$ mindestens im Intervall $-1 \leq x \leq 2$. Untersuchen Sie, ob man den reellen Parameter $a \neq 0$ so wählen kann, dass diese Funktion $f(x)$ im gesamten Intervall $[0; 1]$ streng monoton fallend ist.

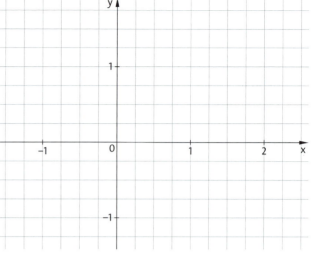

_____

_____

_____

_____

_____

_____

15 Begründen Sie, dass die Funktion $f(x) = a \cdot x^2 - x$ für $a < 0$ stets im gesamten Intervall $[0; 1]$ streng monoton fallend ist.

_____

_____

_____

_____

16 Zeichnen Sie den Graphen der Funktion $f(x) = x \cdot |x| + x^2$ mindestens im Intervall $-1{,}5 \leq x \leq 1$.
Kreuzen Sie wahre Aussagen an.
a) ☐ Die Funktion f ist für alle $x \in \mathbb{R}$ streng monoton steigend.
b) ☐ Es gibt ein Intervall, in dem der Graph von f mit dem Graphen von g mit $g(x) = 2x^2$ übereinstimmt.
c) ☐ Die Funktion f ist für alle $x \geq 0$ streng monoton steigend.
d) ☐ Es gibt ein Intervall, auf dem der Graph von f konstant ist.

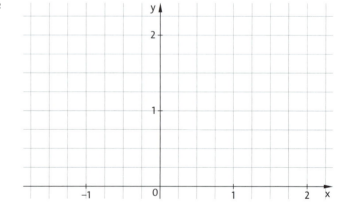

17 Zeichnen Sie zusätzlich zum Graphen von $g(x) = \sin(x)$ den Graphen von $f(x) = x$ ein.
a) Skizzieren Sie mithilfe der Graphen von f und g den Graphen von $h(x) = f(x) + g(x)$.
b) Geben Sie eine begründete Vermutung über die Monotonie von $h(x)$ an.

_____

_____

_____

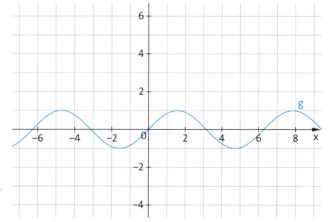

18 Ergänzen Sie die Tabelle.

	$f(x) = -x^2 + 4$	$f(x) = x^2 \cdot \left(1 - \frac{1}{5}x\right)$	$f(x) = \frac{1}{4}x^5 + \frac{1}{2}x^3$
Für $x \to +\infty$ gilt			
Für $x \to -\infty$ gilt			
Existenz eines Hochpunktes			
Existenz eines Tiefpunktes			
Symmetrie			
Graph (Skizze)			

19 Gegeben ist die Funktion f mit $f(x) = x^3$ für alle reellen Zahlen x. Betrachten Sie für zwei verschiedene Punkte $(x_0 | f(x_0))$ und jeweils zwei verschiedene Werte von $h > 0$ das abgebildete Dreieck und bestimmen Sie seine Steigung.
Erläutern Sie den Zusammenhang zwischen dem Steigungsdreieck und der Monotonie des Graphen.

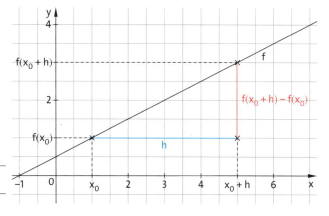

20 Beurteilen Sie die Aussagen. Widerlegen Sie falsche Aussagen mit einem Gegenbeispiel.

Hat eine für alle reellen Zahlen x definierte ganzrationale Funktion f ein lokales Maximum, so ist dieses auch das globale Maximum.	Hat eine auf einem offenen Intervall definierte Funktion f ein globales Maximum, so hat diese auch ein lokales Minimum.	Eine auf einem offenen Intervall definierte Funktion f kann an den Intervallenden kein globales Extremum haben.	Eine auf einem offenen Intervall definierte Funktion f kann kein globales Extremum haben.
☐ wahr ☐ falsch	☐ wahr ☐ falsch	☐ wahr ☐ falsch	☐ wahr ☐ falsch

2 Symmetrie

Basisaufgaben

1 Achsensymmetrie zur y-Achse: Untersuchen Sie, ob der Graph achsensymmetrisch zur y-Achse ist.

Hilfe: Der Graph einer ganzrationalen Funktion f ist genau dann achsensymmetrisch zur y-Achse, wenn der Funktionsterm von f nur gerade Exponenten hat. Es gilt $f(-x) = f(x)$.

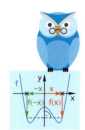

a) Kreuzen Sie alle Funktionen an, die achsensymmetrisch zur y-Achse sind.

- ☐ $f(x) = x^8$
- ☐ $g(x) = 7x^8$
- ☐ $h(x) = 7x^8 - 9$
- ☐ $i(x) = 7x^8 - 9x$
- ☐ $j(x) = -7x^8 - 11x^6$
- ☐ $k(x) = -1 - 7x^8 + 0,5x^4$
- ☐ $l(x) = 7x^8 - 9x^3 + x^2$
- ☐ $m(x) = (x - 2)x^8$
- ☐ $n(x) = \cos(x)$
- ☐ $o(x) = x \cdot (x-1) \cdot (x+1)$
- ☐ $p(x) = \frac{x^2 - x}{x}$
- ☐ $q(x) = \frac{2x^4 + x^2}{x^2}$

b) Prüfen Sie, ob gilt $f(-x) = f(x)$ und somit Achsensymmetrie zur y-Achse vorliegt.

$f(x) = x^4 - x^2$ \qquad $f(-x) = (-x)^4 - (\underline{})^2 = \underline{} - \underline{} = f(x)$,

demzufolge liegt _____

$g(x) = x^6 - 0,3x^4 - 2x^2$ \qquad $g(-x) = (\underline{})^6 - $ _____

demzufolge liegt _____

$h(x) = x^4 - x$ \qquad $h(-x) = $ _____

demzufolge liegt _____

2 Punktsymmetrie zum Ursprung: Untersuchen Sie, ob der Graph punktsymmetrisch zum Ursprung ist.

Hilfe: Der Graph einer ganzrationalen Funktion f ist genau dann punktsymmetrisch zum Ursprung, wenn der Funktionsterm von f nur ungerade Exponenten hat. Es gilt $f(-x) = -f(x)$.

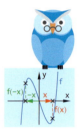

a) Prüfen Sie, ob $f(-x) = -f(x)$ gilt und somit der Graph der Funktion f punktsymmetrisch zum Ursprung ist.

$f(x) = x^3 - x$ \qquad $f(-x) = (\underline{})^3 - (\underline{}) = -x^3 \underline{} = -(x^3 \underline{}) = -f(x)$,

demzufolge liegt _____

$g(x) = -x^5 + 2x^3 - 5x$ \qquad $g(-x) = -(\underline{})^5 + $ _____

demzufolge liegt _____

$h(x) = 7x^5 - 8$ \qquad $h(-x) = $ _____

demzufolge liegt _____

b) Kreuzen Sie alle Funktionen an, die punktsymmetrisch zum Ursprung sind.

- ☐ $f(x) = x^9$
- ☐ $g(x) = 6x^9$
- ☐ $h(x) = 6x^9 - 7$
- ☐ $i(x) = 6x^9 - 11x$
- ☐ $j(x) = -7x^9 - 11x^{15}$
- ☐ $k(x) = -1 - 7x^9 + 0,5x^7$
- ☐ $l(x) = (7x^9 - 9x^7) \cdot x$
- ☐ $m(x) = (x - 2)x^8$

3 Entscheiden Sie, welche Eigenschaft der Graph der Funktion aufweist:
- achsensymmetrisch zur y-Achse (a),
- punktsymmetrisch zum Ursprung (p)
- oder nichts von beidem (n) ist.

$f(x) = 3x(x^{11} - 4x) - 2$ ____	$g(x) = -3x(x^7 - 5x)$ ____
$h(x) = (x + 1)(x^3 - x)$ ____	$i(x) = x^3 - 5x$ ____
$j(x) = (x - 5)^2$ ____	$k(x) = (2 - x)^3$ ____
$l(x) = (x^3)^2 - 5x$ ____	$m(x) = (7x^2)^7 + x^2$ ____

18

Weiterführende Aufgaben

4 Ergänzen Sie die Exponenten in den Funktionsgleichungen. Tragen Sie jede der gegebenen Zahlen genau einmal ein.

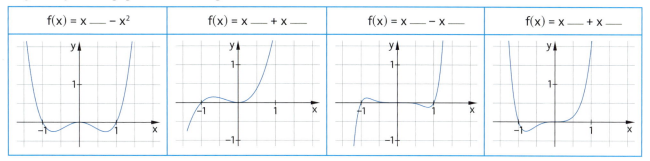

| f(x) = x __ − x² | f(x) = x __ + x __ | f(x) = x __ − x __ | f(x) = x __ + x __ |

5 Vervollständigen Sie die Wertetabellen.

a) f ist achsensymmetrisch zur y-Achse.

x	−5	−2	2	5
y	−629	−20		

b) f ist punktsymmetrisch zum Ursprung.

x	−3	−2	2	3
y	−243	−32		

6 Ergänzen Sie die Tabelle. Skizzieren Sie die Graphen.

	f(x) = −x² + 4	f(x) = −$\frac{1}{x}$ · (x² + 1)	f(x) = $\frac{5}{x}$ · sin(2x)
Für x → +∞ gilt			
Für x → −∞ gilt			
Symmetrie			
Graph (Skizze)			

7 Betrachten Sie die Funktion f(x) = x + 1 für 0 < x ≤ 1.
Schreiben Sie die Geschichte zu Ende. Nutzen Sie dabei nur wahre Aussagen.

„Ha", ruft der x-Wert x = 1, „ich bin der Größte, denn unter euch anderen x-Werten aus unserem Intervall gibt es keinen, der einen Funktionswert hat, der größer ist als meiner. Aber du, mein Freund x = 0, hast es schlecht getroffen, denn du besitzt den kleinsten aller unserer Funktionswerte."
Darauf entgegnet der x-Wert x = 0: _____

2 Nullstellen

 Nullstellen   Substitution

Basisaufgaben

1 Linearfaktoren: Ergänzen Sie die Nullstellen der Funktion f oder die Linearfaktoren.

Hilfe: Die Gleichung $x \cdot (x-7) \cdot (x+1) = 0$ ist erfüllt, wenn ein Faktor Null ist: $L = \{0; 7; -1\}$.

a) $f(x) = (x-1) \cdot (x+2) \cdot (x-3)$ Nullstellen: $x_1 = \underline{}$ $x_2 = \underline{}$ $x_3 = \underline{}$

b) $f(x) = 0{,}7 \cdot (x-6) \cdot (x+2) \cdot (2x-2)$ Nullstellen: $x_1 = \underline{}$ $x_2 = \underline{}$ $x_3 = \underline{}$

c) $f(x) = (x \underline{}) \cdot (x \underline{}) \cdot (x \underline{})$ Nullstellen: $x_1 = -3$ $x_2 = -2$ $x_3 = -1$

d) $f(x) = -4 \cdot (x+1) \cdot (\underline{} + x) \cdot (\underline{} - x)$ Nullstellen: $x_1 = -1$ $x_2 = 4$

e) $f(x) = -0{,}1 \cdot (x^2+1) \cdot (\underline{} - x) \cdot (\underline{} + x)$ Nullstellen: $x_1 = -4$ $x_2 = 2$

f) $f(x) = (x + \underline{})^2 \cdot 3(\underline{} + x) \cdot (x - \underline{})^3$ Nullstellen: $x_1 = 1$

2 Beschriften Sie mithilfe der Nullstellen die Graphen.
$f(x) = -0{,}1 \cdot (x+3) \cdot (x-3)$
$g(x) = 0{,}1 \cdot (x+3) \cdot (x+1) \cdot (x-2)$
$h(x) = 0{,}1 \cdot (x-3) \cdot (x+3) \cdot (x^2+1)$
$i(x) = 0{,}5 \cdot (x+2) \cdot x \cdot (x-3)$
$j(x) = 0{,}1 \cdot (x-3) \cdot (x-1) \cdot (x+1) \cdot (x+3)$

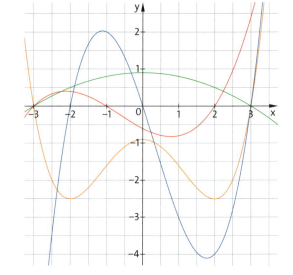

_____

_____

3 Ausklammern und Lösungsformel anwenden: Ermitteln Sie die Nullstellen.

a) $f(x) = 2x^3 + 2x^2 - 4x$

   $0 = 2x^3 + 2x^2 - 4x$

   $0 = 2x(x^2 \underline{})$, also ist

   $x_1 = \underline{}$

   $x_2 = \underline{} + \sqrt{0{,}5^2 + 2} = 1$

   $x_3 = \underline{} - \sqrt{0{,}5^2 + 2} = -2$

   Nullstellen: $x_1 = \underline{}$ $x_2 = \underline{}$ $x_3 = \underline{}$

b) $f(x) = -2x^5 + 4x^4 + 6x^3$

   $\underline{} = -2x^5 + 4x^4 + 6x^3$

   $\underline{} = -2x^3(x^2 - 2x - 3)$, also ist

   $x_1 = \underline{}$

   $x_2 = \underline{}$

   $x_3 = \underline{}$

   Nullstellen: $x_1 = \underline{}$ $x_2 = \underline{}$ $x_3 = \underline{}$

c) $f(x) = x^4 + 3x^3 - 10x^2$

   _____

   _____

   $x_1 = \underline{}$

   $x_2 = \underline{}$

   $x_3 = \underline{}$

   Nullstellen: $x_1 = \underline{}$ $x_2 = \underline{}$ $x_3 = \underline{}$

d) $f(x) = 1{,}5x^5 + 10{,}5x^4 + 9x^3$

   _____

   _____

   $x_1 = \underline{}$

   $x_2 = \underline{}$

   $x_3 = \underline{}$

   Nullstellen: $x_1 = \underline{}$ $x_2 = \underline{}$ $x_3 = \underline{}$

4 Ermitteln Sie die Nullstellen.
Führen Sie die Probe durch.

a) $f(x) = 8x^3 - 2x^5$

Probe:
$f(x_1) = f(0) = 8 \cdot 0^3 - 2 \cdot 0^5 = 0$

$f(x_2) = f(\underline{}) = $ _____

$f(x_3) = f(\underline{}) = $ _____

b) $f(x) = -10x^4 + 0{,}5x^2 + 4x^3$

Probe:
$f(x_1) = f(\underline{}) = $ _____

$f(x_2) = f(\underline{}) = $ _____

$f(x_3) = f(\underline{}) = $ _____

5 Substitution: Berechnen Sie die Nullstellen $x_1, x_2\ldots$ der biquadratischen Gleichungen mittels Substitution.

a) $f(x) = x^4 - 5x^2 + 4$
$0 = x^4 - 5x^2 + 4$

Substitution: $x^2 = u$

$0 = u^2 - 5u + 4$

$u_1 = $ _____

$u_1 = x^2 = \underline{}$ somit gilt:

$\qquad x_1 = \underline{}$ und $x_2 = \underline{}$

$u_2 = $ _____

$u_2 = x^2 = \underline{}$ somit gilt:

$\qquad x_3 = \underline{}$ und $x_4 = \underline{}$

b) $f(x) = x^4 - 16$
$0 = x^4 - 16$

Substitution: $x^2 = u$

$0 = $ _____

$u_1 = $ _____

$u_1 = x^2 = \underline{}$ somit gilt:

$\qquad x_1 = \underline{}$ und $x_2 = \underline{}$

$u_2 = $ _____

$u_2 = x^2 = \underline{}$ somit gilt:

_____

c) $f(x) = x^4 - 2x^2 - 3$
$\underline{} = x^4 - 2x^2 - 3$

Substitution: $x^2 = u$

$0 = \underline{} - 2\underline{} - 3$

$u_1 = $ _____

$u_1 = x^2 = \underline{}$ somit gilt:

_____

$u_2 = $ _____

$u_2 = x^2 = \underline{}$ somit gilt:

d) $f(x) = x^6 + x^3 - 6$
$\underline{} = $ _____

Substitution: $x^3 = u$

$0 = $ _____

$u_1 = $ _____

$u_1 = x^3 = \underline{}$ somit gilt:

_____

$u_2 = $ _____

$u_2 = x^3 = \underline{}$ somit gilt:

2 Nullstellen

Vielfachheit

6 Auf den Karten stehen die Nullstellen der Funktion.
Schreibe Sie den Buchstaben der Lösungskarte hinter den Funktionsterm.

a) $f(x) = (x+7)(x-6)$ ____

b) $f(x) = (x^2-9)(x+2)$ ____

c) $f(x) = (x+5)\left(x - \frac{1}{5}\right)$ ____

d) $f(x) = x^3(x+4)$ ____

e) $f(x) = x^5 - 4x^3$ ____

f) $f(x) = x^3 + 7x$ ____

$x_1 = 0; x_2 = -4$	R	$x_1 = 9; x_2 = -2$	G	$x_1 = 11$	C
$x_1 = 5; x_2 = -\frac{1}{5}$	S	$x_1 = 3; x_2 = -3; x_3 = 2$	D		
$x_1 = 7; x_2 = -6$	T	$x_1 = -7; x_2 = 6$	N	$x_1 = -5; x_2 = \frac{1}{5}$	B
$x_1 = 3; x_2 = -3; x_3 = -2$	I	$x_1 = 0; x_2 = \sqrt{7}; x_3 = -\sqrt{7}$	S		
$x_1 = 0$	L	$x_1 = 0; x_2 = 2; x_3 = -2$	E		

Zusatzaufgabe: Bilden Sie aus allen aufgeschriebenen Buchstaben den Namen einer Stadt in Deutschland.

7 Ordnen Sie für die Ermittlung der Nullstellen benötigte Verfahren der Reihe nach zu.
Abkürzungen der Verfahren: A: Ausklammern   S: Substitution   F: Lösungsformel

a) $f(x) = x^5 - x^4 + 4x^3$ 1.A; _____

b) $f(x) = x^3 - 7x^2 + 6x$ _____

c) $f(x) = x^3 - x$ _____

d) $f(x) = 8x^4 - 0{,}5$ _____

e) $f(x) = 0{,}5x^4 + 2x^2 + 2$ _____

f) $f(x) = -2x^5 + 8x^3$ _____

g) $f(x) = 7x^8 + 8x^7$ _____

h) $f(x) = 2x^6 + 6x^4 - 8x^2$ _____

i) $f(x) = -6x^2 + 4x^2 + 16x$ _____

j) $f(x) = x(3x^3 + x^2 - 2x)$ _____

Zusatzaufgabe: Ermitteln Sie die Nullstellen auf einem zusätzlichen Blatt.

8 Beurteilen Sie die Aussagen.

① Die Funktion $f(x) = (x^2 + 1) \cdot (x + 2)$ hat drei Nullstellen.   ☐ wahr   ☐ falsch

② Die Funktion $g(x) = (x^3 - x) \cdot (x - 5)^2$ besitzt vier Nullstellen.   ☐ wahr   ☐ falsch

③ $h(x) = 7x^3 + 189$ hat keine Nullstelle.   ☐ wahr   ☐ falsch

④ Jede ganzrationale Funktion 3. Grades besitzt mindestens eine Nullstelle.   ☐ wahr   ☐ falsch

⑤ Jede ganzrationale Funktion 3. Grades besitzt höchstens drei Nullstellen.   ☐ wahr   ☐ falsch

Zusatzaufgabe: Begründen Sie Ihre Entscheidungen.

9 Geben Sie die Gleichung einer ganzrationalen Funktion f 3. Grades an, die die Nullstellen 2, 3 und −1 hat und deren Graph durch den Punkt P(1 | 8) geht.

_____

_____

Weiterführende Aufgaben

10 Geben Sie passende ganzrationale Funktionen an.

Nullstellen	Der Graph der Funktion ist ...	Funktionsgleichung
−2; 0; 2	achsensymmetrisch zur y-Achse	
−2; 0; 2	punktsymmetrisch zum Ursprung	
−2; 0; 2	weder achsen- noch punktsymmetrisch	

11 Graphen und Funktionsgleichungen

$f(x) = 6x(x − 1)(x − 2)$ $g(x) = 2(x + 1)^3$ $h(x) = (x^2 − 4) \cdot x^2 + 2$

$i(x) = −0,1x(x − 3)(x + 2)^2$ $j(x) = −0,5x(x − 2)^2(x + 1)^2$

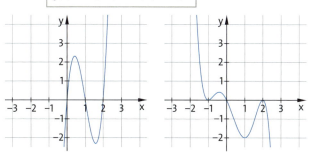

a) Beschriften Sie die Graphen.

b) Eine der Funktionsgleichungen kann bei Teilaufgabe a nicht zugeordnet werden.
Skizzieren Sie den Graphen dieser Funktion mithilfe folgender Angaben.

Globales Maximum bei x = 2 ist 3,2. Tiefpunkt (−0,75 | −0,44)

Nullstellen: _____

Für x → ∞ gilt f(x) → _____

Für x → −∞ gilt f(x) → _____

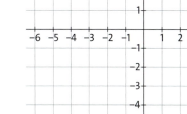

12 Eine quaderförmige Schachtel hat ein Volumen von 6 dm³.
Die Kante a ist 1 dm kürzer als die Kante b und die Kante c ist 1 dm länger als die Kante b.
Ermitteln Sie die drei Kantenlängen mithilfe der Formel
V = a · b · c und mithilfe des Graphen von V.

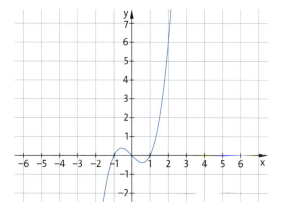

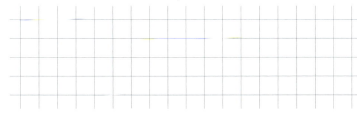

Die Kanten haben die Längen a = ____ dm, b = ____ dm und c = ____ dm.

Zusatzaufgabe: Erläutern Sie die Schwierigkeit bei der rechnerischen Bestimmung.

2 Verschieben, Strecken und Spiegeln

Basisaufgaben

1 Verschieben in x-Richtung: Graph, Funktionsgleichung und Wertetabelle

Hilfe: Der Graph g mit g(x) = f(x − c) geht aus dem Graphen f durch Verschieben um c-Einheiten in x-Richtung hervor. Wenn c > 0 ist, dann wird nach rechts verschoben. Wenn c < 0 ist, dann wird nach links verschoben.

a) Beschriften Sie die Graphen.
   Skizzieren Sie beide fehlenden Graphen.
   $f(x) = x^4$ $\quad g(x) = (x+2)^4$ $\quad h(x) = (x+3)^4$
   $i(x) = x^5$ $\quad j(x) = (x-1)^5$ $\quad k(x) = (x-2,5)^5$

b) Vervollständigen Sie die Tabelle.

	x = −3	x = −1	x = 0	x = 1	x = 4
$l(x) = x^3$					
$m(x) = (\quad)^3$	−1000				−27
$n(x) = (\quad)^3$	64				1331

Zusatzaufgabe: Zeichnen Sie die Graphen mit einem CAS.

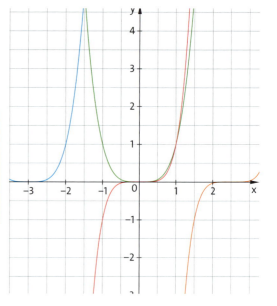

2 Verschieben in y-Richtung: Graph, Funktionsgleichung und Wertetabelle

Hilfe: Der Graph g mit g(x) = f(x) + d geht aus dem Graphen f durch Verschieben um d-Einheiten in y-Richtung hervor. Wenn d > 0 ist, dann wird nach oben verschoben. Wenn d < 0 ist, dann wird nach unten verschoben.

a) Beschriften Sie die Graphen.
   Skizzieren Sie beide fehlenden Graphen.
   $f(x) = x^6$ $\quad g(x) = x^6 + 1$ $\quad h(x) = x^6 − 2$
   $i(x) = x^7$ $\quad j(x) = x^7 − 1$ $\quad k(x) = x^7 − 3$

b) Vervollständigen Sie die Tabelle nur mithilfe der Vorgaben.

	x = −5	x = −1	x = 0	x = 1	x = 5
$l(x) = x^{-2}$	0,04	1	−		
$m(x) = x^{-2} − 10$	−9,96				
$n(x) = x^{-2} +$	5,04	6			5,04

Zusatzaufgabe: Zeichnen Sie die Graphen mit einem CAS.

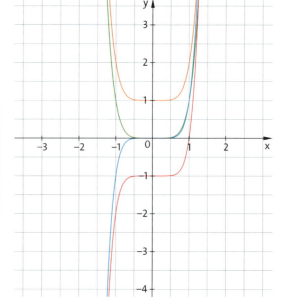

Weiterführende Aufgaben

3 Geben Sie die Funktionsgleichung des entstandenen Graphen an.

Hilfe: Den Graphen von g(x) = x² nennt man Normalparabel.

a) Die Normalparabel wird 11 Einheiten nach unten verschoben.   f(x) = _____

b) Die Normalparabel wird 13 Einheiten nach links verschoben.   f(x) = _____

c) Die Normalparabel wird 7 Einheiten nach links und 9 Einheiten nach oben verschoben.   f(x) = _____

d) Die Normalparabel wird 17 Einheiten nach oben und 3 Einheiten nach rechts verschoben.   f(x) = _____

Funktionen und deren Eigenschaften 2

4 Strecken und Stauchen in y-Richtung: Graph, Funktionsgleichung und Wertetabelle

Hilfe: Der Graph g mit g(x) = a · f(x) geht aus dem Graphen f durch Strecken bzw. Stauchen mit dem Streckfaktor a (a ≠ 0) in y-Richtung hervor. Wenn |a| > 1 ist, dann wird gestreckt. Wenn |a| < 1 ist, dann wird gestaucht.

a) Beschriften Sie die Graphen.
 Skizzieren Sie beide fehlenden Graphen.
 $f(x) = x^{-6}$ $g(x) = 2x^{-6}$ $h(x) = 0{,}2x^{-6}$
 $i(x) = x^8$ $j(x) = 2x^8$ $k(x) = 0{,}2x^8$

b) Vervollständigen Sie die Tabelle nur mithilfe der Vorgaben.

	x = −1,3	x = −1	x = 0	x = 1	x = 1,3
$l(x) = x^{-5}$	−0,269	−1	−	1	0,269
$m(x) = 10x^{-5}$					
$n(x) = 0{,}1x^{-5}$					

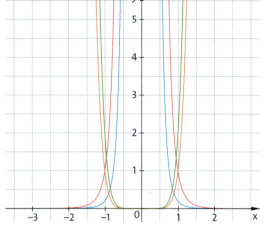

5 Spiegeln an der x-Achse: Graph, Funktionsgleichung und Wertetabelle

Hilfe: Der Graph g mit g(x) = − f(x) geht aus dem Graphen f durch Spiegeln an der x-Achse hervor.

a) Beschriften Sie die Graphen.
 Skizzieren Sie beide fehlenden Graphen.
 $f(x) = x^3$ $g(x) = x^{-3}$ $h(x) = x^{-6}$
 $i(x) = -x^3$ $j(x) = -x^{-3}$ $k(x) = -x^{-6}$

b) Vervollständigen Sie die Tabelle nur mithilfe der Vorgaben.

	x = −2	x = −1	x = 0	x = 1	x = 2
$l(x) = x^4$	16	1	0		
$m(x) =$	−16	−1			
$n(x) = x^{-4}$					

Zusatzaufgabe: Zeichnen Sie die Graphen mit einem CAS.

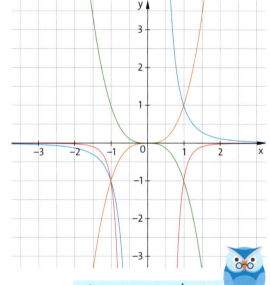

6 Der Graph f der Funktion $f(x) = -(x - 2)^3 - 1$ ging aus dem Graphen g von $g(x) = x^3$ hervor.
Geben Sie die Veränderungen an.

_____

_____

_____

_____

_____

_____

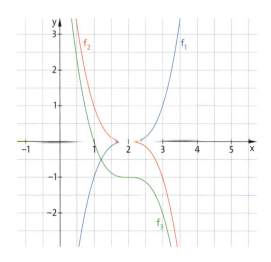

2 Strecken und Verschieben kombinieren

Basisaufgaben

1 Strecken und Stauchen in x-Richtung: Graph, Funktionsgleichung und Wertetabelle

Hilfe: Der Graph g mit g(x) = f(b · x) mit b ≠ 0 geht aus dem Graphen f durch Strecken bzw. Stauchen mit dem Streckfaktor $\frac{1}{b}$ in x-Richtung hervor. Wenn |b| > 1 ist, dann wird gestaucht. Wenn |b| < 1 ist, dann wird gestreckt. Ist b < 0, wird der Graph zusätzlich an der y-Achse gespiegelt.

a) Beschriften Sie die Graphen.
   Skizzieren Sie beide fehlenden Graphen.

   $f(x) = x^5$ $g(x) = (0{,}5x)^5$ $h(x) = (-0{,}5x)^5$

   $i(x) = x^{-4}$ $j(x) = (0{,}5x)^{-4}$ $k(x) = (-1{,}2x)^{-4}$

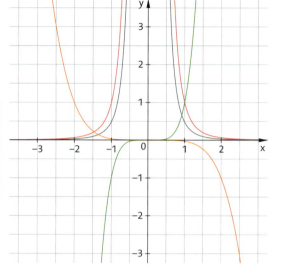

b) Vervollständigen Sie die Tabelle nur mithilfe der Vorgaben.

	x = –5	x = –1	x = 0	x = 1	x = 5
$l(x) = 2x^{-4}$	0,0032	2			
$m(x) = \;\cdot x^{-4}$	0,0128	8			
$n(x) = -4x^{-4} - 1$					

Zusatzaufgabe: Zeichnen Sie die Graphen mit einem CAS.

2 Spiegeln an der y-Achse: Graph, Funktionsgleichung und Wertetabelle

Hilfe: Der Graph g mit g(x) = f(–x) geht aus dem Graphen von f durch Spiegelung an der y-Achse hervor.

a) Beschriften Sie die Graphen.
   Geben Sie die Funktionsgleichungen zu den gespiegelten Graphen an.

   $f(x) = x^2 + 2x + 1 = (x + 1)^2$ $g(x) = (-x)^2$ _____

   $h(x) = x^3 + 1$ $i(x) =$ _____

   $j(x) = 0{,}5x^4 - 2x$ $k(x) =$ _____

b) Vervollständigen Sie die Tabelle zu gespiegelten Graphen.

	x = –3	x = –1	x = 0	x = 1	x = 3
$l(x) = (x+1)^{-4}$	0,0625	–	1	0,0625	0,0039
$m(x) =$		0,0625	1		0,0625

Zusatzaufgabe: Zeichnen Sie die Graphen mit einem CAS.

3 Der Graph der Funktion $g(x) = a \cdot (x - d)^n + e$ geht aus dem Graphen von $f(x) = x^n$ durch Transformationen hervor. Markieren Sie zusammengehörige Karten mit der gleichen Farbe.

Streckung in y-Richtung	Stauchung in y-Richtung	Spiegelung an der x-Achse

Verschiebung in negative x-Richtung	Verschiebung in positive x-Richtung

Verschiebung in negative y-Richtung	Verschiebung in positive y-Richtung

|a| > 1	a = –1	d > 0	|a| < 1	n > 0	e < 0	d < 0	e > 0

Weiterführende Aufgaben

4 Entwickeln Sie schrittweise aus dem Graphen der Funktion $f(x) = x^{-1}$ den Graphen von $i(x) = -(x+1)^{-1} - 2$.

	1. Verschiebung um	2. Spiegelung an der	3. Verschiebung um
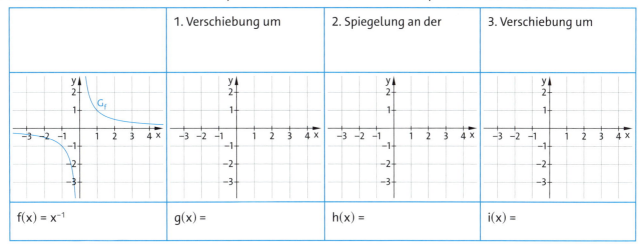			
$f(x) = x^{-1}$	$g(x) =$	$h(x) =$	$i(x) =$

Zusatzaufgabe: Zeichnen Sie die Asymptoten ein. Hinweis: Es gibt zwei Lösungen.

5 Die Graphen der Funktionen $h(x)$ und $k(x)$ sind entstanden aus den Graphen von $f_1(x) = x^3$ bzw. $f_2(x) = x^{-2}$.
Geben Sie jeweils eine Gleichung für h, k und die Asymptoten von h an.

$h(x) =$ _____

$k(x) =$ _____

Asymptoten von h: _____

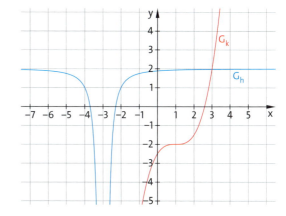

6 Geben Sie die jeweils passende Funktionsgleichung an.

Der Graph der Funktion $f(x) = x^{-1}$ wird nacheinander:

verschoben um 4 Einheiten in positiver x-Richtung $g(x) =$ _____

gespiegelt an der x-Achse $h(x) =$ _____

gestreckt mit dem Faktor 2 in y-Richtung $i(x) =$ _____

verschoben um eine Einheit in positiver y-Richtung $j(x) =$ _____

7 Graphen wurden an $f(x) = x$ für $x \geq 0$ gespiegelt.
Beschriften Sie die Graphen g, h, k und l.
Geben Sie, wenn möglich, die fehlende Koordinate an.

$g(x) = x^{\frac{1}{2}}$ A(1| __)   B(36| __)

$h(x) = x^{\frac{1}{3}}$ H(1| __)   I(27| __)

$k(x) = x^{\frac{1}{4}}$ J(1| __)   K(16| __)

$l(x) = x^{\frac{1}{5}}$ L(1| __)   M(32| __)

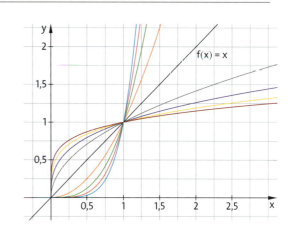

2 Umkehrfunktion

Basisaufgaben

1 Ergänzen Sie jeden Satz zu einer wahren Aussage:

Eine Funktion f: x ↦ y heißt **umkehrbar**, wenn zu jedem y-Wert _____ aus dem

Definitionsbereich von f gehört. Die eindeutige umgekehrte Zuordnung f^{-1}: y ↦ x heißt _____ von f.

Wenn eine Funktion in einem Intervall I _____ ist, dann ist sie _____ umkehrbar.

Durch die Umkehrung einer Funktion f werden _____ vertauscht.

Die Graphen von f und f^{-1} gehen durch eine Spiegelung an _____

_____ auseinander hervor.

2 Vervollständigen Sie die Beispielrechnung zu der folgenden Aufgabe:
  a) Weisen Sie nach, dass die Funktion y = f(x) = 3x – 4 mit x ∈ ℝ umkehrbar ist.
     Die Funktion f ist wegen m _____ streng _____ auf dem gesamten
     Definitionsbereich, deshalb ist sie _____ .
  b) Ermitteln Sie die Gleichung der Umkehrfunktion f^{-1}.
     (1) Die Gleichung y = f(x) umstellen nach x:
         y = 3x – 4 $\xrightarrow{+4}$ _____ $\xrightarrow{:3}$ x = _____
     (2) Vertauschen von x und y:
         y = _____ , ergibt: $f^{-1}(x)$ = _____
  c) Zeichnen Sie die Graphen von f und f^{-1} in das Koordinatensystem ein.

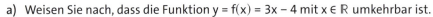

3 Kreuzen Sie an, wenn die Funktion f auf dem gegebenen Definitionsbereich umkehrbar ist.
Geben Sie in diesem Falle auch die Gleichung der Umkehrfunktion an.

Funktion f mit D_f	umkehrbar?	Umkehrfunktion f^{-1} mit $D_{f^{-1}}$
y = f(x) = –2x + 4; x ∈ ℝ		y = $f^{-1}(x)$ = _____ ; x ∈
y = f(x) = $-2x^2$ – 1; x ∈ ℝ; x ≥ 0		
y = f(x) = sin(x); x ∈ ℝ		
y = f(x) = x; x ∈ ℝ		
y = f(x) = e^{-2} · x + cos(4π); x ∈ ℝ		
y = f(x) = 10^2 · (x – 10^{-2}); x ∈ ℝ		
y = f(x) = √x; x ≥ 0		
y = f(x) = cos(x); –π ≤ x ≤ π		
y = f(x) = $\frac{1}{x}$; –5 ≤ x ≤ 5		
y = f(x) = $\frac{3}{x}$; 0 < x		

4 Geben Sie für die Funktion f den maximalen Definitionsbereich an, auf dem sie umkehrbar ist, sowie die Umkehrfunktion f^{-1} mit ihrem Definitionsbereich.

f(x) = $\sqrt{x^2}$ _____   f(x) = $\sqrt{x-1}$ _____

f(x) = $\frac{2}{x+3}$ _____   f(x) = $\frac{2(x+3)}{x+3}$ _____

Weiterführende Aufgaben

5 Gegeben ist die Funktion $y = f(x) = \frac{x}{2x+4}$ mit $x \in \mathbb{R}; x \neq -2$.

a) Begründen Sie mithilfe der 1. Ableitung, dass f umkehrbar ist.

_____

b) Kreuzen Sie an, welche Gleichung zur Umkehrfunktion f^{-1} von f gehört.

☐ $f^{-1}(x) = \frac{4x}{2x-1}$ mit $x \in \mathbb{R}; x \neq \frac{1}{2}$ ☐ $f^{-1}(x) = \frac{-4x}{2x-1}$ mit $x \in \mathbb{R}; x \neq \frac{1}{2}$

6 Gegeben ist die Funktion $y = f(x) = \sqrt{x+2}$ im größtmöglichen Definitionsbereich. Korrigieren Sie die folgenden Aussagen über f.

a) Der größtmögliche Definitionsbereich von ist $x \in \mathbb{R}; x > -2$.

b) Wegen $f'(x) = \frac{1}{\sqrt{x}} > 0$ ist f streng monoton steigend, also umkehrbar.

c) Die Gleichung der Umkehrfunktion von f ist $f^{-1}(x) = x^2 + 2$.

d) Der größtmögliche Definitionsbereich von f^{-1} ist $x \in \mathbb{R}; x > 2$.

7 Der größtmögliche Definitionsbereich der Funktion $y = f(x) = x^2 - 4x + 4$ ist so einzuschränken, dass die möglichen Umkehrbarfunktionen ebenfalls einen größtmöglichen Definitionsbereich haben. Ermitteln Sie die Gleichungen der Umkehrfunktionen mit ihren größtmöglichen Definitionsbereichen. Veranschaulichen Sie die Ergebnisse durch Skizzieren der Graphen.

_____

_____

_____

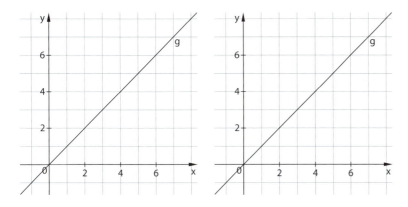

$\sqrt{(a-b)^2}$
$= \pm(a-b)$

8 Interpretieren Sie die mit einem CAS erstellte Rechnung unter den Aspekten „Umkehrfunktion" und „Polstellen".

$$f(x) := \frac{4 \cdot x + 1}{2 \cdot x - 3} \quad \text{Fertig}$$

$$\text{solve}(f(y) = x, y) \quad y = \frac{3 \cdot x + 1}{2 \cdot (x-2)}$$

Test – Funktionen und deren Eigenschaften

1 Kreuzen Sie die Funktionsgleichungen an, wenn die Eigenschaft auf die Funktion zutrifft.

Eigenschaft			
Der Graph hat an der Stelle x = 1 den Funktionswert y = –1.	☐ $f(x) = -x$	☐ $g(x) = -2^{x-1}$	☐ $h(x) = x^2 - 2$
Der Wertebereich enthält nur reelle Zahlen y ≥ 2.	☐ $f(x) = \sin(x) + 3$	☐ $g(x) = x^2 - 4x + 6$	☐ $h(x) = -x^{-1} + 2$
Der Graph ist symmetrisch zur y-Achse.	☐ $f(x) = x^4 - x^2 - 1$	☐ $g(x) = x^2 - 4x + 4$	☐ $h(x) = \cos(x - \pi)$
Der Graph ist symmetrisch zum Ursprung.	☐ $f(x) = x \cdot (x^2 - 1)$	☐ $g(x) = 0{,}001x$	☐ $h(x) = 0{,}2 \cdot 2^{-x}$
Für x → +∞ gilt y → +∞.	☐ $f(x) = x^5 - x^2$	☐ $g(x) = 0{,}1 \cdot 5^x - 1$	☐ $h(x) = 2 \cdot \sin(3x)$
Der Graph ist an der Stelle x = 1 nicht stetig.	☐ $f(x) = \begin{cases} -x, & x \leq 1 \\ x^2, & x > 1 \end{cases}$	☐ $g(x) = \begin{cases} x, & x \leq 1 \\ x^2, & x > 1 \end{cases}$	☐ $h(x) = \begin{cases} 2^{-x}, & x \leq 1 \\ x^2, & x > 1 \end{cases}$
Die Funktionswerte konvergieren für x → +∞ gegen 1.	☐ $f(x) = -\frac{1}{x^2} + 1$	☐ $g(x) = 10^{-x} + 2^0$	☐ $h(x) = x^{-1} + 1$

2 Wird eine Tasse mit heißem Kaffee gefüllt, so kühlt dieser unter bestimmten Umständen nach der Formel $T(t) = 70 \cdot 0{,}95^t + 20$ ab. Dabei beschreibt T die Temperatur in Grad Celsius t Minuten nach dem Einfüllen.

a) Stellen Sie die Funktion T(t) im Intervall 0 ≤ t ≤ 100 grafisch dar. Berechnen Sie dazu die fehlenden Werte in der Tabelle.

t (in Min.)	0	5	10	40	80	100
T (in °C)						

b) Geben Sie die Bedeutung von $\lim\limits_{t \to \infty} T(t)$ im Sachzusammenhang an.

_____

_____

2 Funktionen und deren Eigenschaften

3 Gegeben ist eine Funktion f mit $f(x) = x^2 - 2x - 3$.
Berechnen Sie b, wenn Folgendes gilt:

a) $f(b) = 0$

b) $f(b + 1) = -1$

c) $f(b + c) = f(b - c)$

d) Die Abbildung zeigt den Graphen von f. Zeichnen Sie den Graphen von g mit $g(x) = -f(x - 1) + 3$ dazu.

4 Gegeben sind die Funktionen $f(x) = -x^2$ und $g(x) = 2^{-x}$.
Kreuzen Sie alle wahren Aussagen an.
Funktionsterm von $f(g(x))$ ist

☐ 2^{-2x} ☐ $-\left(\frac{1}{4}\right)^x$ ☐ -4^{-x} ☐ $-(2^{-x})^2$

Funktionsterm von $f(g(x + 1))$ ist

☐ $\frac{-2^{-2x}}{4}$ ☐ -2^{-2x+2} ☐ -4^{1-x} ☐ $-\left(\frac{1}{4}\right)^{x+1}$

Funktionsterm von $2 \cdot g(f(x))$ ist

☐ $2 \cdot 2^{x^2}$ ☐ $\frac{1}{2} \cdot 4^x$ ☐ 2^{1+x^2} ☐ $2 \cdot (2^x)^2$

5 Gegeben ist der Graph einer Funktion f_1 mit
$f_1(x) = 3 \cdot (x^2 - x^4)$ mit $-1 \leq x \leq 1$.

a) Begründen Sie, dass der Graph der Funktion f_2 durch $f_2(x) = f_1(x - 4) + 3$ erzeugt werden kann.

b) Vervollständigen Sie Funktionsgleichungen zu den Graphen f_3 und f_4 unter Verwendung von f_1.
$f_3(x) =$ _____ $f_4(x) =$ _____

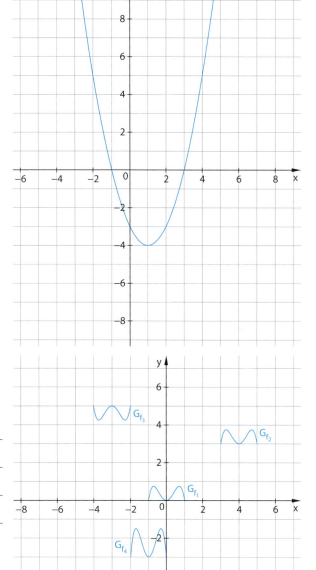

6 Eine ganzrationale Funktion f dritten Grades hat die Nullstellen $x_1 = 2$, $x_2 = -2$ und $x_3 = 1$.

a) Kreuzen Sie an, alle Terme an, die zur Funktion f gehören können.

☐ $f(x) = 2 \cdot (x^2 - 4) \cdot (x + 1)$ ☐ $f(x) = (x + 2) \cdot (x - 2) \cdot (x - 1)$

☐ $f(x) = x^3 - x^2 - 4x + 4$ ☐ $f(x) = 0{,}5x^3 - 0{,}5x^2 - 2x + 2$

Zusatzaufgabe: Geben Sie zwei weitere mögliche Funktionsterme an.

b) Der Graph der Funktion f soll in Richtung der x-Achse so verschoben werden, dass die mittlere der drei Nullstellen im Ursprung liegt. Geben Sie eine Gleichung der verschobenen Funktion an.

Beurteilen Sie, ob der Graph der verschobenen Funktion punktsymmetrisch zum Ursprung ist.

3 Definitionslücken, Nullstellen und Polstellen

Basisaufgaben

1 Kreuzen Sie an, welche der Funktionen gebrochen-rationale Funktionen sind.

Hilfe: Nennerpolynom hat mindestens Grad 1.

☐ $s(t) = \frac{t^2 - t + 1}{2}$ ☐ $f(x) = \frac{x^2 - 1}{x}$ ☐ $f(x) = \frac{\sin(x)}{\cos(x)}$ ☐ $h(x) = 2 - x^{-2}$

☐ $f(t) = \frac{t - 1}{t + 1}$ ☐ $f(x) = x^2$ ☐ $f(x) = \frac{x^2}{\sqrt{x}}$ ☐ $g(a) = \frac{(a - 2) \cdot (a + 2)}{a^2 - 1}$

$f(x) = \frac{p(x)}{q(x)}$

2 Vervollständigen Sie die Tabelle.

Funktion	$f(x) = \frac{(x + 3) \cdot (x - 2)}{x + 2}$	$f(x) = \frac{(x + 3) \cdot (x - 2)}{x - 2}$
Definitionslücken		
Nullstellen		
Kürzung des Funktionsterms		
Polstellen x_p		
Verhalten links von x_p		
Verhalten rechts von x_p		
hebbare Definitionslücken		

3 Ordnen Sie den Funktionsgleichungen die Eigenschaften der Funktion zu. Begründen Sie Ihre Zuordnung.

$f(x) = \frac{x - 2}{x + 2}$ $f(x) = \frac{2 - x}{x + 2}$ $f(x) = \frac{(2 - x) \cdot (2 + x)}{x + 2}$

f hat eine Nullstelle bei $x = 2$ und die senkrechte Asymptote $x = -2$. Es gilt $\lim\limits_{\substack{x \to -2 \\ x < -2}} f(x) = -\infty$ und $\lim\limits_{\substack{x \to -2 \\ x > -2}} f(x) = \infty$.

f hat eine Nullstelle bei $x = 2$ und eine hebbare Definitionslücke bei $x = -2$.

f hat eine Nullstelle bei $x = 2$ und die senkrechte Asymptote $x = -2$. Es gilt $\lim\limits_{\substack{x \to -2 \\ x < -2}} f(x) = \infty$ und $\lim\limits_{\substack{x \to -2 \\ x > -2}} f(x) = -\infty$.

Weiterführende Aufgaben

4 Ordnen Sie zu, welche Zahlen der Menge M = {–3, –2, –1, 0, 1, 2, 3} Nullstellen und welche Definitionslücken der Funktionen g bzw. f sind.

Funktion $g(x) = \frac{x^2 - x - 6}{x^2 - x - 2}$ Nullstellen: _____   Definitionslücken: _____

Funktion $f(x) = \frac{x^2 - 2x}{x^2 - 2x + 1}$ Nullstellen: _____   Definitionslücken: _____

Gebrochen-rationale Funktionen 3

5 Die Graphen gehören zu Funktionen des Typs $f(x) = \frac{(x-a)\cdot(x-b)}{(x-c)\cdot(x-d)}$ mit $a, b, c, d \in \mathbb{Z}$, $-10 \leq a, b, c, d \leq 10$.
Geben Sie jeweils eine passende Funktionsgleichung an.

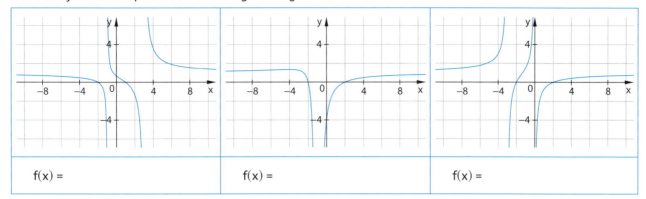

| f(x) = | f(x) = | f(x) = |

6 Geben Sie jeweils mindestens ein Beispiel für eine passende Gleichung einer gebrochen-rationalen Funktion an.

a)	Nullstelle bei x = 5, senkrechte Asymptote x = –1.	
b)	Polstelle mit Vorzeichenwechsel bei x = 2, Definitionslücke, aber keine Polstelle bei x = 1.	
c)	Polstelle ohne Vorzeichenwechsel bei x = 2, Definitionslücke, aber keine Polstelle bei x = 1.	

7 Ermitteln Sie Nullstellen und Polstellen der Funktion f mit
$f(x) = \frac{x^2 + 2x - 8}{2x^2 - 8x + 6}$.

Zeichnen Sie den Graphen von f und die senkrechten Asymptoten.

Nullstellen des Zählers: _____

Nullstellen des Nenners: _____

Nullstellen von f: _____

Polstellen von f: _____

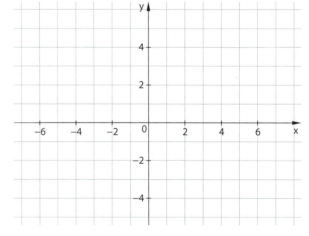

8 Stellen Sie mit einem Funktionenplotter Graphen dar, die zur Funktionenschar f_a mit $f_a(x) = \frac{(x-a)(x+4)}{(x-2a)(x+1)}$ für $a \in \mathbb{R}$ gehören. Verwenden Sie einen Schieberegler zum Variieren des Parameters a. Begründen Sie die besondere Form der Graphen für $a \in \{-2; -1, 0\}$.

Begründung: _____

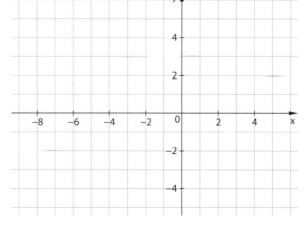

3 Verhalten im Unendlichen und Asymptoten

Basisaufgaben

1 Gegeben sind die Funktionen f, g und h mit $f(x) = \frac{1}{x}$, $g(x) = \frac{x+1}{x}$ und $h(x) = \frac{x^2-1}{x}$.

a) Berechnen Sie die Funktionswerte (auf zwei Stellen gerundet) und skizzieren Sie die Graphen der Funktionen.

x	−6	−2	−1	−0,5	0	0,5	1	2	6
f(x)									
g(x)									
h(x)									

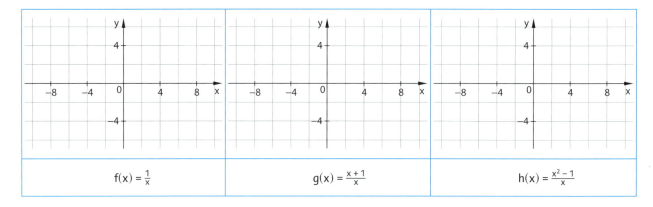

| $f(x) = \frac{1}{x}$ | $g(x) = \frac{x+1}{x}$ | $h(x) = \frac{x^2-1}{x}$ |

2 Bestimmen Sie für eine gebrochen-rationale Funktion f den Grenzwert und ggf. die waagerechte Asymptote.

Zählergrad < Nennergrad	Zählergrad = Nennergrad	Zählergrad > Nennergrad
$\lim\limits_{x \to \pm\infty} f(x) = $ _____	$\lim\limits_{x \to \pm\infty} f(x) = $ _____	$\lim\limits_{x \to \pm\infty} f(x) = $ _____

3 Schrittweise Bestimmung der waagerechten Asymptote: Eine Gleichung der waagerechten Asymptote bestimmt man, indem man die höchste Potenz von x im Nenner ausklammert und damit den Funktionsterm kürzt. Dann bildet man die Grenzwerte für $x \to +\infty$ und $x \to -\infty$.
Vervollständigen Sie die Tabelle nach dem Muster in der ersten Zeile.

Funktion	$f(x) = \frac{(x-4)\cdot(x+1)}{x^2-1}$	$f(x) = \frac{3x}{(x+2)\cdot(x+3)}$
Zähler und Nenner ggf. ausmultiplizieren	$f(x) = \frac{x^2 - 3x - 4}{x^2 - 1}$	
höchste Potenz von x im Nenner ausklammern	$f(x) = \frac{x^2 - 3x - 4}{x^2 \cdot \left(1 - \frac{1}{x^2}\right)}$	
Term kürzen, d.h. alle Summanden im Zähler durch die ausgeklammerte Potenz von x dividieren	$f(x) = \frac{1 - \frac{3}{x} - \frac{4}{x^2}}{\left(1 - \frac{1}{x^2}\right)}$	
Grenzwert für $x \to +\infty$ bilden	$\lim\limits_{x \to +\infty} \frac{1 - \frac{3}{x} - \frac{4}{x^2}}{\left(1 - \frac{1}{x^2}\right)} = \frac{1 - 0 - 0}{1 - 0} = 1$	
Grenzwert für $x \to -\infty$ bilden	$\lim\limits_{x \to -\infty} \frac{1 - \frac{3}{x} - \frac{4}{x^2}}{\left(1 - \frac{1}{x^2}\right)} = \frac{1 - 0 - 0}{1 - 0} = 1$	
Gleichung der Asymptote angeben	$y = 1$	

Gebrochen-rationale Funktionen 3

Weiterführende Aufgaben

4 Ordnen Sie äquivalente Terme durch Pfeile einander zu. Ermitteln Sie eine Gleichung für jede Asymptote.

$f_1(x) = x + 2 - \frac{5}{2x - 5}$

$f_2(x) = \frac{2}{2x - 5} + \frac{4x}{4x - 10}$

$f_3(x) = \frac{1}{2}x + \frac{x^2 - 2}{2x - 5} + 1$

$g_1(x) = \frac{2x + 2}{2x - 5}$

$g_2(x) = \frac{4x^2 - x - 14}{4x - 10}$

$g_3(x) = \frac{2x^2 - x - 15}{2x - 5}$

Asymptoten:

$f_1(x)$: _____ und _____ $f_2(x)$: _____ und _____ $f_3(x)$: _____ und _____

5 Geben Sie an, für welche Werte des reellen Parameters a der Graph von f mit $f(x) = \frac{x^2 - 1}{x^2 - a^2}$ die folgenden Graphen annimmt. Zeichnen Sie alle Asymptoten ein und geben Sie deren Gleichungen an.

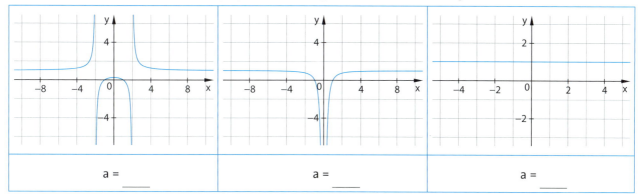

a = _____   a = _____   a = _____

6 Gegeben ist die Funktion f mit $f(x) = x + 1 + \frac{1}{x - 1}$.

a) Stellen Sie die Funktion und ihre Asymptoten im Intervall $-4 \leq x \leq 4$ grafisch dar.
b) Berechnen Sie, für welche x-Werte der Betrag der Differenz der Funktionswerte von f und ihrer schrägen Asymptote kleiner als 0,01 ist.

Betragsungleichung verlangt Fallunterscheidung

a)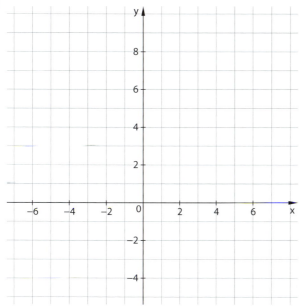

b) Senkrechte Asymptote: _____

Schräge Asymptote: g(x) = _____

1. Fall: x > 1   f(x) − g(x) < _____

2. Fall: x < 1   f(x) − g(x) < _____

3 Test – Gebrochen-rationale Funktionen

1 Kreuzen Sie die Funktionsgleichung an, wenn die genannte Eigenschaft für die Funktion zutrifft.

Eigenschaft			
Es handelt sich um eine gebrochen-rationale Funktion.	☐ $f(x) = \frac{-x}{x^2+1}$	☐ $g(x) = \frac{x-1}{2}$	☐ $h(x) = \frac{x^2+x}{x \cdot (x-2)}$
Die Funktion hat eine Definitionslücke bei x = 2.	☐ $f(x) = \frac{x+1}{x+2}$	☐ $g(x) = \frac{x^2-4x}{x^2-4}$	☐ $h(x) = \frac{x}{0{,}5x-1}$
Die Funktion hat eine Nullstelle bei x = −2.	☐ $f(x) = \frac{x^2-4}{x-2}$	☐ $g(x) = \frac{x^2+4x+4}{x+2}$	☐ $h(x) = \frac{(2x+4) \cdot x}{x^2+4}$
Die Funktion hat eine hebbare Definitionslücke bei x = 1.	☐ $f(x) = \frac{x \cdot (x^2-1)}{x-1}$	☐ $g(x) = \frac{(x-1) \cdot (x+3)}{(x-2)}$	☐ $h(x) = \frac{x^2+4x-5}{x^2+x-2}$
Für x → −1 und x < −1 gilt y → ∞.	☐ $f(x) = \frac{-1}{1+x}$	☐ $g(x) = \frac{(x-2) \cdot (3-x)}{x+1}$	☐ $h(x) = \frac{(x-2) \cdot (x-3)}{x+1}$
Der Graph hat eine waagerechte Asymptote mit der Gleichung y = 2.	☐ $f(x) = \frac{1}{x-2} - 2$	☐ $g(x) = \frac{2x-3}{x-3}$	☐ $h(x) = \frac{x^2}{x^2-3} + 1$
Der Graph hat eine senkrechte Asymptote an der Stelle x = 1.	☐ $f(x) = -\frac{1}{(x-1)^2} + 1$	☐ $g(x) = \frac{(x+1) \cdot (x+2)}{x^2-3x+2}$	☐ $h(x) = x^{-1} + 1$
Der Graph hat eine Polstelle ohne VZW.	☐ $f(x) = -\frac{1}{(x-1)^2} + 1$	☐ $g(x) = \frac{(x+1) \cdot (x+2)}{x^2-3x+2}$	☐ $h(x) = x^{-1} + 1$

2 Geben Sie für die abgebildeten Funktionen f und g mit $f(x) = \frac{(x-1)^2}{2 \cdot (x+2) \cdot (x-3)}$ und $g(x) = \frac{2 \cdot (x-1) \cdot (x+2)}{x^2}$ die zu den Eigenschaften gehörenden x-Werte bzw. Gleichungen an.

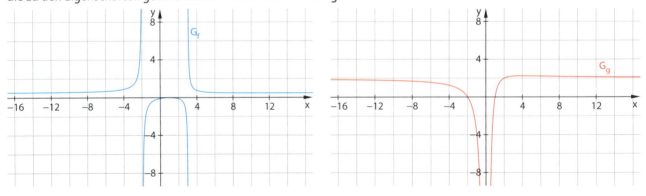

	f	g
einfache Nullstellen		
doppelte Nullstellen		
einfache Polstellen		
doppelte Polstellen		
senkrechte Asymptoten		
waagerechte Asymptoten		

3 Stellen Sie die Funktion f mit $f(x) = \frac{x^2 - 2x - 1}{3x}$ und ihre Asymptoten grafisch dar. Geben Sie auch die Gleichungen der Asymptoten an.

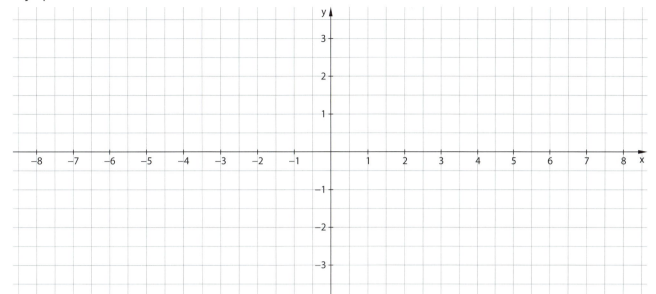

Schräge Asymptote: _____ Senkrechte Asymptote: _____

4 Gegeben ist die Funktion f mit $f(x) = \frac{1}{x-2} + \frac{1}{x+3}$.

a) Kreuzen Sie alle zum Funktionsterm von f äquivalenten Funktionsterme an.

☐ $\frac{2x+1}{(x-2)\cdot(x+3)}$ ☐ $\frac{2x+1}{x^2 - 2x - 6}$ ☐ $\frac{2x+1}{x^2 + x - 6}$

b) Geben Sie nur mithilfe der Interpretation zutreffender Funktionsterme an:

Senkrechte Asymptoten: _____

Waagerechte Asymptoten: _____

Schräge Asymptoten: _____

Polstellen: _____

Nullstellen: _____

5 Kreuzen Sie zu jedem Paar von Funktionen an, welche x-Werte die Schnittpunkte ihrer Graphen haben.

a) $f(x) = \frac{1-x}{x-1}$ und $g(x) = x$: ☐ $x_1 = -1; x_2 = 1$ ☐ $x = -1$ ☐ keine reelle Lösung

b) $f(x) = \frac{1}{3x^2}$ und $g(x) = 1 + \frac{1}{6x}$: ☐ $x_1 = \frac{2}{3}; x_2 = -\frac{1}{2}$ ☐ $x_1 = -\frac{2}{3}; x_2 = \frac{1}{2}$ ☐ $x = \pm\frac{1}{2}$

c) $f(x) = 1 - \frac{1}{x}$ und $g(x) = x$: ☐ $x = 0$ ☐ $x = 1$ ☐ keine reelle Lösung

6 Begründen Sie, dass g mit $g(x) = \frac{x^2 - 1}{x + 1}$ an der Stelle $x_0 = -1$ zwar eine Definitionslücke, aber keine Polstelle besitzt. Zeichnen Sie den Graphen von g.

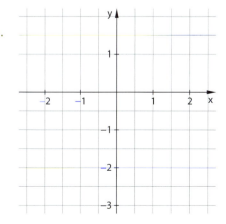

4 Grenzwert an einer Stelle und Stetigkeit

Basisaufgaben

1 Zeichnen Sie den Graphen der abschnittsweise definierten Funktion. Kreuzen Sie an, ob die Funktion an der Stelle $x_0 = 1$ stetig ist.

Stetigkeit: „Stift beim Zeichnen nicht absetzen."

$$f(x) = \begin{cases} x + 1; & x > 1 \\ x^2; & x \leq 1 \end{cases}$$

$$g(x) = \begin{cases} -(x-1)^2 + 2; & x > 1 \\ x^3 + 1; & x \leq 1 \end{cases}$$

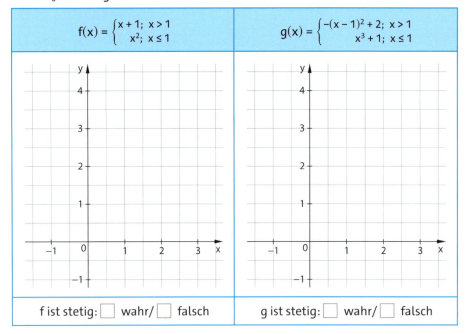

f ist stetig: ☐ wahr / ☐ falsch

g ist stetig: ☐ wahr / ☐ falsch

2 Geben Sie die Gleichungen der linearen bzw. quadratischen Funktionen an, aus denen der Graph abschnittsweise zusammengesetzt ist.
Geben Sie an, ob die Funktion stetig ist.

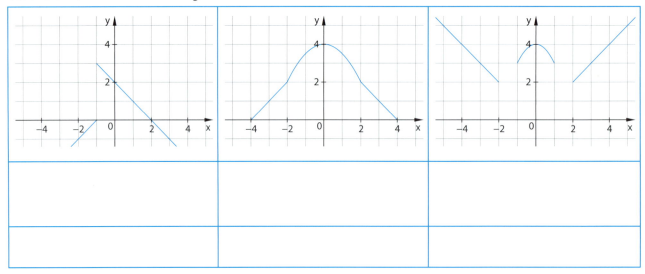

3 Beurteilen Sie, ob die Funktion f an der Stelle x_0 stetig ist.

Funktion	Stelle x_0	Stetig bei x_0?
$f(x) = \begin{cases} \sin(x); & x < 1 \\ 2^x - 1; & x \geq 1 \end{cases}$	$x_0 = 1$	
$f(x) = \begin{cases} \frac{1}{2}x^4; & x < -1 \\ 2^x; & x \geq -1 \end{cases}$	$x_0 = -1$	
$f(x) = \frac{1}{x-1}; x \neq 1$	$x_0 = -1$	

$f(x) = \frac{1}{x}$ ist stetig, denn Stetigkeit kann nur auf dem Definitionsbereich einer Funktion untersucht werden.

Grenzwert und Stetigkeit, Steigung und Ableitung 4

Weiterführende Aufgaben

4 Wählen Sie den Parameter a so, dass die Funktion an der Stelle $x_0 = 0$ stetig ist.

a) $f(x) = \begin{cases} -x^2 + a; x < 0 \\ -x + 12; x \geq 0 \end{cases}$

Ergebnis: a = _____

b) $f(x) = \begin{cases} 2\cos(x); x < 0 \\ (x + 1)(x - a); x \geq 0 \end{cases}$

a = _____

5 Untersuchen Sie die Funktion $f(x) = \frac{x}{2} - \text{sign}(x)$ auf Stetigkeit an der Stelle $x_0 = 0$. Zeichnen Sie den Graphen von f. Füllen Sie dazu die Wertetabelle aus.

Hinweis: $\text{sign}(x) = \begin{cases} -1; x < 0 \\ 0; x = 0 \\ 1; x > 0 \end{cases}$

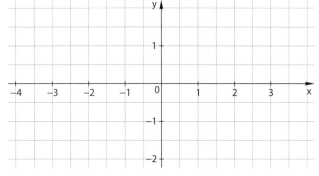

x	−2	−1	0	1	2
y					

Die Funktion f ist an der Stelle
$x_0 = 0$ _____

6 Die Gebühren in einem Parkhaus werden nach folgender Vorschrift erhoben:
- Für die beiden ersten Stunden jeweils   2,00 Euro
- Für jede weitere angefangene Stunde   1,00 Euro
- 24-Stunden-Ticket   10,00 Euro

a) Zeichnen Sie den Graphen der Funktion, die der Parkdauer die Parkgebühren für den Zeitraum der ersten neun Stunden des Parkens zuordnet.

b) Beschreiben Sie Besonderheiten des Graphen.

_____
_____
_____

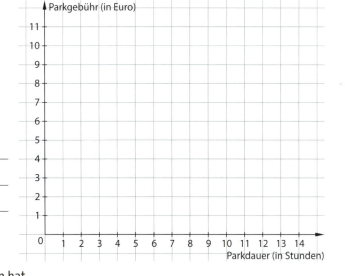

c) Frau Müller muss 8,00 Euro bezahlen. Geben Sie den Zeitraum an, in dem sie das Parkhaus verlassen hat, wenn sie um 07:30 Uhr mit dem Parken begonnen hat.

_____
_____

d) Ab welcher Parkdauer lohnt sich ein 24-Stunden-Ticket?

_____
_____

Zusatzaufgabe: Für eine reelle Zahl x ist $\lfloor x \rfloor$ die größte ganze Zahl, die kleiner oder gleich x ist. Zeichnen Sie den Graphen der Funktion f mit $f(x) = 2 \cdot \lfloor x - 1 \rfloor$ im Intervall $0 \leq x < 3$.
Hinweis: Rechnerbefehl für die Gaußklammerfunktion $\lfloor x \rfloor$: floor(x).

4 Mittlere und lokale Änderungsrate

 Mittlere Änderungsrate   Ableitung   Steigung

Basisaufgaben

1 Mittlere Änderungsrate: Ermitteln Sie zeichnerisch und rechnerisch die mittlere Änderungsrate m von f in den Intervallen.

Hilfe: Eine Gerade durch die Punkte A(a|f(a)) und B(b|f(b)) hat die Steigung $m = \frac{f(b) - f(a)}{(b - a)}$.
Zeichnen Sie jeweils als Erstes die passende Sekante und ein Steigungsdreieck ein.

a) Intervall [−3; −2]
A(−3|−2); B(−2|1) $m = \frac{\square - (-\square)}{-2 - (-3)} = \frac{\square}{1} = \underline{\quad}$

b) I = [−2; 2]
A(−2|___); B(2|___)   m = _____ = _____

c) I = [2; 6]
A(___|___); B(___|___)   m = _____ = _____

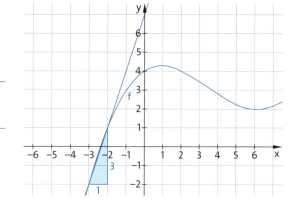

2 Berechnen Sie die mittlere Änderungsrate der Funktion f im Intervall [a; b] mit dem Differenzenquotienten $\frac{f(b) - f(a)}{(b - a)}$.
Hilfe: Berechnen Sie zuerst die y-Werte.

a) $f(x) = x^2 + 1$; I = [−2; 3]   A(−2|___); B(3|___) $m = \frac{\square - \square}{3 - (-2)} = \underline{\quad}$

b) $f(x) = 0{,}5x^2$; I = [−2; 3]   A(−2|___); B(3|___) $m = \frac{\square - \square}{\square - \square} = \underline{\quad}$

c) $f(x) = \sqrt{2^x}$; I = [−2; 4] P_1(___|___); P_2(___|___)   m = _____

3 Die Grafik zeigt die Entwicklung der Geburten in Deutschland. Ergänzen Sie in den Tabellen Näherungswerte für die mittleren Änderungsraten der Geburten. Runden Sie auf Tausender.
Zusatzaufgabe: Veranschaulichen Sie Ihre Tabellen grafisch. Was fällt auf?

Zeitraum	1960 bis 1969	1970 bis 1979	1980 bis 1989	1990 bis 1999	2000 bis 2009
mittlere Änderungsrate					

Zeitraum	1965 bis 1974	1975 bis 1984	1985 bis 1994	1995 bis 2004	2005 bis 2014
mittlere Änderungsrate					

4 Lokale Änderungsrate: Geben Sie näherungsweise die Ableitung der Funktion f an der Stelle x_0 an.

Hilfe: Die lokale Änderungsrate von f an der Stelle x_0 nennt man Ableitung $f'(x_0)$.

Ergänzen Sie jeweils möglichst exakt die Tangente an der Stelle x_0 und geben Sie deren Steigung an.

a) $x_0 = 0$ $f'(0) = m = \dfrac{}{4-0} = \dfrac{}{4} = $ _____

b) $x_0 = 6$ $f'(6) = m = $ _____

c) $x_0 = -6$ $f'(-6) = m = $ _____

d) $x_0 = -2$ $f'(-2) = m = $ _____

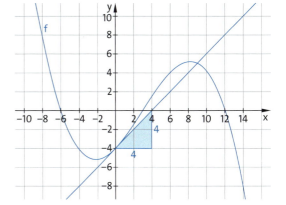

5 Es wird die Steigung des Graphen betrachtet.

a) Ergänzen Sie die passenden Punkte.

Die Steigung ist null in den Punkten _____

Die Steigung ist positiv in den Punkten _____

Die Steigung ist negativ in den Punkten _____

b) Ordnen Sie die Punkte nach der Steigung.
Beginnen Sie mit dem Punkt mit der geringsten Steigung.

_____

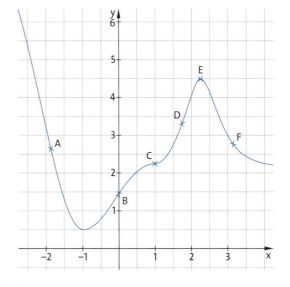

6 Bestimmen Sie näherungsweise die Ableitung der Funktion an der Stelle x_0.

a) $f(x) = x^2$; $x_0 = 3$ Vermutlich ist $f'(3) = $ _____

b) $f(x) = x^4$; $x_0 = 2$ Vermutlich ist $f'(2) = $ _____

x	f(x)	$\dfrac{f(x)-f(x_0)}{x-x_0}$
3,1	9,61	$\dfrac{9{,}61-9}{3{,}1-3} \approx 6{,}1$
3,01		
3,001		
3,00001		

x	f(x)	$\dfrac{f(x)-f(x_0)}{x-x_0}$

7 Kreuzen Sie an, welcher der Werte am ehesten dem Wert der 1. Ableitung der Funktion f an der Stelle x_0 entspricht.

Hilfe: Rechnen Sie wie in der Tabelle bei Aufgabe 6.

a) $f(x) = x^3$; $x_0 = 2$ ☐ $f'(2) = 0$ ☐ $f'(2) = 1$ ☐ $f'(2) = 12$ ☐ $f'(2) = -20$

b) $f(x) = \sqrt{x-1}$; $x_0 = 5$ ☐ $f'(5) = 0$ ☐ $f'(5) = 0{,}25$ ☐ $f'(5) = 1$ ☐ $f'(5) = -1$

c) $f(x) = \dfrac{32}{x^2}$; $x_0 = 4$ ☐ $f'(4) = -0{,}5$ ☐ $f'(4) = -1$ ☐ $f'(4) = 0{,}5$ ☐ $f'(4) = 1$

d) $f(x) = x^3 - 2x^2$; $x_0 = 1$ ☐ $f'(1) = -1$ ☐ $f'(1) = 0$ ☐ $f'(1) = 1$ ☐ $f'(1) = 2$

4 Mittlere und lokale Änderungsrate

8 Ableitung an einer Stelle: Berechnen Sie die 1. Ableitung der Funktion f an der Stelle x_0 als Grenzwert des Differenzenquotienten.

a) $f(x) = 0{,}25x^2$; $x_0 = 2$ b) $f(x) = 0{,}5x^2 - 1$; $x_0 = -1$

$$f'(x) = \lim_{h \to 0} \frac{f(x) - f(x_0)}{x - x_0} = \lim_{h \to 0} \frac{f(x_0 + h) - f(x_0)}{h}$$

1. Einsetzen von x_0 in den Differenzenquotienten mit h

$$\frac{f(x_0 + h) - f(x_0)}{h}$$

$$= \frac{0{,}25(2+h)^2 - (0{,}25 \cdot \boxed{})}{h}$$

$$\frac{f(x_0 + h) - f(x_0)}{h}$$

$$= \frac{\rule{3cm}{0.4pt} - \rule{2cm}{0.4pt}}{h}$$

2. Umformen mit dem Ziel, h aus dem Nenner zu kürzen

= _____   = _____

= _____   = _____

= _____   = _____

= _____   = _____

3. Ermitteln des Grenzwerts für h → 0

$f'(2) = \lim\limits_{h \to 0} (1 + 0{,}25h) =$ ____ $f'(1) = \lim\limits_{h \to 0} (-1 + 0{,}5h) =$ ____

9 Ergänzen Sie die Tabelle.

Funktion f und Stelle x_0	Differenzenquotient mit h als einziger Variable	Limes für h gegen 0
$f(x) = 5x^2$; $x_0 = 3$		$f'(3) = \lim\limits_{h \to 0} (30 + 5h) =$
$f(x) = 4x^2 - 6$; $x_0 = 5$		$f'(5) = \lim\limits_{h \to 0} (40 + 4h) =$
$f(x) = $ $x_0 = $	$\dfrac{((1+h) - 1)^3 - (1-1)^3}{h}$	$f'() = \lim\limits_{h \to 0} (h^2) =$

Zusatzaufgabe: Formen Sie den Differenzenquotienten so um, dass h nicht im Nenner steht.

10 Tangentengleichung: Gegeben ist die Funktion f mit $f(x) = -0{,}25x^3 + 1$. Bestimmen Sie die Gleichung der Tangente t an den Stellen $x_1 = 2$ und $x_2 = 0$ zeichnerisch und rechnerisch.

Tangente t an der Stelle $x_1 = 2$:

m = f'(2) = _____

f(2) = _____

_____   somit gilt b = _____ $t_1(x) =$ _____

Tangente t an der Stelle $x_2 = 0$:

m = f'(0) = _____

f(0) = _____

_____

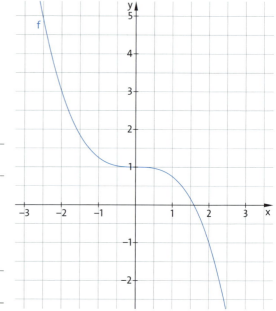

Grenzwert und Stetigkeit, Steigung und Ableitung 4

Weiterführende Aufgaben

11 Der Graph der Funktion f stellt die Fahrt einer S-Bahn zwischen den Haltestellen „H_1" und „H_2" dar.

a) Ergänzen Sie die Sätze zu wahren Aussagen.

① Die Steigung der Sekante s entspricht der _____

② Die Steigung der Tangente t entspricht der _____

b) Berechnen Sie mithilfe der Graphik die Durchschnittsgeschwindigkeit $\bar{v}$ der S-Bahn zwischen den Haltestellen H_1 und H_2 sowie die Momentangeschwindigkeit $v(0{,}625)$.

$\bar{v} = \dfrac{1125\,\text{m}}{1{,}25\,\text{min}} =$ _____

$v(0{,}625) \approx \dfrac{\boxed{}}{0{,}375\,\text{min}} =$ _____

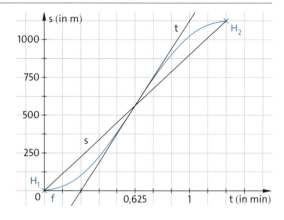

12 Paula erfasste alle fünf Minuten die Temperatur des beim Mittagessen übrig gebliebenen Eintopfs.

Zeit in min	0	5	10	15	20	25	30	35	40	45
Temperatur in °C	45	41	37,6	34,8	32,4	30,4	28,7	27,3	26,2	25,2

a) Veranschaulichen Sie den Temperaturverlauf im Koordinatensystem.

b) Geben Sie die kleinste und die größte mittlere Änderungsrate der Temperatur in den betrachteten 5-Minuten-Intervallen an. Was fällt Ihnen auf?

_____

_____

_____

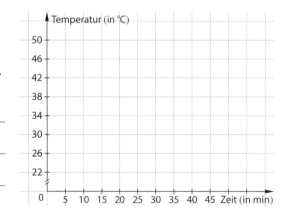

13 Die Abbildung zeigt den Pegelverlauf der Ems bei Rheine.

a) Berechnen Sie die mittlere Änderungsrate pro Tag vom 10. bis 18.12.2017. Runden Sie sinnvoll.

_____

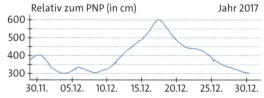

b) Erläutern Sie, dass die mittlere Änderungsrate pro Tag vom 1. bis 25.12.2017 keine sinnvolle Information über die tatsächliche Entwicklung liefert.

_____

_____

_____

_____

4 Differenzierbarkeit

Basisaufgaben

1 Ergänzen Sie die Anwendungen zum Begriff **1. Ableitung einer Funktion f an einer Stelle x_0**.

Hilfe: $f'(x_0) = \lim\limits_{h \to 0} \frac{f(x_0 + h) - f(x_0)}{h}$

a) Wenn sich der Differenzenquotient $\frac{f(x_0) - f(x)}{x_0 - x}$ einer Funktion f bei Annäherung an die Stelle x_0 von links oder rechts _____ die 1. Ableitung $f'(x_0)$ der

Funktion f an der Stelle x_0 an.

b) Ist f(t) die Weg-Zeit-Funktion der geradlinigen Bewegung eines Massepunktes, dann gibt $f'(t_0)$ _____ an.

c) Die 1. Ableitung einer Funktion f an einer Stelle x_0 gibt die Steigung _____ _____ an.

d) Beschreibt die Funktion f das Wachstum einer Bakterienkultur in Abhängigkeit von der Zeit x, so gibt $f'(x_0)$ die _____ Wachstumsrate _____ an.

2 Behauptung: Die Funktion $f(x) = |x - 1|$ ist an der Stelle $x_0 = 1$ nicht differenzierbar.
a) Zeichnen Sie den Graphen der Funktion f mindestens im Intervall $-2 \leq x \leq 3$.
b) Beschreiben Sie mit Worten, woran man anhand des Graphen einer Funktion erkennen kann, ob die Funktion an einer Stelle nicht differenzierbar ist.
c) Füllen Sie die Lücken im rechnerischen Nachweis der Behauptung.

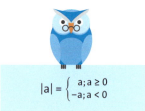

$|a| = \begin{cases} a; a \geq 0 \\ -a; a < 0 \end{cases}$

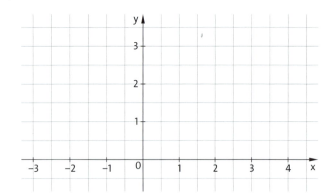

Beschreibung: _____
_____
_____
_____
_____

Annäherung an die Stelle $x_0 = 1$ von rechts: $\lim\limits_{\substack{h \to 0 \\ h > 0}} \frac{|1 + h - 1| - |1 - 1|}{h} = \lim\limits_{\substack{h \to 0 \\ h > 0}} \frac{|h|}{h} =$

Annäherung an die Stelle $x_0 = 1$ von links: $\lim\limits_{\substack{h \to 0 \\ h < 0}} \frac{|1 + h - 1| - |1 - 1|}{h} = \lim\limits_{\substack{h \to 0 \\ h < 0}} \frac{|h|}{h} =$

3 Behauptung: Die Funktion $f(x) = \begin{cases} x^2; x \leq 2 \\ 4; x > 2 \end{cases}$ ist an der Stelle $x_0 = 2$ nicht differenzierbar.
a) Zeichnen Sie den Graphen der Funktion f mindestens im Intervall $-2 \leq x \leq 4$.
b) Führen Sie einen rechnerischen Nachweis der Behauptung.

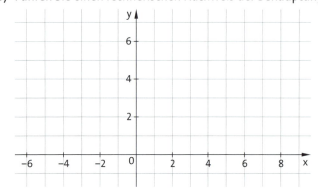

$\lim\limits_{\substack{h \to 0 \\ h < 0}} \frac{(2 + h)^2 - 2^2}{h} =$

$\lim\limits_{\substack{h \to 0 \\ h > 0}} \frac{4 - 4}{h} =$

_____
_____
_____

Grenzwert und Stetigkeit, Steigung und Ableitung   4

Weiterführende Aufgaben

4 Die Funktion $h(x) = \frac{1}{2}x^2$ ist an jeder Stelle x differenzierbar, die Funktion $g(x) = |x|$ ist an der Stelle $x_0 = 0$ nicht differenzierbar.

a) Ordnen Sie die Funktionen f_1, f_2 und f_3 durch Verbindungslinien den Graphen zu.

$f_1(x) = h(x) \cdot g(x)$ $f_2(x) = h(x) + g(x)$ $f_3(x) = h(x) - g(x)$

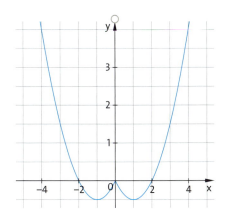 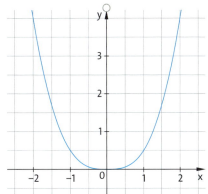 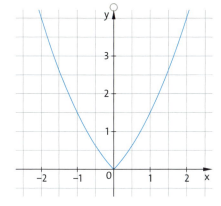

b) Entscheiden Sie, ob f_1, f_2 und f_3 an der Stelle $x_0 = 0$ differenzierbar sind. Geben Sie den Wert der 1. Ableitung an, falls die Funktion dort differenzierbar ist.

_____

_____

c) Behauptung: f_4 mit $f_4(x) = \frac{h(x)}{g(x)}$ ist an der Stelle $x_0 = 0$ weder differenzierbar noch stetig. Ergänzen Sie die Begründung dieser Behauptung.

Begründung: $f_4(x) = \frac{\frac{1}{2}x^2}{|x|} = \frac{\frac{1}{2} \cdot |x| \cdot |x|}{|x|} = \frac{1}{2} \cdot |x|$ mit $x \neq 0$. Wegen

_____ bei $x = 0$ ist f_4 mit $f_4(x) = \frac{h(x)}{g(x)}$ nicht

stetig.

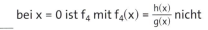

Annäherung an die Stelle $x_0 = 0$ von rechts: _____

und von links: _____

Der linksseitige Grenzwert des Differenzenquotienten an der Stelle $x_0 = 0$ und der rechtsseitige Grenzwert sind _____, deshalb ist $f_4(x)$ hier nicht differenzierbar.

5 Mit einer Mathematiksoftware wurde die 1. Ableitung von f mit $f(x) = x$ und $0 < x < 4$ berechnet.
Kreuzen Sie an, wer recht hat.

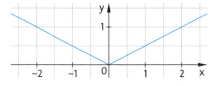

☐ Andrea: Die Software macht einen Fehler, denn die 1. Ableitung wird nur für das Intervall $0 < x < 4$ angegeben, aber f(x) ist definiert für $0 \leq x \leq 4$.

☐ Bea: Die Software macht keinen Fehler, denn an den Intervallgrenzen lassen sich nur einseitige Grenzwerte des Differenzenquotienten berechnen. Damit existiert die 1. Ableitung weder für $x = 0$ noch für $x = 4$ im definierten Sinne.

4 Ableitungsfunktion

Grafisch Ableiten

Basisaufgaben

1 Ableitung an einer Stelle: Berechnen Sie die 1. Ableitung der Funktion f an der Stelle x_0 als Grenzwert des Differenzenquotienten.

a) $f(x) = 2x^2 - 1$; $x_0 = -1$

b) $f(x) = x^2 + 1$; $x_0 = 1$

$$f'(x) = \lim_{h \to 0} \frac{f(x) - f(x_0)}{x - x_0} = \lim_{h \to 0} \frac{f(x_0 + h) - f(x_0)}{h}$$

1. Bilden des Differenzenquotienten $\frac{f(x) - f(x_0)}{x - x_0}$:

$$\frac{2x^2 - 1 - (2 \cdot (-1)^2 - 1)}{x - (-1)} = \frac{\boxed{}}{x+1} \qquad \frac{\boxed{}}{x-1} = \frac{\boxed{}}{x-1}$$

2. Umformen des Differenzenquotienten

$$\frac{\boxed{}}{x+1} = \frac{2 \cdot (x^2 - 1)}{x+1} = \frac{2 \cdot (x-1) \cdot \boxed{}}{(x+1)} = 2 \cdot (x\boxed{}) \qquad \frac{\boxed{}}{x-1} = \frac{(\boxed{}) \cdot (\boxed{})}{x-1} = \boxed{}$$

3. Ermitteln des Grenzwertes für $x \to x_0$:

$$f'(-1) = \lim_{x \to -1} 2 \cdot (x\boxed{}) = 2 \cdot (-1\boxed{}) = \boxed{} \qquad f'(1) = \lim_{x \to 1}(x\boxed{}) = (\boxed{} + \boxed{}) = \boxed{}$$

2 Vervollständigen Sie die Tabelle.

Funktion f und Stelle x_0	Differenzenquotient mit x und x_0	Limes für x gegen x_0
$f(x) = 3x^2$; $x_0 = 2$		
$f(x) = 2x^2 - 12$; $x_0 = 3$		
$f(x) = $ $x_0 = $	$\frac{(x-1)^2 - (-1-1)^2}{x+1} =$	

3 Ableitungsfunktion: Betrachten Sie den Graphen von f mit $f(x) = x^3 - 6x^2 + 9x$ im Intervall $-0{,}1 < x < 4$.

Hilfe: Der Funktionswert der Ableitungsfunktion f' an der Stelle x entspricht der Steigung von f an dieser Stelle.

a) Ergänzen Sie die Zahlen und skizzieren Sie passende Tangenten am Graphen f.

① zur x-Achse parallele Tangenten

$f'(\underline{}) = 0 \qquad f'(\underline{}) = 0$

② Tangenten mit positiver Steigung

$f'(x) > 0 \quad$ für $\quad \underline{} < x < \underline{} \quad$ und $\quad \underline{} < x < \underline{}$

③ Tangenten mit negativer Steigung

$f'(x) < 0 \quad$ für $\quad \underline{} < x < \underline{}$

b) Skizzieren Sie die Ableitungsfunktion f' mit $f'(x) = 3(x-2)^2 - 3$ mit $S(2|-3)$. Nutzen Sie Ihre Ergänzungen bei Teilaufgabe a.

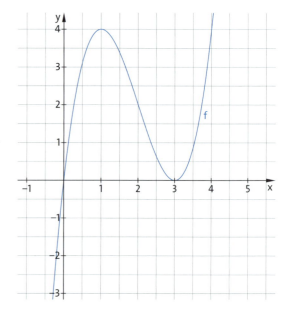

Weiterführende Aufgaben

4 Graphen von Funktionen und Ableitungsfunktionen:
Ordnen Sie dem Graphen der Funktion den der Ableitungsfunktion zu.
Beschriften Sie dazu die Graphen mit f, g, h, k bzw. f', g', h', k'.
Markieren Sie die für Ihre Entscheidung maßgeblichen Punkte auf den Graphen.
Zusatzaufgabe: Begründen Sie Ihre Zuordnungen.

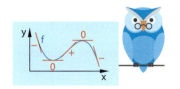

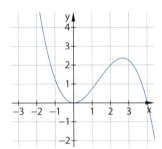 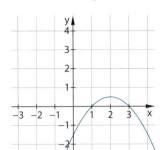 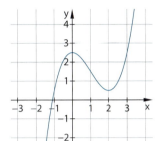 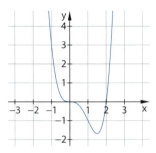

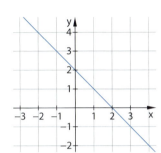 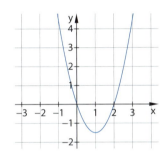 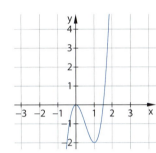 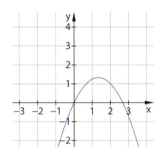

5 Die Abbildung zeigt das Weg-Zeit-Diagramm einer Autofahrt.
Auf der Strecke besteht eine Geschwindigkeitsbegrenzung
von $60 \frac{km}{h}$.

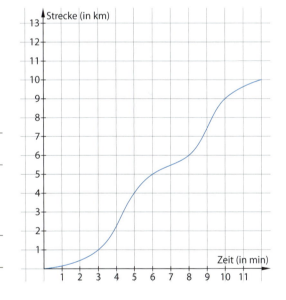

a) Berechnen Sie die Durchschnittsgeschwindigkeit im abgebildeten Intervall in Kilometern pro Stunde.

___

___

b) Ermitteln Sie die Steigung des Graphen in $\frac{km}{min}$, die einer Momentangeschwindigkeit von $60 \frac{km}{h}$ entspricht.

___

___

c) Markieren Sie die Teile des Graphen, bei denen die Höchstgeschwindigkeit von $60 \frac{km}{h}$ überschritten wird.

6 Ergänzen Sie zu wahren Aussagen.

Wenn der Graph von f' oberhalb der x-Achse verläuft, dann ist die Steigung von f _____

Wenn der Graph von f' unterhalb der x-Achse verläuft, dann ist die Steigung von f _____

Wenn der Graph von f' die x-Achse schneidet, dann hat f an der Stelle _____

Wenn der Graph von f' eine Parabel ist, dann ist f _____

Wenn der Graph von f eine Gerade ist, dann verläuft der Graph von f' _____

Betrachtet man die Funktion g = –f, dann gilt für g': _____

4 Ableitung von Potenzfunktionen

Basisaufgaben

1 Potenzen mit natürlichen Exponenten: Kreuzen Sie die richtigen Antworten an.

$f(x) = x^3$:	☐ $f'(x) = x^2$	☐ $f'(x) = x^4$	☐ $f'(x) = 3x^2$
$f(x) = x^m$:	☐ $f'(x) = (m-1)x^m$	☐ $f'(x) = x^{m-1}$	☐ $f'(x) = mx^{m-1}$
$v(u) = u^5$:	☐ $v'(u) = u^4$	☐ $v'(u) = 4u^5$	☐ $v'(u) = 5u^4$
$f(x) = a^2$:	☐ $f'(x) = 2a^1$	☐ $f'(x) = 0$	☐ $f'(x) = a^2$
$a(t) = t$:	☐ $a'(t) = 0$	☐ $a'(t) = t^{1-1}$	☐ $a'(t) = 1$
$f(x) = x^{3n}$:	☐ $f'(x) = 3x^{2n}$	☐ $f'(x) = 3n \cdot x^{2(n-1)}$	☐ $f'(x) = 3n \cdot x^{2n-1}$

2 Potenzen mit rationalen Exponenten: Ordnen Sie durch Pfeile zu.

$f(x) = x^{-4}$ $f(x) = x^{\frac{1}{5}}$ $f(x) = \frac{1}{\sqrt[5]{x}}$

$f'(x) = \frac{(-4)}{x^5}$ $f'(x) = 0{,}2 \cdot \frac{1}{\sqrt[5]{x^4}}$

$f'(x) = \frac{1}{5}x^{-\frac{4}{5}}$ $f'(x) = -\frac{1}{5x^{1{,}2}}$ $f'(x) = \frac{\left(-x^{-\frac{6}{5}}\right)}{5}$

$f(x) = x^r;\ r \in \mathbb{Q}$
$f'(x) = r \cdot x^{r-1}$

3 Bestimmen Sie die Ableitung der Funktion f an der Stelle x_0, falls möglich.

Funktion f	Stelle x_0	Ableitungsfunktion f'	$f'(x_0)$
$f(x) = x^6$	$x_0 = -1$		
$f(x) = \frac{1}{x}$	$x_0 = 0$		
$f(x) = \frac{1}{\sqrt{x}}$	$x_0 = 1$		
$f(x) = 5$	$x_0 = 5$		

4 Gegeben ist die Funktion $f(x) = x^2$.
  a) Ermitteln Sie die Stelle x_0, an der die Tangente an den Graph von f denselben Anstieg hat wie die Sekante durch die Punkte $P(0|f(0))$ und $Q(1|f(1))$.
  b) Bestimmen Sie die Gleichung dieser Tangente.

  Anstieg der Sekante: _____
  Ableitung von f: _____
  Stelle x_0: _____
  Tangentengleichung: _____

  Zusatzaufgabe: Zeichnen Sie die Tangente ein.

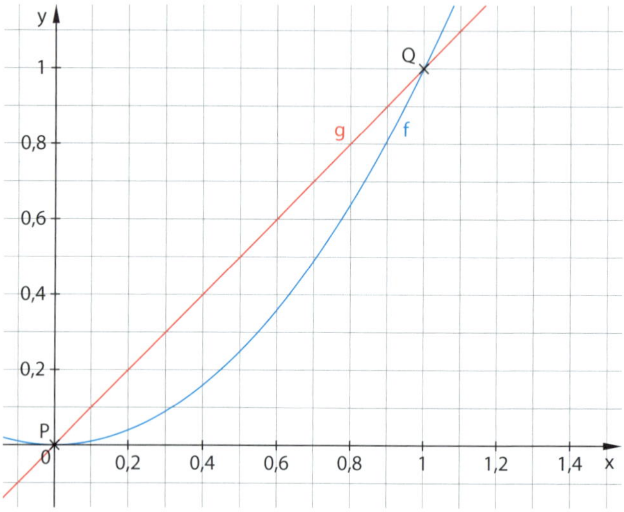

  c) Beschreiben Sie, wie sich der Anstieg der Gerade durch die Punkte P und Q ändert, wenn Q entlang der Parabel immer näher an P heranrückt und schließlich P erreicht.

  _____
  _____

Weiterführende Aufgaben

5 Kreuzen Sie alle die Funktionen f an, die zur gegebenen Ableitungsfunktion f' gehören.

$f'(x) = 7x^6$: ☐ $f(x) = 7x^7$ ☐ $f(x) = x^7 + 7$ ☐ $f(x) = x^7 - 7$

$f'(x) = \frac{1}{3\sqrt[3]{x^2}}$: ☐ $f(x) = \sqrt[3]{x} + 1$ ☐ $f(x) = x^{\frac{1}{3}} - 2$ ☐ $f(x) = x^{\frac{2}{6}}$

$f'(x) = \frac{-1}{2^2\sqrt{x^3}}$: ☐ $f(x) = x^{-\frac{1}{2}} - 2$ ☐ $f(x) = \frac{1}{\sqrt{x}} + \pi$ ☐ $f(x) = \frac{1}{x^{\frac{1}{2}}} + \sqrt{2}$

$f'(x) = -k \cdot x^{-(k+1)}$: ☐ $f(x) = -x^{k+1}$ ☐ $f(x) = -x^{-k} + 1$ ☐ $f(x) = 1 + \frac{1}{x^k}$

6 Zeichnen Sie Graphen möglicher Funktionen f ein, die zum abgebildeten Graphen der Ableitungsfunktion f' gehören.

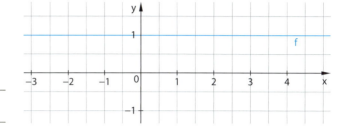

_____

_____

7 Bestimmen Sie rechnerisch die Stellen, an denen die Funktionen $f(x) = x^2$ und $g(x) = x^3$ den gleichen Anstieg haben. Zeichnen Sie die zugehörigen Tangenten ein und geben Sie deren Gleichungen an.

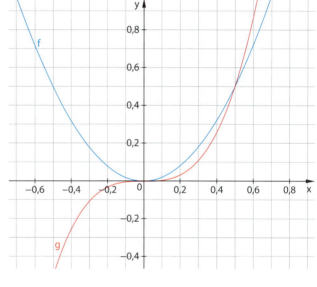

_____

_____

_____

_____

_____

_____

_____

_____

8 Prüfen Sie durch handschriftliche Rechnung, ob der CAS-Rechner hier richtig gerechnet hat. Beurteilen Sie, ob die Warnung berechtigt ist.

_____

_____

_____

4 Faktor- und Summenregel

 Faktor-regel
 Summen-regel

Basisaufgaben

1 Potenzregel: Kreuzen Sie die Ableitungsfunktion der Potenzfunktion mit natürlichen Exponenten an.

Hilfe: Wenn $f(x) = x^n$ $(n \in \mathbb{N})$, dann gilt $f'(x) = n \cdot x^{n-1}$.

a) $f(x) = x^6$ ☐ $f'(x) = 6x^6$ ☐ $f'(x) = 6x^5$ ☐ $f'(x) = 5x^6$

b) $g(x) = x^{13}$ ☐ $g'(x) = 13x^{13}$ ☐ $g'(x) = 13x^{12}$ ☐ $g'(x) = 12x^{13}$

c) $h(x) = x$ ☐ $h'(x) = -x$ ☐ $h'(x) = x^{-1}$ ☐ $h'(x) = 1$

2 Leiten Sie die Potenzfunktionen mit rationalen Exponenten mithilfe der Potenzregel ab.

Hilfe: Wenn $f(x) = x^r$ $(r \in \mathbb{R})$, dann gilt $f'(x) = r \cdot x^{r-1}$.

f(x)	x^{-10}	x^{-20}	$-x^{-15}$	$x^{-0,1}$	$x^{-\frac{2}{5}}$	$x^{-2,1}$
f'(x)	$-10x^{-11}$					

3 Faktorregel: Geben Sie den Funktionsterm der Ableitungsfunktion an.

Hilfe: Wenn $f(x) = k \cdot g(x)$ mit $k \in \mathbb{R}$, dann gilt $f'(x) = k \cdot g'(x)$.

f(x)	$7x^{-3}$	$-11x^{-2}$	$-\frac{2}{5}x^{-5}$	$4x^{-\frac{1}{2}}$	$-3x^{-\frac{1}{5}}$	$-\frac{2}{3}x^{-\frac{2}{3}}$
f'(x)						

4 Korrigieren Sie, wenn nötig, die Ableitungsfunktion in der unteren Zeile.

f(x)	$2x^2$	$\frac{1}{5}x^5$	$\frac{1}{5x^5}$	$2x^{-7}$	$\frac{1}{\sqrt{x}}$	$2\sqrt[3]{x}$
f'(x)	x	x^4	$\frac{1}{x^4}$	$-2\frac{1}{7x^8}$	$-\frac{1}{2}x^{-\frac{3}{2}}$	$2\frac{1}{3\sqrt[3]{x^2}}$

Zusatzaufgabe: Nennen Sie naheliegende Fehlerursachen.

5 Summenregel: Leiten Sie die Funktion ab.

Multiplizieren Sie, wenn nötig, den Funktionsterm aus.

Hilfe: Wenn $f(x) = g(x) + k(x)$, dann gilt $f'(x) = g'(x) + k'(x)$.

a) $f(x) = x^3 + x^{17}$

   f'(x) = _____

b) $f(x) = x^4 + 4x^2$

   f'(x) = _____

c) $f(x) = 8x^5 + 4x^{-4}$

   f'(x) = _____

d) $f(x) = 7x^5 - 6x^3 + 7x - 4$

   f'(x) = _____

e) $f(x) = \frac{(x+4)^2}{2} =$ _____

   f'(x) = _____

f) $f(x) = \frac{1}{x}(3x^5 - 2x^4 + x^2) =$ _____

   f'(x) = _____

g) $f(x) = x^2(4x - 7) =$ _____

   f'(x) = _____

h) $f(x) = r(sx^2 - tx + u) =$ _____

   f'(x) = _____

Grenzwert und Stetigkeit, Steigung und Ableitung 4

Weiterführende Aufgaben

6 Die Ableitungen sind fehlerhaft. Korrigieren Sie zuerst die Ableitung. Geben Sie eine mögliche Fehlerursache an.

$f(x) = x^r$		$f'(x) = r \cdot x^{r-1}$
$g(x) = c$		$g'(x) = 0$
$m(x) = \sin(x)$		$m'(x) = \cos(x)$
$n(x) = \cos(x)$		$n'(x) = -\sin(x)$

a) $f(x) = 3x^2(x-4)$ $\quad f'(x) = 9x^2 - 8x$ $\quad f'(x) =$ _____

b) $f(x) = (x+2)(x+6)$ $\quad f'(x) = 2x + 20$ $\quad f'(x) =$ _____

c) $f(x) = 5(x^2-2)(x^2+2)^2$ $\quad f'(x) = 5(6x^6 + 24x^4 + 24x^2)$ $\quad f'(x) =$ _____

d) $9x^4 - 3x^{-3} - 6\cos(x)$ $\quad f'(x) = 36x^3 - 9x^{-2} - 6\sin(x)$ $\quad f'(x) =$ _____

7 Ableitung an einer Stelle: Bestimmen Sie die Ableitung (Steigung) an der Stelle.

a) $f(x) = 0{,}1x^5$ $\quad f'(x) =$ _____
$\quad f'(0) =$ _____ $\quad f'(2) =$ _____

b) $f(x) = 6x^3 + 3x - 7$ $\quad f'(x) =$ _____
$\quad f'(0) =$ _____ $\quad f'(2) =$ _____

c) $f(x) = \dfrac{x^6 + x^2}{x^3} =$ _____
$\quad f'(x) =$ _____
$\quad f'(1) =$ _____
$\quad f'(-2) =$ _____

d) $f(x) = (\sqrt{x} + 3)^2 =$ _____
$\quad f'(x) =$ _____
$\quad f'(4) =$ _____
$\quad f'(9) =$ _____

8 Markieren Sie alle zu einer Funktion passenden Karten mit der gleichen Farbe (oder dem gleichen Symbol).

$f(x) = 2x^3$	$f(x) = 2x^3 - x$	$f(x) = 2x^3 + x^2$	$f(x) = x^2 + \cos(x)$
$f(x) = -3x^2$	$f(x) = 3x^2 + 3x$	$f(x) = 3x^2 + 3x^3$	$f(x) = x^{-2} - \sin(30°)$

$f'(x) = 6x^2$	$f'(x) = -2x^{-3}$	$f'(x) = 6x^2 + 2x$	$f'(x) = 6x^2 - 1$
$f'(x) = -6x$	$f'(x) = 6x + 9x^2$	$f'(x) - 6x + 3$	$f'(x) = 2x - \sin(x)$

$f'(-4) = -21$	$f'(5) = 255$	$f'(4) = 96$	$f'(5) = 149$	$f'(-2) = 0{,}25$
$f'(-5) = 195$	$f'(\pi) = 2\pi$	$f'(-5) = 149$	$f'(-5) = 30$	$f'(4) = 104$	$f'(1) = 8$

4 Ableitung der Sinus- und Kosinusfunktion

Basisaufgaben

1 Ergänzen Sie die Lücken in den Sätzen zu wahren Aussagen.

Die Funktion f mit f(x) = sin (x) hat die Ableitungsfunktion f' mit f'(x) = _____

Die Funktion g mit g(x) = cos (x) hat die Ableitungsfunktion g' mit g'(x) = _____

2 Geben Sie die Steigung der Tangente an den Graphen der Funktion f mit f(x) = sin (x) an den in der Tabelle gegebenen Stellen x an.

Stelle x	$-\frac{\pi}{2}$	0	$\frac{\pi}{4}$	$\frac{\pi}{3}$	$\frac{\pi}{2}$	2π
Tangentensteigung für f(x) = sin (x)						

3 Geben Sie an, zu welcher der Funktionen f_1, f_2, f_3 und f_4 die Funktion f mit f(x) = – sin (x) die Ableitungsfunktion ist. Begründen Sie Ihre Entscheidung kurz.

Antwort: _____

Begründung: _____

_____

_____

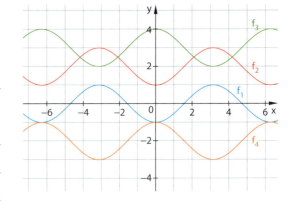

4 Kreuzen Sie alle Stellen x aus dem Intervall $-\pi \leq x \leq 3\pi$ an, für die die angegebene Gleichung zutrifft.

sin(x) = 0: ☐ x = –π ☐ x = $\frac{\pi}{2}$ ☐ x = $-\frac{\pi}{3}$ ☐ x = 3π

cos(x) = –1: ☐ x = –π ☐ x = $-\frac{\pi}{4}$ ☐ x = π ☐ x = 2π

[sin(x)]' = 0: ☐ x = –π ☐ x = $\frac{\pi}{2}$ ☐ x = $\frac{3\pi}{2}$ ☐ x = 3π

[cos(–x)]' = –1: ☐ x = –π ☐ x = $-\frac{\pi}{4}$ ☐ x = $\frac{\pi}{2}$ ☐ x = $\frac{5}{2}\pi$

5 Beurteilen Sie, ob die Aussagen richtig sind. Korrigieren Sie falsche Aussagen.

Aussage	wahr/ falsch	Korrektur
Im Intervall $-2\pi \leq x \leq -\pi$ ist der Graph der Kosinusfunktion monoton fallend.		
Der Graph der Sinusfunktion besitzt lokale Extrempunkte für alle $x = 2k \cdot \pi$ mit $k \in \mathbb{Z}$.		
Der Graph der Kosinusfunktion besitzt lokale Extrempunkte für für alle $x = k \cdot \pi$ mit $k \in \mathbb{Z}$.		
Die 2500. Ableitung von f mit f(x) = –sin(x) ist $f^{2500}(x) = \sin(x)$.		

Weiterführende Aufgaben

6 Kreuzen Sie alle Funktionsterme an, die eine Stammfunktion von f mit f(x) = cos(x) + x sind.

☐ F(x) = –sin(x) + x   ☐ F(x) = sin(x) + 0,5 x^2 ☐ F(x) = sin(x) + $\frac{x^2}{2}$ – 1

☐ F(x) = –sin(x) + 2x^2 ☐ F(x) = sin(x) + $\frac{1}{2}x^2 + \sqrt{2}$ ☐ F(x) = sin(x) + $\frac{x^2}{2}$ + π

7 Kreuzen Sie richtige Antworten bezüglich der Funktion f mit f(x) = sin(x) − cos(x) + π an.

a) Die Funktion f hat an der Stelle $x = \frac{\pi}{2}$ den Funktionswert

☐ $f\left(\frac{\pi}{2}\right) = \pi$ ☐ $f\left(\frac{\pi}{2}\right) = \pi - 1$ ☐ $f\left(\frac{\pi}{2}\right) = \pi + \tan\left(\frac{\pi}{4}\right)$ ☐ $f\left(\frac{\pi}{2}\right) = \pi + 1$

b) Die Funktion f hat an der Stelle $x = -\frac{\pi}{2}$ die Steigung

☐ $f'\left(-\frac{\pi}{2}\right) = -1$ ☐ $f'\left(-\frac{\pi}{2}\right) = \sin\left(\frac{7}{2}\pi\right)$ ☐ $f'\left(-\frac{\pi}{2}\right) = \tan\left(-\frac{\pi}{4}\right)$

c) Die Funktion f hat die Stammfunktion

☐ $F(x) = -\sin(x) - \cos(x)$ ☐ $F(x) = -\sin(x) - \cos(x) + \pi \cdot x$

d) Die Funktion g mit g(x) = f(x) − π hat im Intervall −π ≤ x ≤ π die Extremstelle

☐ $x_e = -\frac{\pi}{4}$ ☐ $x_e = -\frac{3\pi}{4}$ ☐ $x_e = \frac{\pi}{4}$ ☐ $x_e = \frac{3\pi}{4}$

8 Gegeben ist die Funktion f mit f(x) = x − sin(x) mit −5 ≤ x ≤ 5.

a) Begründen Sie, dass der Graph der Funktion f monoton steigend ist.

_____

_____

b) Berechnen Sie die Koordinaten der Wendepunkte von f.

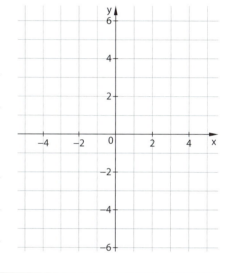

_____

_____

_____

_____

_____

c) Skizzieren Sie den Graphen von f.

9 Beurteilen Sie, ob die Aussagen bezüglich der Funktion f mit f(x) = sin(x) mit x ∈ ℝ korrekt sind. Korrigieren Sie falsche Aussagen.

Aussage	wahr/ falsch	Korrektur
Alle Nullstellen von f sind gegeben durch $x_0 = k \cdot \pi$ mit k ∈ ℤ.		
Alle Extremstellen von f sind gegeben durch $x_e = 2k \cdot \pi$ mit k ∈ ℤ.		
Alle Wendestellen von f sind gegeben durch $x_w = 2k \cdot \pi$ mit k ∈ ℤ.		
Die Extremstellen aller Stammfunktionen F von f stimmen überein mit den Nullstellen der Funktion f.		
Die Nullstellen aller Stammfunktionen F von f stimmen überein mit den Nullstellen der Funktion f.		

4 Tangenten, Steigungs- und Schnittwinkel

Basisaufgaben

1 Tangentengleichung: Abgebildet ist der Graph der Funktion f mit $f(x) = -\frac{1}{4} \cdot x^3 + 1$.
Bestimmen Sie die Gleichung der Tangente t an den Stellen $x_1 = -2$ und $x_2 = -1$ rechnerisch. $f'(x) =$ _____

Tangente t mit $t(x) = m \cdot x + b$ an der Stelle $x_1 = -2$:

$m = f'(-2) =$ _____

$f(-2) =$ _____

_____ $\Rightarrow b =$ _____ $t_1(x) =$ _____

Tangente t an der Stelle $x_2 = -1$:

$m = f'(-1) =$ _____

$f(-1) =$ _____

_____ $\Rightarrow b =$ _____ $t_2(x) =$ _____

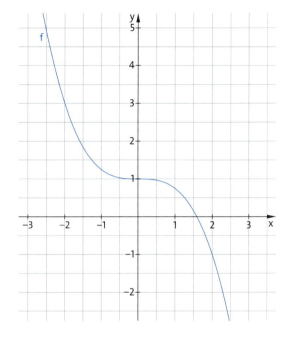

2 Die Parabel $f(x) = \frac{1}{2}x^2 - 2$ wird von der Geraden g in den Punkten $A(-2\,|\,f(-2))$ und $B(4\,|\,f(4))$ geschnitten.
Es gibt genau eine Tangente t an den Graphen von f, die parallel zur Geraden g verläuft.

a) Geben Sie in der Zeichnung die Steigung m der Geraden g an.
b) Ermitteln Sie die Koordinaten des Berührpunktes $P(x_P\,|\,y_P)$ von t an den Graphen von f und eine Gleichung der Tangente t. Zeichnen Sie die Tangente t ins Koordinatensystem ein.

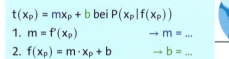

$t(x_P) = mx_P + b$ bei $P(x_P\,|\,f(x_P))$
1. $m = f'(x_P)$ → $m = \ldots$
2. $f(x_P) = m \cdot x_P + b$ → $b = \ldots$

Gerade g und Tangente t haben _____ da beide zueinander parallel verlaufen.

Es gilt $f'(x) =$ _____ somit gilt $f'(x_P) =$ _____

Es gilt $f'(x_P) = m =$ _____ also gilt $x_P =$ _____

Damit ist $y_P = f(x_P) = \frac{1}{2}$ _____ $- 2 =$ _____

Es gilt $t($ _____ $) =$ _____ $\cdot$ _____ $+ b =$ _____ also gilt $b =$ _____

$tx =$ _____

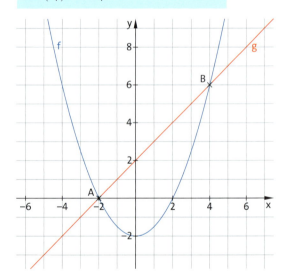

3 Steigungswinkel: Berechnen Sie mithilfe der 1. Ableitung die Steigungen des Graphen von f in den markierten Punkten sowie die Größe des Steigungswinkels.
Zusatzaufgabe: Prüfen Sie an der Zeichnung ihre Ergebnisse.

$f'(x) =$ _____

Punkt	Steigung	Steigungswinkel
A(−2 | 0)		
B(−1 | 3)		
C(0 | −4)		
D(1,8 | −0,76)		

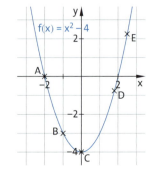

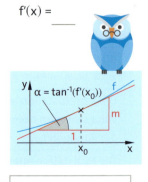

$\alpha = \tan^{-1}(f'(x_0))$

Grenzwert und Stetigkeit, Steigung und Ableitung 4

4 Ein maximales Gefälle von 15 Prozent, 18 Kurven, 122 Meter Höhenunterschied auf einer Länge von 1413 Metern: das sind die Kennzeichen der Bobbahn in Altenberg. Sie gilt als die schwierigste Kunsteisbahn der Welt.

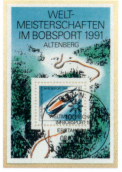

a) Schätzen Sie den größten Steigungswinkel dieser Bobbahn. Kreuzen Sie an.
☐ 3°   ☐ 6°   ☐ 9°   ☐ 12°   ☐ 15°   ☐ 18°

b) Berechnen Sie den größten Steigungswinkel dieser Bobbahn.

_____

5 **Schnittwinkel:** Ordnen Sie den Schnittwinkeln deren Berechnung zu.
Ermitteln Sie die fehlenden Winkelgrößen.

Hilfe: Sind α und β die Steigungswinkel der Funktionen f und g an deren Schnittstelle x_0, so ist der Schnittwinkel von f und g der kleinere der beiden Winkel $|\alpha - \beta|$ und $180° - |\alpha - \beta|$.

Schnittwinkel von ...	Winkelberechnung:
f und x-Achse	
g und y-Achse	$\tan^{-1}(4) \approx 76{,}0°$
h und x-Achse	$180° - |90° - (-11{,}3°)| = 78{,}7°$
f und g	
h und g	
h und f	$|-11{,}5° - (-51{,}3°)| = 39{,}8°$

Weiterführende Aufgaben

6 Ein Schiff fährt von A aus in Richtung B einen geradlinigen Kurs. Im Punkt B wird ein SOS-Ruf aufgenommen, der vom Punkt C kommt. Ermitteln Sie, um wie viel Grad das Schiff den Kurs ändern sollte, um von B nach C auf geradem Wege zu kommen.

Kurs von
A nach B: $m = \frac{9 - 3}{9 - 11} =$ _____ $\alpha = \tan^{-1}($ _____ $)$ $\alpha \approx$ _____

Kurs von
B nach C: _____ $\beta = \tan^{-1}($ _____ $)$ $\beta \approx$ _____

Kurs-
änderung: $\gamma = |\alpha - \beta| =$ _____

7 Ordnen Sie jeder Funktion f die passende Normale n an der Stelle $x_0 = 1$ zu.

Hilfe: Für die Steigung der Normalen gilt: $m = -\frac{1}{f'(x_0)}$.

$f(x) = x^2 - 3$	$f(x) = x^3 - 2$	$f(x) = x^2 + x - 2$	$f(x) = -x^2$	$f(x) = 1 - x^2$

$n(x) = -\frac{1}{3}x + \frac{1}{3}$	$n(x) = -\frac{1}{2}x - \frac{3}{2}$	$n(x) = 0{,}5x - 1{,}5$	$n(x) = \frac{1}{2}x - 0{,}5$	$n(x) = -\frac{1}{3}x - \frac{2}{3}$

4 Test – Grenzwert und Stetigkeit, Steigung und Ableitung

1 Kreuzen Sie die passenden Ableitungsfunktionen an.

a) $f(x) = x^{11}$ ☐ $f'(x) = x^{10}$ ☐ $f'(x) = x^{12}$ ☐ $f'(x) = 11x$ ☐ $f'(x) = 11x^{10}$

b) $f(x) = \frac{1}{2}x^3 - \frac{1}{4}x^2 + 1$ ☐ $f'(x) = \frac{3}{2}x^2 - \frac{1}{2}x$ ☐ $f'(x) = \frac{3}{2}x^2 - \frac{1}{2}$ ☐ $f'(x) = 1{,}5x^2 - 0{,}5x$ ☐ $f'(x) = \frac{1}{2}x \cdot (3x - 1)$

c) $f(x) = (0{,}2x^2 - x) \cdot (x - 0{,}2)$ ☐ $f'(x) = 0{,}2x^3 - 1{,}06x^2 + 0{,}2x$ ☐ $f'(x) = 0{,}6x^2 - 2{,}08x + 0{,}2$
☐ $f'(x) = (0{,}4x - 1) \cdot (1 - 0)$ ☐ $f'(x) = \frac{x}{25} \cdot (15x - 52) + \frac{1}{5}$

d) $f(x) = \frac{x^6 - x^{-6}}{6}$ ☐ $f'(x) = x^5 + x^{-7}$ ☐ $f'(x) = x^5 - x^{-5}$ ☐ $f'(x) = \frac{x^5 - x^{-7}}{6}$ ☐ $f'(x) = \frac{6x^5 - 6x^{-7}}{6}$

e) $f(x) = x + 1$ ☐ $f'(x) = 1$ ☐ $f'(x) = 0{,}5x$ ☐ $f'(x) = x$ ☐ $f'(x) = 2$

2 Gegeben ist die Funktion f mit $f(x) = x^3 + 1$.
Es sind Intervalle von f und mittlere Änderungsraten gegeben.
Verbinden Sie zusammenpassende Karten.

$I = [-2; -1]$ $I = [-1; 0]$ $I = [0; 2]$ $I = [-1; 2]$

$m = 1$ $m = 4$ $m = 3$ $m = 7$ $m = -8$

3 Kreuzen Sie alle Ergänzungen an, durch die man wahre Aussagen erhält.
Gegeben sind die Punkte $A(a \mid f(a))$, $B(b \mid f(b))$ und $P(x \mid f(x))$.

Der Differenzenquotient $\frac{f(b) - f(a)}{b - a}$ der Funktion f im Intervall [a; b] gibt ... an.
- ☐ die lokale Änderungsrate
- ☐ die mittlere Änderungsrate
- ☐ die Steigung der Passante durch A und B
- ☐ die Steigung der Tangenten von A und B
- ☐ die Steigung der Sekante durch A und B

Der Wert des Differenzialquotienten $\lim_{x \to x_0} \frac{f(x) - f(x_0)}{x - x_0}$ gibt ... an.
- ☐ die lokale Änderungsrate an der Stelle x_0
- ☐ die lokale Änderungsrate an der Stelle x
- ☐ die mittlere Änderungsrate im Intervall $[x; x_0]$
- ☐ die Steigung der Tangente im Punkt $P(x_0 \mid f(x_0))$
- ☐ die Steigung der Sekante durch x

4 Gegeben ist der Graph der Funktion f mit $f(x) = x^2 - 3x$.
Kreuzen Sie Zutreffendes an. Zeichnen Sie passende Geraden ein.

a) Die mittlere Änderungsrate ist −4 im Intervall ...
☐ [−1; 0] ☐ [0; 1,5] ☐ [1,5; 3] ☐ [3; 4]

b) Die mittlere Änderungsrate m ist im Intervall [0; 4] ...
☐ m = 0 ☐ m = −1 ☐ m = 1 ☐ m = 4

c) Der Steigungswinkel von f an der Stelle $x_0 = -1$ ist α mit ....
☐ α ≈ −79° ☐ α ≈ −68° ☐ α ≈ 68° ☐ α ≈ 78°

d) Die lokale Änderungsrate ist 0 an der Stelle ...
☐ x = 0 ☐ x = 1,5 ☐ x = 3 ☐ x = 4,2

e) Die lokale Änderungsrate ist 1 an der Stelle ...
☐ x = −1 ☐ x = 0 ☐ x = 1 ☐ x = 2

f) Der Schnittwinkel von t mit $t(x) = -x$ und g mit $g(x) = 4x$ ist β mit ...
☐ β ≈ 45° ☐ β ≈ 59° ☐ β ≈ 76° ☐ β ≈ 124°

g) Die Steigung der Sekante durch die Punkte $P(3 \mid 0)$ und $Q(-1 \mid 4)$ kann berechnet werden mit ...
☐ $\frac{3 - (-1)}{0 - 4}$ ☐ $\frac{-1 - 3}{4 - 0}$ ☐ $\frac{4 - 0}{-1 - 3}$ ☐ $\frac{0 - 4}{3 - (-1)}$

5 Ergänzen Sie die Tabelle.

Funktion	f(x) = –1	g(x) = |x|	h(x) = 4x² + 7x	k(x) = 0,5x⁴ + x³
Ableitungsfunktion				
Ableitung an der Stelle x = 0				
Ableitung an der Stelle x = 2				

6 Gegeben ist die Funktion f mit $f(x) = \frac{1}{3}x^3 - 3x^2 + 5x$.

a) Geben Sie die Ableitungsfunktion f' an. Ermitteln Sie eine Gleichung der Tangente t_A von f im Punkt A(0 | 0).

b) Die Tangente t_B hat die gleiche Steigung wie die Tangente t_A im Punkt A(0 | 0). Ermitteln Sie den Berührpunkt B und eine Gleichung von t_B.

c) Es gibt genau eine Stelle, an der der Graph von f die Steigung –4 hat. Bestimmen Sie eine Gleichung der zugehörigen Tangente t.

d) Bestimmen Sie die x-Koordinaten der Punkte des Graphen von f, in denen der Graph Tangenten besitzt, die parallel zur x-Achse verlaufen.

7 Das Kreisviadukt von Brusio in der Schweiz hat einen Maximalanstieg von 7 %, damit die eingesetzten Züge den „Aufstieg" schaffen können. Anstieg von 7 % bedeutet, dass je 100 m horizontaler Entfernung 7 m in vertikaler Entfernung zurückgelegt werden.

a) Gedankenexperiment: Stellen Sie sich eine Bahntrasse mit einem Anstieg von 7 % als Gerade in einem Koordinatensystem vor. Geben Sie die Steigung m und den Steigungswinkel α der Geraden an.

b) Gedankenexperiment: Stellen Sie sich vor, dass eine Bahntrasse mit einer Maximalsteigung von 7 % zu bauen ist. Die Funktionsgleichungen f_1, f_2 und f_3 beschreiben für x > 0 vorhandene Höhenunterschiede. Ermitteln Sie rechnerisch, bei welcher Variante die Bedingung am längsten erfüllt ist.

Variante ①: $f_1(x) = 0{,}00005x^2$
Variante ②: $f_2(x) = 0{,}000005x^3 + 7$
Variante ③: $f_3(x) = 0{,}0000005x^3 + 0{,}05x^2$

5 Monotoniekriterium

Basisaufgaben

1 Monotonie einer Funktion: Betrachten Sie den Graphen der Funktion f im Intervall −3 < x < 3.

Hilfe: f heißt streng monoton steigend, wenn für alle $x_1 > x_2$ gilt: $f(x_1) > f(x_2)$.

f heißt streng monoton fallend, wenn für alle $x_1 > x_2$ gilt: $f(x_1) < f(x_2)$.

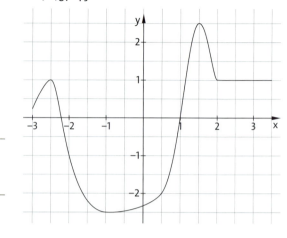

a) Färben Sie Teile des Graphen passend ein.
  ☐ f ist streng monoton steigend.
  ☐ f ist streng monoton fallend.

b) Geben Sie alle passenden Intervalle an.
  ① f ist streng monoton steigend für
  ____ < x < ____ und _____

  ② f ist streng monoton fallend für
  _____

c) Zeichnen Sie Tangenten ein und kreuzen Sie Zutreffendes an.

Teile der Tangente am Graphen der Funktion f verlaufen sowohl durch den I. als auch den III. Quadranten, somit ist f an der Berührstelle streng monoton steigend. ☐ wahr ☐ falsch

Teile der Tangente am Graphen der Funktion f verlaufen sowohl durch den II. als auch den IV. Quadranten, somit ist f an der Berührstelle streng monoton fallend. ☐ wahr ☐ falsch

2 Monotonieintervalle und Kriterium für Monotonie: Gegeben sind Graphen.

Hilfe: Wenn f′(x) > 0 für alle x aus dem Intervall I, dann ist die Funktion f streng monoton steigend auf I.
Wenn f′(x) < 0 für alle x aus dem Intervall I, dann ist die Funktion f streng monoton fallend auf I.
Die Nullstellen der Ableitungsfunktion f′ unterteilen den Definitionsbereich von f in Monotonieintervalle.

a) Markieren Sie zuerst durch zur y-Achse parallele Geraden die Wechsel von streng monoton fallend zu steigend und die Wechsel von streng monoton steigend zu fallend am Graphen der Funktion f.
Färben Sie danach auf der x-Achse die Intervalle, in denen die Ableitungsfunktion f′ nur positive bzw. nur negative Werte annimmt, unterschiedlich ein.

☐ f′(x) > 0 und f ist streng monoton steigend. ☐ f′(x) < 0 und f ist streng monoton fallend.

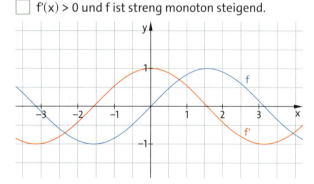 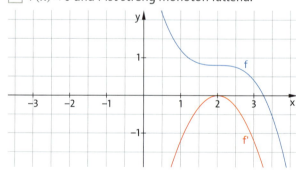

b) Einer der Graphen gehört zur Funktion f. Beschriften Sie diesen mit f.

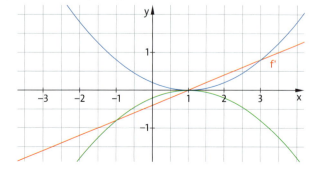 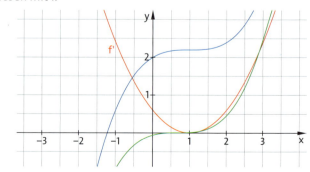

58

Untersuchung ganzrationaler Funktionen 5

3 Untersuchen Sie die Funktion mithilfe der Ableitung auf Monotonie.

a) $f(x) = 0{,}25x^4 + 2x^3 + 2{,}5x^2 + 1$
b) $g(x) = -0{,}75x^4 + 4x^3 + 31{,}5x^2 + 6$

1. Ermitteln der Ableitung von f'

$f'(x) = $ _____ $\qquad$ $g'(x) = $ _____

2. Ermitteln der Nullstellen von f'

$0 = $ _____ $\qquad$ $0 = $ _____

$0 = x \cdot ($ _____ $)$, also ist $x_1 = $ _____ $\qquad$ _____

$\qquad\qquad x_2 = $ _____ $\qquad\qquad\qquad\qquad x_2 = $ _____

$\qquad\qquad x_3 = $ _____ $\qquad\qquad\qquad\qquad x_3 = $ _____

3. Ermitteln des Vorzeichens (VZ) von f'(x) für eine Teststelle aus jedem Monotonieintervall und angeben, ob f auf I streng monoton steigt (↗) oder fällt (↘)

Monotonie-intervall	Test-stelle	VZ von f'(x)	Monotonie-verhalten von f
x < −5	−10	−	↘
−5 < x <	−2		
	−0,5		
		+	

Monotonie-intervall	Test-stelle	VZ von f'(x)	Monotonie-verhalten von f
		+	
		−	

Zusatzaufgabe: Skizzieren Sie einen möglichen Verlauf der Graphen f und g.

Weiterführende Aufgaben

4 Den Temperaturverlauf von 6:00 Uhr bis 21:00 Uhr an einem Sommertag beschreibt der Graph der Funktion f mit $f(t) = -\frac{1}{100} \cdot t^3 + \frac{23}{100} \cdot t^2 + 10$.

a) Markieren Sie die Bereiche, in denen die Temperatur steigt bzw. fällt, mit unterschiedlichen Farben.

☐ Temperatur steigt $\qquad$ ☐ Temperatur fällt

b) Berechnen Sie den Zeitpunkt, an dem sich das Monotonieverhalten ändert, auf die Minute genau.

$f'(t) = $ _____

Nullstelle von f':

5 Lokale Extrempunkte und Sattelpunkte

 Extrempunkte   Sattelpunkte

Basisaufgaben

1 Extrempunkte (Hoch- und Tiefpunkte): Gegeben ist der Graph der Funktion f.
a) Ergänzen Sie die Tabelle zum Graphen der Funktion f.
b) Skizzieren Sie je eine Tangente links und rechts in der Umgebung der Extrempunkte.
Geben Sie dort die Vorzeichen der Ableitung am Graphen an.

Extremstelle	x = 1			
Hochpunkt			$H_2(3\|1,5)$	
lokales Maximum				
Tiefpunkt				$T_2(5\|-1)$
lokales Minimum				

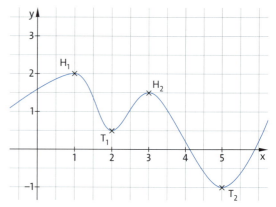

2 Notwendige Bedingung für lokale Extrempunkte: Berechnen Sie mithilfe der Ableitungsfunktion f', g', h' bzw. i' die Stellen, die als Extremstellen infrage kommen.

Hilfe: Wenn der Graph einer Funktion f an der Stelle x_E einen Hochpunkt oder Tiefpunkt hat, dann gilt $f'(x_E) = 0$.

a) $f(x) = x^2 - 4x + 4$

f'(x) = _____

0 = _____

x = _____

_____

b) $g(x) = -x^3 + 3x^2 + 2$

c) $h(x) = 0{,}25x^4 + \frac{1}{3}x^3 - x^2$

d) $i(x) = x^3 + 3{,}5x^2 + 3{,}5x + 1$

Zusatzaufgabe: Prüfen Sie, ob an den berechneten Stellen Sattelpunkte sein können.

3 Ordnen Sie jedem Extrempunkt genau eine Funktion und ihre Ableitungsfunktion zu.
Achtung, einer der Punkte ist ein Sattelpunkt.

P(1|−2)   Q(−1|0)   R(−1|2)   S(0|1)   T(0|0)   U(9|−546,75)   V(1|0)

f(x) = 9x + 10   f(x) = 9x²   f(x) = x³ − 3x   f(x) = x⁴ − 2x² + 1   f(x) = 0,25x⁴ − 3x³

f'(x) = 9   f'(x) = x³ − 9x²   f'(x) = 18x   f'(x) = 4x³ − 4x   f'(x) = 3x² − 3

5 Untersuchung ganzrationaler Funktionen

4 Hinreichende Bedingung für lokale Extrempunkte: Entscheiden Sie mithilfe des Vorzeichenwechsels (VZW) von f', ob an der Stelle x_E ein lokales Minimum oder ein lokales Maximum vorliegt.
Füllen Sie die Lücken aus und kreuzen Sie Zutreffendes an.

Hilfe:
Hochpunkt an der Stelle x_E: $f'(x_E) = 0$ und das Vorzeichen von f' wechselt an der Stelle x_E von + nach –.
Tiefpunkt an der Stelle x_E: $f'(x_E) = 0$ und das Vorzeichen von f' wechselt an der Stelle x_E von – nach +.

a) $f(x) = x^3 + 10{,}5x^2 + 18x$ $f'(x) = 3x^2 + 21x + 18$ $x_1 = -1$ und $x_2 = -6$ sind vermutlich Extremstellen.

x	−2	−1	0
f'(x)		0	

x		−6	
f'(x)			

☐ VZW von − nach + (Tiefpunkt bei −1)   ☐ VZW von + nach − (Hochpunkt bei −1)   ☐ VZW von − nach + (Tiefpunkt bei −6)   ☐ VZW von + nach − (Hochpunkt bei −6)

b) $g(x) = x^5 - 1{,}25x^4$ g'(x) = _____

x			
f'(x)			

x			
f'(x)			

☐ VZW von − nach + (Tiefpunkt bei 0)   ☐ VZW von + nach − (Hochpunkt bei 0)   ☐ VZW von − nach + (Tiefpunkt bei 1)   ☐ VZW von + nach − (Hochpunkt bei 1)

5 Extrem- und Sattelpunkte: Vergleichen Sie die Vorzeichenwechsel (VZW) von f'.
a) Geben Sie die Extrem- und Sattelpunkte in der Tabelle an.
b) Schreiben Sie die Vorzeichen der Ableitung links und rechts in der Umgebung der Punkte an den Graphen.
Ergänzen Sie in der Tabelle die letzte Zeile zum VZW.

Hochpunkte	Tiefpunkte	Sattelpunkte
$H_1(0{,}5 \mid 2{,}5)$		
VZW	VZW	VZW

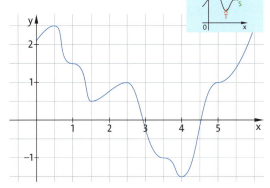

Zusatzaufgabe: Erläutern Sie mithilfe der Abbildung den Vorzeichenwechsel (VZW) an Extrem- und Sattelpunkten.

6 Hinreichende Bedingung für Sattelpunkte: Entscheiden Sie mithilfe des Vorzeichenwechsels von f', ob x_S Sattelstelle ist. Geben Sie gegebenenfalls den Sattelpunkt an.

Hilfe: x_S ist Sattelstelle, wenn $f'(x_S) = 0$ ist und das Vorzeichen von f' an der Stelle x_S nicht wechselt.

a) $f(x) = x^5 + 9$; $x_S = 0$ f'(x) = _____

b) $f(x) = 0{,}5x^3 - 1{,}5x^2 + 1{,}5x$; $x_S = 1$ f'(x) = _____

x			
f'(x)			

x			
f'(x)			

7 Geben Sie eine Funktion mit dem Sattelpunkt $S(0 \mid 1)$ an.

_____

_____

5 Globale Extrema

Basisaufgaben

1 Kreuzen Sie alle wahren Aussagen an.
Die Funktion f mit $f(x) = 0{,}25\,x^4 - 1{,}4\,x^3 + 2{,}2\,x^2 - 0{,}2x$ mit $x \in \mathbb{R}$
besitzt an der Stelle

☐ x = −1 ein lokales Maximum ☐ x = 1,75 ein globales Maximum
☐ x = 0 ein lokales Minimum ☐ x = 0 ein globales Minimum
☐ x = 1,75 ein lokales Maximum ☐ x = 3 ein globales Maximum
☐ x = 2,41 ein lokales Minimum ☐ x = 2 ein globales Minimum

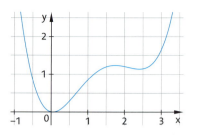

2 Zeichnen Sie die Graphen der Funktion f auf dem angegebenen Intervall und geben Sie die globalen Extrema der Funktion auf diesem Intervall an.

$f(x) = |x| - 1;$
$x \in \mathbb{R};\ -2 \leq x \leq 3$

$f(x) = -(x-2)^2 + 2$
$x \in \mathbb{R};\ 0 \leq x \leq 3$

$f(x) = \sin(x);$
$x \in \mathbb{R};\ -\pi \leq x \leq \pi$

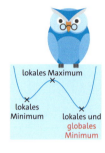
lokales Maximum
lokales Minimum
lokales und globales Minimum

globales Maximum _____   globales Maximum _____   globales Maximum _____

globales Minimum _____   globales Minimum _____   globales Minimum _____

3 Zeichnen Sie den Graphen der Funktion f mit $f(x) = \frac{x}{2} \cdot (x+3) \cdot (x-2)$ im Intervall $-3{,}3 \leq x \leq 2$. Vervollständigen Sie die Berechnung der lokalen und globalen Extrema von f.

Ausmultiplizieren: $f(x) = \frac{x^3}{2} +$ _____

Ableitungen: $f'(x) = $ _____ $f''(x) = $ _____

Nullstellen von f': $x_{e1} \approx -1{,}79$ $x_{e2} \approx$ _____

Art der lokalen Extrema: $f''(x_{e1}) \approx$ _____ : lokales _____
$f''(x_{e2}) \approx$ _____ : lokales _____

Koordinaten der lokalen Extrema: lokaler Hochpunkt H(___ | ___); lokaler Tiefpunkt T (___ | ___)

Funktionswerte an den Intervallgrenzen: f (___) ≈ ___   f( ) = ___

Globales Minimum: f _____ ; globales Maximum im Punkt: _____

4 Begründen Sie, dass die Funktion f mit $f(x) = 1 - x$ mit $x \in \mathbb{R};\ -2 \leq x < 3;$ ein globales Maximum, aber kein globales Minimum besitzt. Veranschaulichen Sie den Sachverhalt grafisch.

_____
_____
_____
_____

Weiterführende Aufgaben

5 Ordnen Sie den Eigenschaften die passende Funktionsgleichung zu.

Globales Minimum von f ist $-\frac{4}{27}$.
Globales Maximum von f ist $\frac{1073}{108}$.
Lokaler Tiefpunkt von f ist $T\left(\frac{2}{3} \mid -\frac{4}{27}\right)$.

$f(x) = 3x^2 - 4 \cdot \left(x - \left(\frac{2}{3}\right)^3\right)$
für $-0{,}5 \leq x \leq 2$

Globales Minimum von f ist $-\frac{4}{27}$.
Globales Maximum von f ist $\frac{140}{27}$.
Nullstellen von f sind $x_1 = \frac{4}{9}$ und $x_2 = \frac{8}{9}$.

$f(x) = x \cdot (3x - 4) + 4 \cdot \frac{8}{27}$
für $-1 \leq x \leq 2{,}5$

6 Eine zylinderförmige Konservendose soll mindestens 12 cm hoch sein und ein Volumen von 360 cm³ besitzen. Klara geht der Frage nach, bei welchem Radius der Zylinder unter diesen Bedingungen einen minimalen Oberflächeninhalt hat. Der Screenshot dokumentiert ihre Überlegungen. Kommentieren und beurteilen Sie diese.

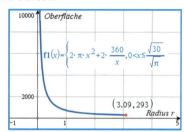

_____

_____

_____

_____

_____

_____

_____

7 50 m eines Zauns stehen schon. Es sollen noch 100 m Zaun so hinzugefügt werden, dass eine rechteckige, vollständig umzäunte Fläche entsteht, die möglichst großen Flächeninhalt hat. Beschreiben Sie einen Lösungsweg.

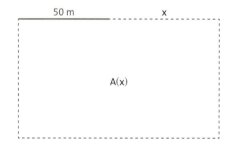

_____

_____

_____

_____

_____

5 Krümmung

Basisaufgaben

1 Links- und Rechtskurven: Markieren Sie unterschiedlich die Bereiche, in denen die Lok eine Links- bzw. Rechtskurve durchfährt.
- ☐ Linkskurve (linksgekrümmt)
- ☐ Rechtskurve (rechtsgekrümmt)

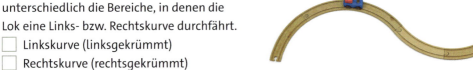

Zusatzaufgabe: Ein Streckenabschnitt hat die Form: Linkskurve – Rechtskurve – Linkskurve. Mit welchem Buchstaben kann er beschrieben werden?

2 Graphen von f, f' und f'': Gegeben sind die Graphen von Funktionen und deren ersten beiden Ableitungen.

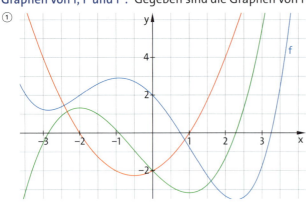
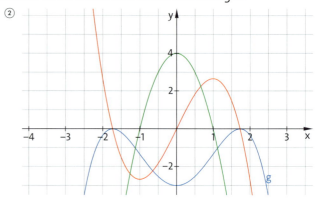

a) Beschriften Sie die Graphen der Ableitungsfunktionen.

b) Markieren Sie mit senkrechten Geraden alle passenden Stellen.
- ☐ bei f und g — Wechsel des Krümmungsverhaltens (Links- bzw. Rechtskrümmung)
- ☐ bei f' und g' — Wechsel des Monotonieverhaltens (streng monoton steigend bzw. fallend)
- ☐ bei f'' und g'' — Wechsel des Vorzeichens der Funktionswerte (positive bzw. negative Funktionswerte)

Was fällt Ihnen auf?
_____

c) Ergänzen Sie die Sätze zur Krümmung von f und g.

Der Graph von f ist linksgekrümmt für _____   Er ist rechtsgekrümmt für _____

Der Graph von g ist linksgekrümmt für _____   Er ist rechtsgekrümmt für _____

3 Krümmungsverhalten: Geben Sie an, auf welchen Intervallen der Graph von f links- bzw. rechtsgekrümmt ist. Belegen Sie Ihre Entscheidung mithilfe von Funktionswerten zu Teststellen aus den Intervallen.

Hilfe: Wenn $f''(x) > 0$ für alle x aus dem Intervall I, dann ist der Graph der Funktion f auf I linksgekrümmt.
Wenn $f''(x) < 0$ für alle x aus dem Intervall I, dann ist der Graph der Funktion f auf I rechtsgekrümmt.

a) $f''(x) = -x + 4$

Linkskrümmung des Graphen von f für:

_____   f''(____) = _____

Rechtskrümmung des Graphen von f für:

_____   f''(____) = _____

b) $f''(x) = 2x + 2$

Linkskrümmung des Graphen von f für:

_____   f''(____) = _____

Rechtskrümmung des Graphen von f für:

_____   f''(____) = _____

Untersuchung ganzrationaler Funktionen 5

4 Untersuchen Sie mithilfe der zweiten Ableitung das Krümmungsverhalten.

Hilfe: Die Nullstellen von f″ sind die Grenzen von Krümmungsintervallen.

a) $f(x) = 2x^3 - 3x^2 + 4x + 5$ b) $g(x) = -x^3 - 2x + 6$

f′(x) = _____

f″(x) = _____

0 = _____ also ist x = _____

Linkskrümmung für:

_____ f″(___) = _____

Rechtskrümmung für:

_____ f″(___) = _____

Weiterführende Aufgaben

5 Ermitteln Sie die Hoch- und Tiefpunkte mithilfe von Ableitungen.

Hilfe: Eine hinreichende Bedingung für eine lokale Extremstelle x_E einer Funktion f ist: f′(x_E) = 0 und f″(x_E) ≠ 0.
In diesem Fall gilt: Wenn f″(x_E) < 0, dann liegt ein Hochpunkt vor.
Wenn f″(x_E) > 0, dann liegt ein Tiefpunkt vor.

a) $f(x) = \frac{1}{3}x^3 - 3x^2 + 2$ b) $g(x) = x^3 + 1{,}5x^2 - 6x + 4$

f′(x) = _____

f″(x) = _____

Nullstellen von f′ sind $x_1 = 0$ und $x_2 =$ _____   Nullstellen von g′ sind $x_1 =$ ____ und $x_2 =$ ____

f″(0) = _____ und f(0) = 2, somit   g″(___) = _____ und g(___) = _____ somit

gibt es bei $x_1 = 0$ den Hochpunkt H(0|2).   gibt es bei $x_1 =$ ____ den _____

f″(___) = _____ und f(___) = _____ somit   g″(___) = _____ und g(___) = _____ somit

gibt es bei $x_2 =$ ____ den _____   gibt es bei $x_2 =$ ____ den _____

6 Die Funktion h mit $h(t) = -\frac{1}{3}t^3 + 2t^2 + 21t + 10$ beschreibt ab dem Kaufdatum für einige Wochen die Höhe einer Pflanze; t steht für die Wochen nach diesem Zeitpunkt und h(t) für die jeweilige Höhe der Pflanze in Zentimetern.

a) Ermitteln Sie den Zeitpunkt, ab dem sich das Wachstum der Pflanze verlangsamt.

_____

_____

_____

b) Untersuchen Sie, bis zu welcher Woche die Funktion h das Wachstum relativ gut beschreiben könnte.

_____

_____

_____

_____

5 Wendepunkte

Basisaufgaben

1 Wendepunkte von Funktionen und Graphen von Ableitungsfunktionen: Gegeben sind die Graphen von Funktionen und die der ersten beiden Ableitungen.

①.

②.

a) Markieren Sie die Wendepunkte der Funktionen f und g in den Zeichnungen.
   Hilfe: Am Wendepunkt ändert sich das Krümmungsverhalten. Wendepunkte mit einer waagerechten Tangente sind Sattelpunkte.

b) Beschriften Sie zuerst die Graphen der Ableitungsfunktionen mit f', f'', f''' bzw. g', g'', g'''.
   Markieren Sie danach mit senkrechten Geraden alle passenden Stellen.
   ☐ Wendestellen der Funktion f   ☐ Extremstellen der ersten
   ☐ Nullstellen der zweiten   Ableitungsfunktion f'
      Ableitungsfunktion f''   ☐ Sattelstellen der Funktion f

   Zusatzaufgabe: Was fällt Ihnen auf?

2 Hinreichende Bedingungen für Wendepunkte: Graphen von f mit $f(x) = -0{,}5x^4 + x^3$ und g mit $g(x) = 0{,}5x^4 - 2x^3 + 6$.

a) Ermitteln Sie mithilfe von Ableitungen die Wendestellen. Prüfen Sie, ob es sich um eine Sattelstelle handelt.
   Hilfe: Wenn $f''(x_w) = 0$ und $f'''(x_w) \neq 0$, dann ist x_w Wendestelle. Wenn zusätzlich $f'(x_w) = 0$, dann ist x_w Sattelstelle.

   $f(x) = -0{,}5x^4 + x^3$ $g(x) = 0{,}5x^4 - 2x^3 + 6$
   $f'(x) = $ _____ $g'(x) = $ _____
   $f''(x) = $ _____ $g''(x) = $ _____
   $f'''(x) = $ _____ $g'''(x) = $ _____

   Nullstellen von f'' sind $x_1 = 0$ und $x_2 = $ ____   Nullstellen von ____ sind $x_1 = $ ____ und $x_2 = $ ____
   $f'''(0) = $ ____ und $f'''($ ____ $) = $ ____   ____ und ____
   Bei $x_1 = 0$ und $x_2 = $ ____ gibt es Wendestellen.

   _____
   _____

   Hinweis: Sattelstellen (Sattelpunkte) werden auch als Terrassenstellen (Terrassenpunkte) bezeichnet.

b) Untersuchen Sie mithilfe der Tabellen, ob das Vorzeichen (VZ) von f'' an der Stelle x_w wechselt.
   Hilfe: Wenn $f''(x_w) = 0$ und das Vorzeichen von f'' an der Stelle x_w wechselt, dann existiert bei x_w ein Wendepunkt.

x	−1	0	0,5	1	
f''(x)		0		0	
VZ			+		

x					
g''(x)		0		0	
VZ					

Untersuchung ganzrationaler Funktionen 5

3 Welche Teilaussagen kommen in den notwendigen oder hinreichenden Bedingungen für die Aussagen ① bis ③ vor? Ordnen Sie diese zu.

① Der Graph von f hat bei x = 2 einen Wendepunkt.

② Der Graph von f hat bei x = 2 einen Sattelpunkt.

③ Der Graph von f ist bei x = 2 rechtsgekrümmt.

f′(2) = 0   f″(2) < 0   f″(2) = 0   f‴(2) ≠ 0   Bei x = 2 hat f″ einen Vorzeichenwechsel.   Bei x = 2 hat f′ keinen Vorzeichenwechsel.   Bei x = 2 fällt f′ monoton.

4 Berechnen Sie die Wendepunkte der Funktion f mit $f(x) = -\frac{1}{24}x^4 + \frac{1}{6}x^3 + 2$.
Untersuchen Sie auch, ob Sattelpunkte vorliegen.

Weiterführende Aufgaben

5 Abgebildet ist der Graph der Ableitungsfunktion f′. Beurteilen Sie die unten stehenden Aussagen.
Schreiben Sie die Nummern der passenden Begründungen auf.

① $f'(x_0) = 0$ an der Stelle x_0.

② $f''(x_0) \neq 0$ an der Stelle x_0.

③ $f''(x_0) = 0$ an der Stelle x_0.

④ $f'(x_0) < 0$ an der Stelle x_0.

⑤ $f'''(x_0) \neq 0$ an der Stelle x_0.

⑥ $f'(x_0) \neq 0$ an der Stelle x_0.

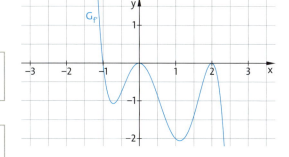

	wahr	falsch
Der Graph von f ist an der Stelle $x_0 = 1{,}5$ monoton steigend.	☐	☐
Der Graph von f hat an der Stelle $x_0 = 2$ eine Sattelstelle.	☐	☐
An der Stelle $x_0 = 1$ ist das notwendige Kriterium für ein Extremum erfüllt.	☐	☐
Der Graph von f hat an der Stelle $x_0 = -1$ ein Extremum.	☐	☐
Der Graph von f hat an der Stelle $x_0 = 0$ eine Wendestelle.	☐	☐
An der Stelle $x_0 = 0$ ist das notwendige Kriterium für ein Extremum erfüllt.	☐	☐

6 Ermitteln Sie die Gleichung der Wendetangente der Funktion f mit $f(x) = x^3 - 6x^2 + 9x - 4$.

5 Test – Untersuchung ganzrationaler Funktionen

1 Auf dem Graphen der Funktion f sind Punkte markiert.

a) Ergänzen Sie zu wahren Aussagen und zeichnen Sie den Graphen mit den passenden Farben nach.

f'(x) > 0 für alle x aus dem Intervall, demzufolge ist f streng monoton _____ Markierung: _____

f'(x) < 0 für alle x aus dem Intervall, demzufolge ist f streng monoton _____ Markierung: _____

f'(x) = 0 _____

b) Kreuzen Sie Zutreffendes an.

	A	B	C	D	E	F	G	H
Extrempunkte sind die Punkte …	☐	☐	☐	☐	☐	☐	☐	☐
Wendepunkte sind die Punkte …	☐	☐	☐	☐	☐	☐	☐	☐
Hochpunkte sind die Punkte …	☐	☐	☐	☐	☐	☐	☐	☐
Tiefpunkte sind die Punkte …	☐	☐	☐	☐	☐	☐	☐	☐
Sattelpunkte sind die Punkte …	☐	☐	☐	☐	☐	☐	☐	☐
Bei … ist der Graph der Funktion linksgekrümmt.	☐	☐	☐	☐	☐	☐	☐	☐

2 Kreuzen Sie alle zu f mit $f(x) = \frac{1}{720}x^6 - \frac{1}{120}x^5 + \frac{1}{24}x^4 + \frac{5}{6}x^3 - \frac{7}{2}x^2 + 1984x - \pi$ passenden Ableitungen an.

☐ 0 ☐ $0{,}5x^2 - x + 1$ ☐ $0{,}3x^3 - 0{,}5x^2 + x$ ☐ $x - 1$

3 Auf Notizzetteln stehen Schrittfolgen. Vervollständigen Sie die passenden Überschriften.

Ermitteln von _____	Ermitteln von _____
1. Ermitteln von f'	1. Ermitteln von f', f'' und f'''
2. Ermitteln der Nullstellen von f'	2. Ermitteln der Nullstellen von f''
3. Untersuchen des Vorzeichenwechsels von f' oder Prüfen, ob f''(x) < 0 oder f''(x) > 0	3. Untersuchen des Vorzeichenwechsels von f'' oder Berechnen der dritten Ableitung an der potentiellen Stelle

4 Kreuzen Sie die wahren Aussagen an.

Der Graph einer ganzrationalen Funktion …

☐ besitzt mindestens einen Wendepunkt, wenn er einen Hoch- und einen Tiefpunkt hat.

☐ besitzt mindestens einen Hoch- und einen Tiefpunkt, wenn er einen Wendepunkt hat.

☐ besitzt mindestens einen Tiefpunkt, wenn er einen Hoch- und einen Wendepunkt hat.

☐ besitzt keinen weiteren Extrempunkt, wenn er einen Extrempunkt und keine Wendepunkte hat.

☐ besitzt mehrere Extrempunkte, wenn er mehrere Wendepunkte hat.

5 Ergänzen Sie in der Funktionsgleichung alle natürlichen Zahlen von 4 bis 9, so dass gilt: Die Funktion ist punktsymmetrisch zum Ursprung und für x → −∞ gilt f(x) → ∞.

$f(x) = \underline{}\, x\underline{} - \underline{}\, x\underline{} + \underline{}\, x\underline{}$

6 Untersuchen Sie die Funktion f mit $f(x) = 0{,}125x^4 - 0{,}5x^3$ mithilfe der Ableitungen.

a) Monotonie

f ist monoton steigend für _____   f ist monoton fallend für _____

b) Krümmung

Der Graph ist für _____ linksgekrümmt.   Der Graph ist für _____ rechtsgekrümmt.

c) Extrempunkte

_____

d) Wendepunkte

e) Kreuzen Sie die Zeichnung an, die den Graphen von f enthält. Zeichnen Sie beide Koordinatenachsen ein.

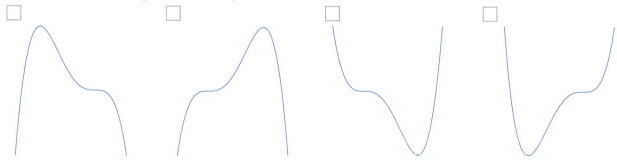

7 Der Wasserstand in einem Regenwasserspeicher kann in den ersten drei Regenstunden durch die Funktion f mit $f(t) = -\frac{1}{32}t^3 + \frac{3}{16}t^2 + 3{,}74$ modelliert werden. Berechnen Sie, wann der Wasserstand am stärksten anstieg.

_____

_____

6 Newton-Verfahren

Grundlagentraining

1 Ergänzen Sie die Beschreibung des Newtonverfahrens anhand der Abbildung:

Gesucht ist _____ einer Funktion f. Man sucht sich eine in der Nähe der vermuteten Nullstelle x_N gelegene Stelle x_0, legt dort _____ 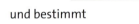 und bestimmt _____ _____ dieser Tangente. An der Stelle x_1 wird wieder _____ _____ gelegt, welche die x-Achse an einer _____ schneidet. Dieses Verfahren wird so lange fortgeführt, bis die beiden letzten benachbarten Tangentennullstellen einen vorher definierten Abstand ε _____ .

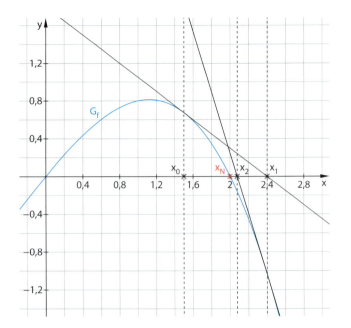

2 Die Berechnung der positiven Nullstelle von $f(x) = x^2 - 3$ soll mit dem Newtonverfahren auf Hundertstel genau ($|x_{k+1} - x_k| \leq \varepsilon = 0{,}01$) erfolgen: Vervollständigen Sie die fehlenden Rechenschritte.

$x_{k+1} = \dfrac{x_k - f'(x_k)}{f(x_k)}$

- Es ist f(1) = ____ und f(2) = ____ . Wegen des Vorzeichenwechsels liegt eine Nullstelle im Intervall ____ < x < ____ . Als Startwert kann z. B. die Intervallmitte gewählt werden: $x_0 = 1{,}5$.

- Wegen f'(x) = ____ ist f'(1,5) = ____ ≠ 0, also ist $x_0 = 1{,}5$ ein geeigneter Startwert.

- $x_1 = x_0 - \dfrac{f(x_0)}{f'(x_0)} = 1{,}5 - \dfrac{-0{,}75}{3} = 1{,}75$

- $x_2 = x_1 - \dfrac{f(x_1)}{f'(x_1)} = 1{,}75 - $ _____ $= 1{,}732142857$

- $x_3 = x_2 - \dfrac{f(x_2)}{f'(x_2)} = 1{,}732142857 - $ _____

- Abbruchbedingung prüfen: Die dritte Nachkommastelle ist schon bei x_3 „stabil".

  Es ist $|x_3 - x_2| = |$ _____ $| = |-0{,}00092047| < \varepsilon$

- Näherungswert für die Nullstelle $x_N \approx 1{,}73$.

3 Realisieren Sie das Newton-Verfahren für die negative Nullstelle von $f(x) = 0{,}3x^4 - 1{,}04x - 1$. Nutzen Sie die Konstantenautomatik Ihres Taschenrechners für eine effektive Rechnung:

- Mithilfe einer grafischen Darstellung oder einer Wertetabelle erkennt man, dass zwischen −1 und 0 eine negative Nullstelle liegt. Startwert z. B.: $x_0 = -1$.
- Wenn Ihr Taschenrechner über eine ANS-Taste verfügt, dann gehen Sie so vor:
  ① Startwert eingeben und mit · (oder =) bestätigen.
  ② Die Formel für das Newtonverfahren unter Verwendung der ANS-Taste eingeben.
  ③ Wiederholt · (oder =) drücken, bis die geforderte Genauigkeit erreicht ist.

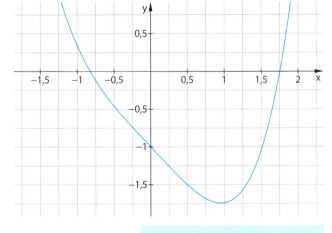

ans $- \dfrac{0{,}3 \cdot ans^4 - 1{,}04 \cdot ans - 1}{1{,}2 \cdot ans^3 - 1{,}04}$

Vollziehen Sie dieses Verfahren nach und ermitteln Sie so einen Näherungswert für die gesuchte Nullstelle auf Tausendstel genau: $x_0 \approx$ _____

6 Anwendungen der Differenzialrechnung

4 Ermitteln Sie die Nullstelle x_N der nebenstehend abgebildeten Funktion mithilfe des Newtonverfahrens.

Geben Sie die Werte des Iterationsfolge mit dem Startwert 1,5 an, bis sich die Nachkommastellen nicht mehr ändern.

$x_0 = 1,5$; $x_1 = $ _____ $x_2 = $ _____

$x_3 = $ _____ $x_4 = $ _____

$x_N = $ _____

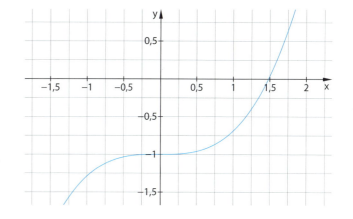

Aufbautraining

5 Erläutern Sie, weshalb beim Anwenden des Newtonverfahrens auf die Berechnung der Nullstellen von $f(x) = 5 - x^2$ der Startwert $x_0 = 0$ ausgeschlossen werden muss.

Begründung: _____

_____

_____

6 Für das algorithmische Vorgehen beim Newtonverfahren ist auch eine Tabellenkalkulation gut zu verwenden. Im Folgenden ist eine solche einfache Umsetzung des Newton-Algorithmus' für die Bestimmung einer der Nullstellen der Funktion $f(x) = x^5 - 2x^2 + 1$ mit einer TK abgebildet.

	A	B
1	1	−0,5
2	= A1 + 1	= B1 − $\frac{B1^5 - 2 \cdot B1^2 + 1}{5 \cdot B1^4 - 4 \cdot B1}$
3	= A2 + 1	= B2 − $\frac{B2^5 - 2 \cdot B2^2 + 1}{5 \cdot B2^4 - 4 \cdot B2}$
4	= A3 + 1	= B3 − $\frac{B3^5 - 2 \cdot B3^2 + 1}{5 \cdot B3^4 - 4 \cdot B3}$
5	= A4 + 1	= B4 − $\frac{B4^5 - 2 \cdot B4^2 + 1}{5 \cdot B4^4 - 4 \cdot B4}$
6	usw.	usw.

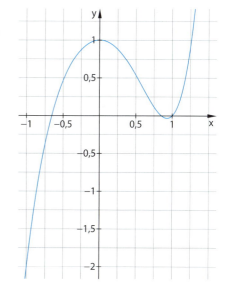

a) Erläutern Sie diese Realisierung.

Spalte A liefert _____

Spalte B ergibt _____

b) Bestimmen Sie mit dem Newtonverfahren Näherungswerte der Nullstellen von f auf Hundertstel genau. Geben Sie auch jeweils den Startwert an.

Startwert	Näherungswert
$x_0 = $ ____	$x_N = $ ____
$x_0 = $ ____	$x_N = $ ____
$x_0 = $ ____	$x_N = $ ____

7 Begründen Sie, weshalb sich die Nullstelle der Funktion $f(x) = x^3 - 2x + 2$ mit dem Startwert $x = 0$ durch das Newtonverfahren nicht ermitteln lässt.

Begründung: _____

_____

_____

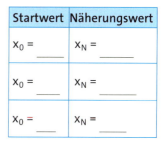

6 Extremalprobleme

Basisaufgaben

1 Lösungsstrategie für Extremalprobleme: Wenden Sie die vorgegebene Schrittfolge an.

a) Zwei Mauern bilden eine rechtwinklige Ecke. Zur Abgrenzung einer möglichst großen rechteckigen Fläche in dieser Ecke stehen 20 m Zaun zur Verfügung. Berechnen Sie, wie lang die Zaunseiten a und b sein sollten.

1. Gleichung
2. Nebenbedingungen
3. Zielfunktion
4. lokale Extrema
5. Randwerte
6. Interpretation

1. *Gleichung*
   Flächeninhalt A eines Rechtecks: A = _____
2. *Nebenbedingungen*
   Länge des Zaunes, verteilt auf die Rechteckseiten: _____
3. *Zielfunktion*   A(a) = _____   mit $0 \le a \le 20$
4. *lokale Extrema*
   erste und zweite Ableitung: A'(a) = _____   A''(a) = _____

   Notwendige Bedingung (mögliche Extremstelle):   A'(a) = ____ also gilt _____ also gilt _____

   Hinreichende Bedingung: A''(a) = −2 < 0   Es liegt _____ vor.
5. *Randwerte*
   Das lokale Maximum ist das globale Maximum, da   A(0) = A(20) = ____ und _____
6. *Interpretation*
   Die abzugrenzende Fläche hat einen möglichst großen Flächeninhalt, wenn _____

b) Aus einer 3 m langen Stahlstange soll das Kantengerüst eines Quaders mit quadratischer Grundfläche und maximalem Volumen hergestellt werden. Ermitteln Sie die Längen seiner Kanten a und b.

1. *Gleichung*
   Volumen des Quaders: _____
2. *Nebenbedingungen*
   Gesamtlänge der Kanten als Summe: _____
3. *Zielfunktion* _____
4. *lokale Extrema*
   erste und zweite Ableitung: _____

   Notwendige Bedingung (mögliche Extremstelle): _____

   Hinreichende Bedingung: _____
5. *Randwerte*
   Das lokale Maximum ist das globale Maximum, da _____
6. *Interpretation* _____

2 Zielfunktionen: Verbinden Sie die Sachverhalte mit passenden Zielfunktionen.
Zusatzaufgabe: Die Gleichung einer Zielfunktion bleibt übrig. Geben Sie einen dazu passenden Sachverhalt an.

Bei einem Rechteck ist die Seite a 3 m kürzer als die Seite b. Gesucht ist die Zielfunktion für seinen Flächeninhalt in Abhängigkeit von a.

Bei einem Prisma mit quadratischer Grundfläche mit Seitenlänge a ist die Höhe 3 cm größer als a. Gesucht ist die Zielfunktion für sein Volumen in Abhängigkeit von a.

Bei einer geraden Pyramide mit quadratischer Grundfläche ist die Höhe a ein Drittel mal so groß wie die Länge x der Seitenkante der Grundfläche. Gesucht ist die Zielfunktion für das Volumen der Pyramide in Abhängigkeit von a.

$f(a) = a^2 + 3 \cdot a$

$f(a) = 3 \cdot a^3$

$f(a) = 3 \cdot a^2$

$f(a) = a^3 + 3 \cdot a^2$

Anwendungen der Differenzialrechnung 6

3 Figuren unter Funktionsgraphen: Der Punkt Q liegt auf der x-Achse im Intervall −2 ≤ x ≤ 2.
Senkrecht über Q liegt der Punkt R auf der Parabel f(x) = 4 − x².
Der Punkt P hat die Koordinaten P(−2|0). Untersuchen Sie, bei welcher Lage von R der Flächeninhalt des Dreiecks PQR ein lokales Maximum annimmt.

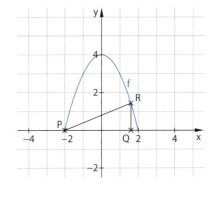

a) Kreuzen Sie die Gleichung der Zielfunktion z für −2 ≤ x ≤ 2 an.
☐ $z(x) = \frac{1}{2} \cdot (2 + x) \cdot (4 - x^2)$ ☐ $z(x) = 4 + 2x - x^2 - \frac{1}{2}x^3$

b) Kreuzen Sie die Extremstelle für ein lokales Maximum an.
☐ $x = -2$ ☐ $x = \frac{2}{3}$

c) Formulieren Sie einen Antwortsatz.

_____

4 Der Punkt R wandert auf dem Graphen von $f(x) = \frac{1}{5} \cdot x^2 \cdot (4 - x)$ im Intervall 0 ≤ x ≤ 4. Der Punkt P liegt im Ursprung und der Punkt Q senkrecht unter R auf der x-Achse.
Gesucht ist die Lage von R, bei der das Dreieck PQR maximalen Flächeninhalt besitzt.
Kreuzen Sie Zutreffendes an. Korrigieren Sie falsche Aussagen.

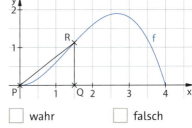

a) Die Zielfunktion hat die Gleichung $A(x) = \frac{2}{5} \cdot x^3 - \frac{1}{10} \cdot x^4$ ☐ wahr ☐ falsch

b) Mögliche Extremstellen sind $x_1 = 0$ und $x_2 = 2$.   ☐ wahr ☐ falsch

c) Der maximale Flächeninhalt beträgt 2,7 Flächeneinheiten.   ☐ wahr ☐ falsch

Weiterführende Aufgaben

5 Die Oberflächeninhalte von zylinderförmigen Dosen sollen möglichst gering sein. Zu berechnen sind dafür der Radius der Grundfläche und die Höhe des Zylinders in Abhängigkeit von V. Das Volumen der Dose ist dabei vorgegeben.
Hilfe: Volumen eines Zylinders: $V = \pi \cdot r^2 \cdot h$; Flächeninhalt eines Kreises: $A = \pi \cdot r^2$

a) Kreuzen Sie Zutreffendes an. Begründen Sie Ihre Entscheidung mithilfe der Lösungsstrategie für Extremalprobleme.

☐ $r = \sqrt[3]{\frac{V}{2\pi}}$ und $h = \sqrt[3]{4} \cdot \sqrt[3]{\frac{V}{\pi}}$ ☐ $r = \frac{2^{\frac{2}{3}} \cdot V^{\frac{1}{3}}}{2 \cdot \pi^{\frac{1}{3}}}$ und $h = \frac{2^{\frac{2}{3}} \cdot V^{\frac{1}{3}}}{\pi^{\frac{1}{3}}}$ ☐ $r = \frac{1}{2} \cdot \sqrt[3]{\frac{V}{\pi}}$ und $h = 2 \cdot \sqrt[3]{\frac{V}{2\pi}}$

b) Eine der Dosen ist rund 12 cm hoch und hat einen Durchmesser von rund 10 cm. Beurteilen Sie diese Maße in Hinblick auf das zur Herstellung der Dose benötigte Material und ihr Volumen.

_____

6 Rekonstruktion

Basisaufgaben

1 Gleichungssysteme lösen: Ergänzen Sie die Lösungsschritte. Berücksichtigen Sie dabei die Vorgaben.

① $x + y + z = 1$
② $x - y - 2z = 0$
③ $ x + 2z = 3$

$ 2x - z = \underline{}$ | $\underline{}$ ① und ② addieren (Additionsverfahren).

④ $ 2x - 1 = z$

$ x + 2 \cdot \underline{}$ | $\underline{}$ ④ in ③ einsetzen (Einsetzungsverfahren).

$\underline{}$ | $\underline{}$

$ x = 1$

 | Zahl „1" in ③ für x einsetzen.
$\underline{}$ $\underline{}$

$ 2z = 2$ | $\underline{}$

$ z = 1$

$\underline{}$ | Zahl „1" für x und für z in ① einsetzen.

$ y = -1$

Probe: ① $\underline{}$

 ② $\underline{}$

 ③ $\underline{}$ $L = \{(\underline{})\}$

Gleichungssystem:
$x + 2 = y$
$x = -y + 4$

Additionsverfahren:
$x + 2 + x = \underline{y} + (\underline{-y} + 4)$

Einsetzungsverfahren:
$x = -(x + 2) + 4$

2 Ordnen Sie mithilfe von Linien jedem Gleichungssystem eine Lösungsmenge zu. Zusatzaufgabe: Lösen Sie die Gleichungssysteme auf einem zusätzlichen Blatt.

$a + b + 7c = 13$	$x + y + z = 8$	$a + b = 1$	$x + y + z = 0$
$3a + 2b + 3c = 7$	$3x + 2y + z = 12$	$a + 2b + c = -1$	$9x + 3y + z = 1$
$6a + b + 2c = 18$	$6x + y = 0$	$2a + b - c = 0$	$25x + 5y + z = 4$

$L = \{(3; -4; 2)\}$	$L = \left\{\left(\frac{1}{4}; -\frac{1}{2}; \frac{1}{4}\right)\right\}$	$L = \{(-1; 6; 3)\}$	$L = \{\}$

3 Eigenschaften in Gleichungen übersetzen: Geben Sie ein oder zwei passende Ausdrücke an.

a) Der Graph der Funktion f verläuft durch den Hochpunkt P(−1 | 2). $f(-1) = \underline{}$ $f'(-1) = \underline{}$

b) Der Graph der Funktion f hat an der Stelle x = 3 einen lokalen Tiefpunkt.

c) Der Graph einer Funktion f hat im Punkt W(2 | −5) einen Wendepunkt.

d) Der Graph von f ist symmetrisch zur y-Achse.

e) Der Graph von f hat eine Nullstelle bei $x = x_0$.

Anwendungen der Differenzialrechnung **6**

4 Funktionsgleichung bestimmen – Steckbriefaufgaben: Der Graph einer ganzrationalen Funktion dritten Grades besitzt einen lokalen Hochpunkt H(0|0), eine Nullstelle bei x = 3 und einen Tiefpunkt T(2|−1). Ermitteln Sie eine Gleichung der beschriebenen Funktion.
Rechnen Sie, wenn nötig, auf einem zusätzlichen Blatt.

1. Angeben der allgemeinen Gleichung und der ersten beiden Ableitungen

   $f(x) = a \cdot x^3 + b \cdot x^2 + c \cdot x + d$ $\quad f'(x) =$ _____

   $f''(x) =$ _____

   1. Eigenschaften
   2. Funktion und Ableitungen
   3. Gleichungssystem und Funktionsterm
   4. Überprüfen

2. Aufstellen eines Gleichungssystems mithilfe der Eigenschaften und Ermitteln der Lösungen

Eigenschaft	Bedingung	Gleichungen des Gleichungssystems
H(0|0) liegt auf dem Graphen von f.	f(0) = 0	d = 0
H(0|0) ist Hochpunkt des Graphen von f.		c = 0
x = 3 ist Nullstelle.		
T(2|−1) liegt auf dem Graphen von f.		
T(2|−1) ist Tiefpunkt des Graphen von f.		
		Lösungen: a = und b =

3. Die Funktion hat die Gleichung

   f(x) = _____

4. Überprüfen Sie, ob der Graph von f die gegebenen Eigenschaften besitzt. Markieren Sie dazu die Hoch- und Tiefpunkte, sowie die Nullstellen.

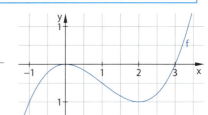

5 Prozesse modellieren: Bei einer Testfahrt mit konstanter Geschwindigkeit wird durchgehend der „lokale" Kraftstoffverbrauch in Milliliter pro Kilometer in Abhängigkeit von der zurückgelegten Wegstrecke in Kilometern gemessen.

Strecke s in km	0	1	2	3	4
Verbrauch V in $\frac{ml}{km}$	70	88	90	82	70

Der Zusammenhang zwischen der Strecke s und dem lokalen Verbrauch V lässt sich modellhaft durch eine ganzrationale Funktion
$V(s) = a \cdot s^3 - 11s^2 + 28s + d$ mit 0 km ≤ s ≤ 4 km beschreiben.

a) Ermitteln Sie die Parameter a und d der Funktion.

_____

_____

b) Erläutern Sie, wie Sie den größten und den kleinsten Wert für den lokalen Kraftstoffverbrauch im Streckenabschnitt von 0 km bis 4 km ermitteln. Geben Sie beide Werte an. Rechnen Sie, wenn nötig, auf einem zusätzlichen Blatt.

_____

_____

Rekonstruktion

6 Randkurven beschreiben: Die Randkurve vom Umriss des Schulgespenstes wird durch den Graphen einer ganzrationalen Funktion f beschrieben.

a) Begründen Sie, dass die Funktion f mindestens vom Grad n = 4 ist.

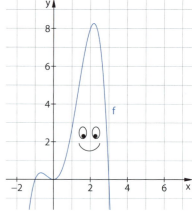

_____

_____

_____

_____

_____

b) Die Randkurve kann durch eine Funktion f mit der Gleichung $f(x) = a \cdot x^4 + b \cdot x^3 + 2 \cdot x^2$ beschrieben werden. Berechnen Sie a und b. Entnehmen Sie dazu die ganzzahligen Nullstellen der Funktion der Zeichnung.

7 Ordnen Sie den Teilen der Maske die passende Funktion zu.
Zeichnen Sie das zu den Funktionen gehörende Koordinatensystem ein.

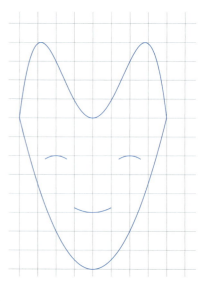

Kinn		$f_1(x) = -\frac{1}{2}x^4 + 2x^2$	mit $-2 \le x \le 2$
linkes Auge		$f_2(x) = x^2 - 4$	mit $-2 \le x \le 2$
Mund		$f_3(x) = \frac{1}{2}x^2 - \frac{5}{2}$	mit $-\frac{1}{2} \le x \le \frac{1}{2}$
rechtes Auge		$f_4(x) = -(x+1)^2 - 1$	mit $-1{,}3 \le x \le -0{,}7$
Ohren		$f_5(x) = f_4(-x)$	

8 Funktionsscharen: Die Graphen gehören zur Funktionenschar $f_a(x) = 0{,}2x^2 \cdot (x - a)$ mit $a \in \mathbb{R}$.

a) Ordnen Sie den Graphen den Wert des Parameters a zu.

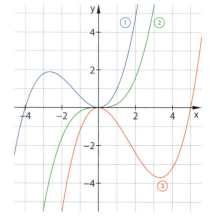

Graph	①	②	③
Wert von a			

b) Zeichnen Sie den Graphen von f_a für a = 3 ein.

c) Kreuzen Sie die Gleichungen an, die die 1. Ableitungsfunktion von $f_a(x)$ wiedergeben.

☐ $f'_a(x) = 0{,}6x^2 - 0{,}4a \cdot x$

☐ $f'_a(x) = 0{,}4x \cdot (x - a) + 0{,}2x^2$

☐ $f'_a(x) = 0{,}6x^2 - 0{,}4a$

Weiterführende Aufgaben

9 Vor dem Öffnen des Fallschirms fällt ein Springer im freien Fall immer schneller. Die Änderungsrate der Fallgeschwindigkeit verringert sich durch die Luftreibung mit der Zeit. Es wird angenommen, dass sich der Sachverhalt im Intervall 0 s ≤ t ≤ 15 s durch eine ganzrationale Funktion dritten Grades modellieren lässt.

Zeit t im freien Fall in Sekunden	0	5	10	12,5
Geschwindigkeit v in Meter pro Sekunde	0	42	54	56

a) Kreuzen Sie die passende Funktion an.
☐ $v(t) = \frac{2}{75}t^3 - \frac{4}{5}t^2 + \frac{35}{3}t$ ☐ $v(t) = \frac{2}{75}t^3 + t^2 + \frac{191}{15}t$ ☐ $v(t) = \frac{2}{75}t^3 - t^2 + \frac{191}{15}t$

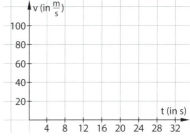

b) Zeichnen Sie den Graphen der bei Teilaufgabe a) ermittelten Funktion im Intervall 0 s ≤ t ≤ 25 s.
Begründen Sie mithilfe des Graphen, weshalb diese Funktion für t > 12,5 s als mathematisches Modell ungeeignet ist.

_____

_____

10 Die Graphen mehrerer ganzrationaler Funktionen vierten Grades verlaufen symmetrisch zur y-Achse. Sie haben an der Stelle x = 2 eine waagerechte Tangente und gehen durch den Punkt P(–2|0).

a) Weisen Sie nach, dass $y = f_a(x) = a \cdot x^4 - 8a \cdot x^2 + 16a$ mit $a \in \mathbb{R}; a \neq 0$ alle derartigen Funktionen beschreibt.

b) Kreuzen Sie die wahren Aussagen an. Korrigieren Sie falsche Aussagen.
① Für a > 0 besitzen die Graphen genau einen lokalen Hochpunkt. ☐
② Für a = 0,125 schneidet der Graph von f die y-Achse im Punkt Q(0|2). ☐
③ Für $a = -\frac{1}{3}$ ist y = 3x – 7 die Gleichung der Tangente an den Graphen von f_a an der Stelle x = 1. ☐

11 An einem Wintertag wurde in Abständen von zwei Stunden die Temperatur T gemessen. Um 10:00 Uhr erfolgte die erste Messung. Der Temperaturverlauf in diesem Zeitraum soll durch eine ganzrationale Funktion dritten Grades modelliert werden.
Ermitteln Sie mit dieser Gleichung die Zeit, zu der die Höchsttemperatur erreicht wurde. Geben Sie beides an.

Zeit in h	0	2	4	6
T in °C	0	2	3	0

6 Test – Anwendungen der Differenzialrechnung

1 Ordnen Sie den Gleichungssystemen Lösungen zu.

$$a - 3b + 4c = -5$$
$$2a + 5b + 2c = 27$$
$$4a - b = -13$$

$L = \{(-2; 5; 1)\}$

$L = \left\{\left(\frac{29}{7}; \frac{4}{7}; 0\right)\right\}$

$$10 = 2x + 3y + z$$
$$13 = 3x + y + 2z$$
$$20 = 4x + 6y + 2z$$

$L = \{(-2; 5; 3)\}$

$L = \{(-3; 2; 10)\}$

2 Beurteilen Sie, ob der Ausdruck den Sachverhalt wiedergibt.
Rechnen Sie, wenn nötig, auf einem zusätzlichen Blatt.

a) Sachverhalt: Eine Funktion f hat an der Stelle 6 den Funktionswert 12. ☐ ja ☐ nein
   Ausdruck: $f(12) = 6$
b) Sachverhalt: Der Graph einer Funktion f hat an der Stelle x = 1 einen Tiefpunkt. ☐ ja ☐ nein
   Ausdruck: $f'(1) \geq 0$
c) Sachverhalt: Der Graph einer Funktion f hat im Punkt P(1|2) einen Wendepunkt. ☐ ja ☐ nein
   Ausdruck: $f(2) = 1$ und $f''(2) = 0$
d) Sachverhalt: Der Graph einer Funktion ist punktsymmetrisch zum Ursprung. ☐ ja ☐ nein
   Ausdruck: $f(-x) = -f(x)$

3 Der Graph der ganzrationalen Funktion f dritten Grades ist punktsymmetrisch zum Ursprung.
Er verläuft durch den Punkt P(3|−1) und hat dort die Steigung −3.
Prüfen Sie die Aussagen über f auf ihren Wahrheitsgehalt.
Rechnen Sie, wenn nötig, auf einem zusätzlichen Blatt.
Unterstreichen Sie die Fehler.

a) Die Funktion f hat die Gleichung $f(x) = -\frac{4}{27}x^3 + x$. ☐ wahr ☐ falsch
b) Die Funktion f hat den lokalen Hochpunkt $H\left(\frac{3}{2} | -1\right)$. ☐ wahr ☐ falsch
c) Für $x \to -\infty$ gehen die Funktionswerte von f gegen ∞. ☐ wahr ☐ falsch
d) Zwei Tangenten am Graphen von f an zweien seiner Nullstellen haben ☐ wahr ☐ falsch
   die Gleichung $y = -2x + 2 \cdot \sqrt{3}$ und $y = -2x + 2\sqrt{2}$.

4 Gegeben ist ein Prisma mit der Höhe h. Seine Grundfläche ist quadratisch und hat die Seitenlänge a.
Gesucht sind Werte für a und h, für die das Prisma bei konstantem Volumen V eine minimale Oberfläche A_o hat.

a) Kreuzen Sie die passende Zielfunktion an.
   Unterstreichen Sie drei zur Ermittlung der Zielfunktion benötigte Gleichungen.

   ☐ $V = a^2 \cdot h$ ☐ $a = \sqrt{h : V}$ ☐ $h = \frac{V}{a^2}$ ☐ $h = \frac{a^2}{V}$

   ☐ $O(a) = 2a^2 + 4a \cdot \frac{a^2}{V}$ ☐ $O(a) = a^2 + \frac{4V}{a}$ ☐ $O(a) = 2a^2 + 4a \cdot h$ ☐ $O(a) = 2a^2 + \frac{4V}{a}$

b) Ermitteln Sie a und h, für die das Prisma bei konstantem Volumen V eine minimale Oberfläche O hat.

c) Berechne a für h = 3 cm und O(a) = 14 cm².

5 Die Abbildung zeigt den Graphen einer ganzrationalen Funktion g.
a) Begründen Sie, dass g mindestens dritten Grades sein muss.

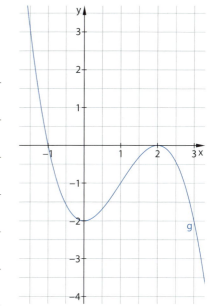

b) Lesen Sie die Koordinaten der lokalen Extrempunkte und die Nullstellen ab. Ermitteln Sie die Funktionsgleichung dritten Grades von g.

6 Die Abbildung zeigt den Graphen einer ganzrationalen Funktion f vierten Grades, der achsensymmetrisch zur y-Achse ist, mit den Koordinaten eines der Hochpunkte.

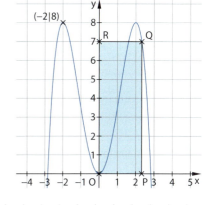

a) Kreuzen Sie die Gleichungen von f an.
☐ $f(x) = 0{,}5x^4 - 4x^2$ ☐ $f(x) = -\frac{1}{2}x^4 + 4x^2$ ☐ $f(x) = 4x^2 \cdot (1 - 0{,}125x^2)$

b) Der Punkt Q liegt im I. Quadranten auf dem Graphen von f. Er bildet zusammen mit dem Ursprung O sowie den Punkten P und R ein Rechteck. Untersuchen Sie, ob der Flächeninhalt des Rechtecks OPQR ein lokales Maximum annimmt, wenn Q mit dem Hochpunkt von f im I. Quadranten zusammenfällt.

7 Rekonstruktion aus Änderungsraten

Basisaufgaben

1 Das Diagramm zeigt den Zu- bzw. Abfluss aus einem Wasserbecken. Vervollständigen Sie korrekt.

Die Beobachtung erfolgt über _____ Minuten. Zu Beginn gibt es

einen Zufluss von _____ Kubikmeter pro _____.

Dieser ist 15 Minuten _____.

Nach 15 Minuten sind _____ Kubikmeter Wasser _____

im Becken als zu Beginn. Danach fließen _____ Minuten lang

_____ Kubikmeter Wasser pro Minute _____, das sind in dieser Zeit insgesamt _____ Kubikmeter.

Nach 30 Minuten befinden sich im Becken insgesamt _____ Kubikmeter Wasser _____ zu Beginn.

2 Zu- und Abnahme eines Bestandes als Flächenbilanz: Die Diagramme zeigen jeweils den Wasserzu- bzw. -abfluss in einem zu Beginn leeren Wasserbecken im Verlauf einer Stunde.

Hilfe: Die Zu- und Abnahme eines Bestandes F in einem Zeitintervall entspricht der Flächenbilanz zwischen dem Graphen der Änderungsrate f und der x-Achse.

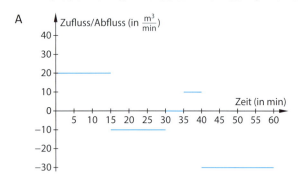

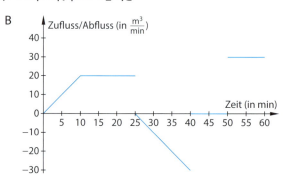

a) Markieren Sie die Flächen, deren Inhalte ein Maß für das zu- oder abgeflossene Wasservolumen sind.

b) Ergänzen Sie in der Tabelle für die angegebenen Zeiten (in min) die Bilanz des Wasserzu- und -abflusses in m³.

Zeit	10	20	30	40	50	60
Bilanz (A)						
Bilanz (B)						

c) Geben Sie jeweils begründet an, wie viel Wasser zu Beginn mindestens in dem Becken gewesen sein muss und welches Fassungsvermögen das Wasserbecken mindestens haben muss. Wählen Sie geeignete Intervalle.

In Becken A müssen zu Beginn mindestens _____ m³ gewesen sein, denn _____

Sein Fassungsvermögen muss mindestens _____ m³ betragen, denn _____

In Becken B müssen zu Beginn mindestens _____ m³ gewesen sein, da _____

Sein Fassungsvermögen muss mindestens _____ m³ betragen, da _____

d) „Es gibt einen Zeitpunkt, zu dem sich genauso viel Wasser im Becken befindet wie zu Beginn."
Kreuzen Sie Zutreffendes an.   ☐ Gilt für Becken A.   ☐ Gilt für Becken B.

Zusatzaufgabe: Geben Sie diesen Zeitpunkt, wenn möglich, an.

3 Gegeben sind die Graphen von Änderungsraten f' und Beständen f. Ordnen Sie die Graphen einander zu.
Zusatzaufgabe: Begründen Sie die Zuordnung.

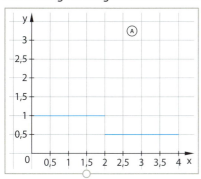
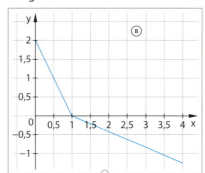
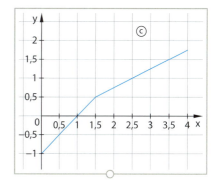
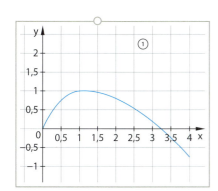
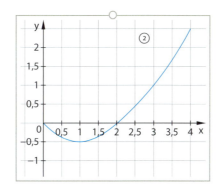
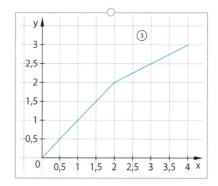

Weiterführende Aufgaben

4 In der Abbildung ist der Graph der Funktion f mit $f(x) = \sin(x)$ dargestellt.
Gesucht ist eine Abschätzung für den Inhalt der Fläche, die der Graph von f über dem Intervall $[0; \pi]$ mit der x-Achse einschließt.

a) Ermitteln Sie die Gleichungen der Tangenten an den Graphen von f in den Punkten $B_1(0|0)$, $B_2\left(\frac{\pi}{2}\middle|1\right)$ und $B_3(\pi|0)$.

$f'(x) = \cos(x)$

$t_1(x) = $ _____

$t_2(x) = $ _____

$t_3(x) = $ _____

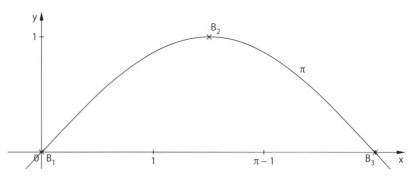

b) Zeichnen Sie die Tangenten in die Abbildung ein und geben Sie die gesuchte Abschätzung an (in Flächeneinheiten).

_____

_____

Zusatzaufgabe: Bestimmen Sie einen Näherungswert für den Flächeninhalt, den der Graph zu $f(x) = -x^2 + 2x$ mit der x-Achse einschließt. Nutzen Sie dabei auch die Tangenten in den Punkten $\left(\frac{1}{2}\middle|f\left(\frac{1}{2}\right)\right)$ und $\left(\frac{3}{2}\middle|f\left(\frac{3}{2}\right)\right)$.

_____

7 Bestimmtes Integral

Ober- und Untersumme

Flächenbilanz

Basisaufgaben

1 Flächen zwischen Graph und x-Achse: Die Größe der krummlinig begrenzten Fläche zwischen dem Funktionsgraphen und der x-Achse kann mithilfe von Unter- und Obersummen (U_n und O_n) näherungsweise ermittelt werden.

a) Vervollständigen Sie die Wertetabelle für $f(x) = 4 - \frac{1}{4}x^2$ im Intervall $[0; 4]$.

x	0	$\frac{1}{2}$	1	$\frac{3}{2}$	2	$\frac{5}{2}$	3	$\frac{7}{2}$	4
f(x)		$\frac{63}{16}$		$\frac{55}{16}$		$\frac{39}{16}$		$\frac{15}{16}$	

b) Veranschaulichen Sie U_4 und O_4 in der Zeichnung mithilfe gleich breiter Rechtecke im Intervall $[0; 4]$.

c) Ergänzen Sie die Berechnung der Unter- und Obersummen.

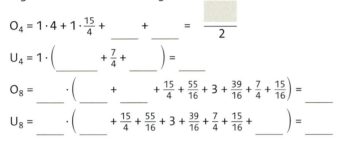

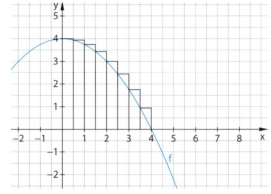

d) Kreuzen Sie wahre Aussagen an. Betrachten Sie dabei die Beträge und die Zeichnung.

☐ $O_8 < U_8$ ☐ $O_8 \geq O_4$ ☐ $O_8 \geq O_{16}$ ☐ $U_4 \leq U_{16}$ ☐ $U_n \leq O_n$ ☐ $U_n \leq U_{n+1}$

2 Bestimmtes Integral als Grenzwert von Ober- und Untersummen: f sei eine Funktion über einem Intervall $[a; b]$. Kreuzen Sie Zutreffendes an.

Hilfe: Wenn die Ober- und Untersummen einer Funktion f auf dem Intervall [a; b] einen gemeinsamen Grenzwert haben, dann heißt die Funktion integrierbar. Der gemeinsame Grenzwert heißt bestimmtes Integral von f in den Grenzen von a bis b.

a) Der Grenzwert der Ober- und Untersummen von f über $[a; b]$ ist das bestimmte Integral. ☐ wahr ☐ falsch

b) Wenn Ober- und Untersummen von f über $[a; b]$ sich einem gemeinsamen Grenzwert annähern, dann wird die Differenz der jeweiligen Ober- und Untersumme kleiner. ☐ wahr ☐ falsch

c) Das bestimmte Integral gibt die Flächenbilanz zwischen dem Graphen der Funktion und der x-Achse auf dem Intervall $[a; b]$ an. ☐ wahr ☐ falsch

d) Das bestimmte Integral ist der Grenzwert der Differenz zwischen Ober- und Untersummen für f über $[a; b]$. ☐ wahr ☐ falsch

e) Wenn der Graph von f eine parallele Gerade zur x-Achse ist, kann man das bestimmte Integral nicht bestimmen. ☐ wahr ☐ falsch

3 Integral als Flächenbilanz: Ordnen Sie jeder Beschreibung eine Funktionsgleichung zu.

| Das Integral ist positiv. | | $f(x) = -x^2$ über $[1; 4]$ |

| Das Integral ist negativ. | | $f(x) = x^2$ über $[-4; -1]$ |

| Das Integral hat den Wert 0. | | $f(x) = x^3$ über $[-1; 1]$ |

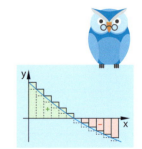

4 Kreuzen Sie alle wahren Aussagen an.

☐ $\int_0^2 x\,dx < \int_0^3 x\,dx$ ☐ $\int_0^2 (4-x^2)\,dx < \int_0^3 (4-x^2)\,dx$ ☐ $\int_0^3 -x\,dx > \int_0^4 -x\,dx$

7 Integralrechnung

5 In der Abbildung ist der Graph der Funktion f dargestellt.

Es gilt: $\int_0^1 f(x)dx = \frac{2}{3}$ und $\int_1^2 f(x)dx = -\frac{4}{3}$.

Hilfe: $\int_a^b f(x)dx$: Flächenbilanz zwischen dem Graphen von f und der x-Achse im Intervall [a; b].

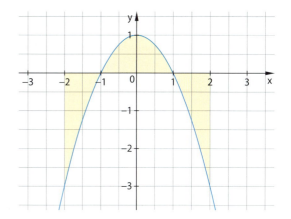

Kreuzen Sie alle wahren Aussagen an.
Begründen Sie kurz.

☐ $\int_{-2}^{-1} f(x)dx = \int_1^2 f(x)dx$ _____

☐ $\int_{-2}^{0} f(x)dx = -\frac{2}{3}$ _____

☐ $\int_{-1}^{2} f(x)dx = 0$ _____

☐ $\int_{-1}^{0} f(x)dx = -\frac{2}{3}$ _____

☐ $\int_{-2}^{2} f(x)dx = 4$ _____

☐ $\int_{-1}^{0} f(x)dx = -\int_0^1 f(x)dx$ _____

☐ $\int_{-2}^{1} f(x)dx = 0$ _____

Weiterführende Aufgaben

6 Gegeben ist die Funktion f mit $f(x) = -x^2 + 4x$ mit $0\,m \leq x \leq 4\,m$.
Sie beschreibt ein großes Kirchenfenster mit Buntglas.

a) Ermitteln Sie die Nullstellen von f.

$-x^2 + 4x = x \cdot$  $\quad x_1 = $ ___ und $x_2 = $ ___

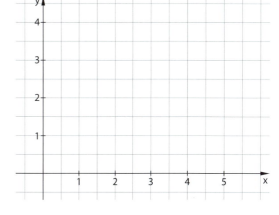

b) Skizzieren Sie den Graphen.
Schätzen Sie die Fenstergröße. _____

c) Ermitteln Sie die Größe des Fensters in Quadratmetern.
Es gilt $\int_0^1 (-x^2 + 4x)dx = 1\frac{2}{3}$ und $\int_2^3 (-x^2 + 4x)dx = 3\frac{2}{3}$.

_____

Das Kirchenfenster mit Buntglas ist _____

d) Durchgehende senkrechte Linien grenzen größere Teile voneinander ab, beispielsweise den Bereich $1\,m \leq x \leq 3\,m$.
Veranschaulichen Sie diesen in der Skizze und berechnen Sie deren Größe.

_____

Das Beispielteil des Kirchenfensters ist _____

7 Stammfunktionen

Stamm-funktionen | Stammfunktion: Regeln | Stammfunktion grafisch

Basisaufgaben

1 Stammfunktion: Ordnen Sie jeder Funktion eine Stammfunktion zu. Ergänzen Sie dafür passende Großbuchstaben.
Hilfe: Eine Funktion F heißt Stammfunktion zu der Funktion f, wenn für jede Stelle x gilt: F'(x) = f(x).

| a(x) = x | b(x) = 3x + 2 | c(x) = 3 | d(x) = 3x | e(x) = 0 | f(x) = 2x − 3 | g(x) = 2x |

__(x) = 3x + 2   __(x) = $\frac{1}{2}x^2$ + 2   __(x) = $\frac{3}{2}x^2$ + 2x   __(x) = $\frac{3}{2}x^2$ + 2

__(x) = x^2 + 3   __(x) = x^2 − 3x + 2   __(x) = 3

2 Gesamtheit aller Stammfunktionen: Kreuzen Sie alle Stammfunktionen der Funktion f(x) = 5x + 4 an.
Hilfe: Alle Stammfunktionen einer Funktion f unterscheiden sich nur durch eine Konstante.

☐ F(x) = $\frac{5}{2}$x + 4   ☐ F(x) = $5x^2$ + 4x   ☐ F(x) = $\frac{5}{2}x^2$ + 4x − 3

☐ F(x) = $\frac{5}{2}x^2$ + 4x + 3   ☐ F(x) = $\frac{5}{4}x^2$ + 4x − 2   ☐ F(x) = $\frac{5}{2}x^2$ + 4x − $\frac{7}{4}$

3 Stammfunktionen grafisch bestimmen: Ordnen Sie jedem Funktionsgraphen den Graphen einer Stammfunktion zu.

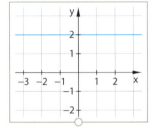 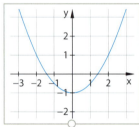 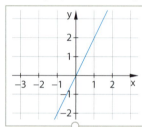 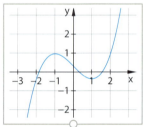

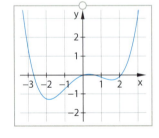 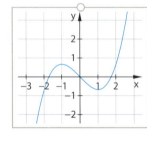 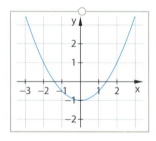 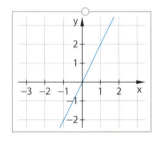

4 Potenzregel: Vervollständigen Sie.
Hilfe: Zur Funktion f mit f(x) = x^r und r ∈ ℝ, r ≠ −1 ist F mit F(x) = $\frac{1}{r+1}x^{r+1}$ eine Stammfunktion.

f(x) = x   F(0) = 5   F(x) = _____

g(x) = $3x^2$ G(1) = 5   G(x) = _____

h(x) = x^7 H(−1) = $\frac{1}{4}$ H(x) = _____

F'(x) = f(x)

5 Lineare Kettenregel: Kreuzen Sie an, welche Funktion F eine Stammfunktion zu f(x) = $(6x + 11)^5$ ist.

☐ F(x) = $\frac{6}{6}(6x + 11)^6$ ☐ F(x) = $\frac{1}{36}(6x + 11)^6$ ☐ F(x) = $\frac{5}{6}(6x + 11)^6$ ☐ f(x) = $30(6x + 11)^4$

6 Kreuzen Sie alle Regeln an, die man zur Bestimmung der Stammfunktion verwenden muss.
f(x) = $5x^3$ + 4x − 1

☐ Faktorregel   ☐ Summenregel   ☐ Potenzregel   ☐ lineare Kettenregel

7 Kreuzen Sie Zutreffendes an. Begründen Sie die Entscheidung.

a) Zu $f(x) = 5x + 5x^2$ ist $F(x) = 5\left(\frac{1}{2}x^2 + \frac{1}{3}x^3\right)$ die Stammfunktion. ☐ wahr ☐ falsch

_____

b) Zu $f(x) = 8x^3$ ist $F(x) = 32x^4$ keine Stammfunktion. ☐ wahr ☐ falsch

_____

c) Zu $f(x) = 8x^3$ ist $F(x) = 2x^4$ eine Stammfunktion. ☐ wahr ☐ falsch

_____

d) Zu $f(x) = 2x \cdot 7x$ kann man nur mithilfe der Faktorregel eine Stammfunktion bestimmen. ☐ wahr ☐ falsch

_____

e) Zu $f(x) = \frac{1}{x^3}$ kann man nur mithilfe der Potenzregel eine Stammfunktion bestimmen. ☐ wahr ☐ falsch

_____

8 F und G seien die Stammfunktionen von f und g. Kreuzen Sie alle wahren Aussagen an.
Geben Sie, wenn möglich, ein Gegenbeispiel mit Funktionsgleichungen von f oder g an.

☐ F + G ist Stammfunktion zu f + g.	☐ F · G ist Stammfunktion zu f · g.	☐ F(x) + x + 4 ist Stammfunktion zu f(x) + 1.	☐ 2 · F − 3 · G ist Stammfunktion zu 2 · f − 3 · g.	☐ $x^2 \cdot G(x)$ ist Stammfunktion zu $x \cdot g(x)$.

Weiterführende Aufgaben

9 Der Graph f im linken Bild veranschaulicht die Wachstumsgeschwindigkeit einer Fichte in Abhängigkeit von der Zeit.

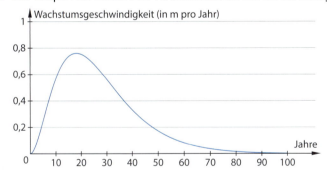
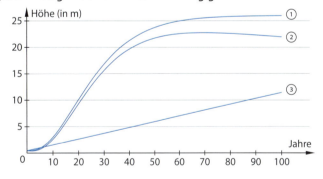

a) Begründen Sie, dass die Funktion der Fichtenhöhe in Abhängigkeit von der Zeit eine Stammfunktion von f ist.
Die Wachstumsgeschwindigkeit ist die _____

_____

_____

b) Erläutern Sie, welche Graphen vom rechten Bild die Fichtenhöhe beschreiben können.

_____

_____

7 Hauptsatz der Differential- und Integralrechnung und Flächenberechnung

Basisaufgaben

1 Vervollständigen Sie die Tabelle.

Funktion f	Stammfunktion F (C = 0)	a	b	F(b) – F(a)
	F(x) = x	3	5	
f(x) = x		4	6	
f(x) = $\frac{1}{2}x^3$		1	2	
f(x) = x^5		0	2	

2 Hauptsatz der Differential- und Integralrechnung: Ordnen Sie Funktion und Intervall den Inhalt der Fläche zwischen Funktionsgraph und x-Achse (in Flächeneinheiten) zu.

Hilfe: Ist F eine beliebige Stammfunktion einer Funktion f, so gilt: $\int_a^b f(x)dx = F(b) - F(a)$

f(x) = x	g(x) = 3x + 2	h(x) = 3	i(x) = 0	j(x) = 2x – 3	k(x) = 2x
[0; 4]	[0; 2]	[–3; 5]	[–2; 2]	[0; 1]	[–1; 1]

| –2 | 8 | 10 | 24 | 0 | 4c |

3 Eingeschlossene Fläche zwischen Graph und x-Achse:
Gegeben ist die Funktion f mit f(x) = 12 · (x^2 – 1) · (x – 2).
Die Abbildung zeigt den Graphen von f.
Es soll der Inhalt der Fläche bestimmt werden, die der Graph von f mit der x-Achse einschließt.

a) Lesen Sie die Nullstellen von f ab und erläutern Sie, wie man diese Nullstellen auch rechnerisch herleiten kann.

_____

_____

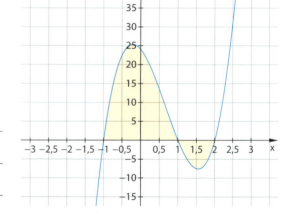

b) Multiplizieren Sie zuerst den Funktionsterm von f aus.
Geben Sie danach eine Stammfunktion von f an.
f(x) = 12 · (x^3 _____) = 12x^3 _____   F(x) = _____

Zusatzaufgabe: Schätzen Sie den gesuchten Inhalt des eingefärbten Flächenstücks.
Beachten Sie die unterschiedlichen Einheiten auf den Koordinatenachsen.

c) Berechnen Sie die Integrale zwischen benachbarten Nullstellen.

$\int_{-1}^{1} f(x)dx = [F(x)]_{-1}^{1} =$ _____

$\int_{1}^{2} f(x)dx = [F(x)]_{1}^{2} =$ _____

d) Geben Sie den gesuchten Flächeninhalt A an.
A = _____

$\int_a^b f(x)\,dx = F(b) - F(a)$

86

7 Integralrechnung

4 Fläche zwischen Graph und x-Achse über einem Intervall: Die Funktion f mit $f(x) = x^2 - x$ schließt mit der x-Achse über dem Intervall [−1; 3] ein (mehrteiliges) Flächenstück ein, dessen Flächeninhalt bestimmt werden soll.

a) Geben Sie alle Nullstellen innerhalb des Intervalls an.
$x_1 =$ _____ und $x_2 =$ _____

b) Berechnen Sie die Integrale über den drei Teilintervallen.

$\int_{-1}^{0} f(x)dx = \left[\frac{1}{3}x^3 - \rule{1cm}{0.15mm}\right]_{-1}^{0} =$ _____

$\int_{0}^{1} f(x)dx =$ _____

$\int_{1}^{3} f(x)dx =$ _____

c) Geben Sie den gesuchten Flächeninhalt A an.

A = _____

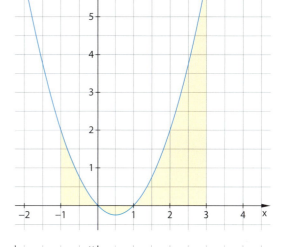

5 Von zwei Funktionsgraphen eingeschlossene Fläche:
Die Abbildung zeigt die Graphen der Funktionen f und g mit $f(x) = -x^3 + x^2 + x + 2$ und $g(x) = -x^2 + x + 2$.
Ermitteln Sie die Größe der Fläche in zwei Schritten.

1. Lesen Sie die Schnittstellen der Graphen ab.
Zeigen Sie rechnerisch, dass es keine weiteren Schnittstellen außerhalb des abgebildeten Bereichs gibt.
$x_1 =$ _____ und $x_2 =$ _____

Durch Gleichsetzen erhält man:
$-x^2 + x + 2 = -x^3 + x^2 + x + 2$

_____

2. Berechnen Sie die Größe des Flächenstücks.
$\int_{0}^{2} f(x) - g(x)dx =$ _____

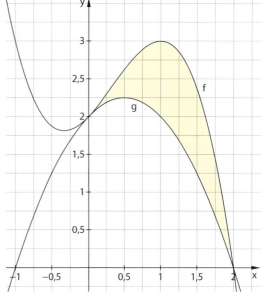

Weiterführende Aufgaben

6 Für a > 0 ist die Funktion f_a gegeben durch
$f_a(x) = -\frac{1}{4}x^2 + \frac{1}{2}a \cdot x$.
In der Abbildung sind für einige Werte von a die Graphen von f_a dargestellt.

a) Zeigen Sie, dass der Graph von f_a mit der x-Achse ein Flächenstück mit dem Flächeninhalt $\frac{1}{3}a^3$ einschließt.

_____

_____

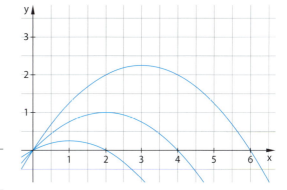

b) Bestimmen Sie a so, dass der Graph von f_a mit der x-Achse ein Flächenstück mit dem Inhalt 9 FE einschließt.

_____

_____

7 Bestandsänderungen und Bestandsfunktionen

Basisaufgaben

1 Ergänzen Sie den Text zu sinnvollen Aussagen zum Thema „Rekonstruktion aus Änderungsraten".

Kennt man den Bestand einer Größe (z. B. den in einer bestimmten Zeit zurückgelegten Weg) und möchte wissen, wie sich dieser ändert, dann ist _____ zu betrachten. Die momentane Änderungsrate wird mathematisch durch die _____ der Bestandsfunktion beschrieben (im Beispiel durch die Geschwindigkeit).

Kennt man die Änderungsrate und möchte umgekehrt von der Ableitung zurück zum Bestand (im Beispiel von der Geschwindigkeit zum zurückgelegten Weg in einem Zeitintervall), muss man _____ (im Beispiel: Der im Intervall $(t_1; t_2)$ bei einer Geschwindigkeit v zurückgelegte Weg s wird berechnet durch $s = \int_{t_1}^{t_2}$ _____).

2 Der im Zeitraum [0 s; 8 s] zurückgelegte Weg s kann durch die Geschwindigkeits-Zeit-Funktion

$$v(t) = \begin{cases} 2 \cdot \sqrt{x}, & 0 \leq t \leq 4 \\ 4, & 4 < t \leq 8 \end{cases}$$

näherungsweise beschrieben werden.
Kreuzen Sie alle richtigen Angaben an. (Hinweis: Im Antwortsatz müssen die Einheiten angegeben werden!)

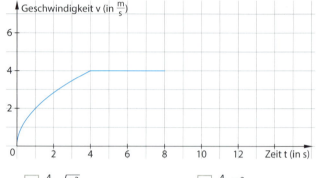

a) Der im Zeitraum $0 \leq t \leq 4$ zurückgelegte Weg lässt sich berechnen durch

☐ $\int 2 \cdot \sqrt{t}\, dt$ ☐ $\int_0^4 2 \cdot t^{\frac{1}{2}}\, dt$ ☐ $\frac{4}{3} \cdot \sqrt{4^3}$ ☐ $\frac{4}{3} \cdot 2^3$

b) Der im Zeitraum $4 < t \leq 8$ zurückgelegte Weg lässt sich ermitteln durch

☐ $\left(4\, \frac{m}{s}\right) \cdot (4\, s)$ ☐ $\int_4^8 4\, dt$ ☐ $(4 \cdot 8) - (4 \cdot 4)$ ☐ $4 \cdot [8 - 4]$

3 In ein zum Zeitpunkt t = 0 (Zeit t in Minuten) leeres Gefäß fließt Wasser ein.
Das Diagramm zeigt die Zuflussrate des Wassers in Liter pro Minute.
Beurteilen Sie, ob die Aussagen wahr sind.
Korrigieren Sie falsche Aussagen.

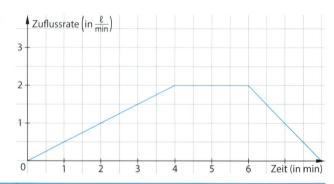

Aussage	Wahr?	Korrektur
Im Intervall [4; 6] fließt kein Wasser zu.		
Vier Minuten nach Füllbeginn sind 2 Liter Wasser im Gefäß.		
Nach 8 Minuten ist das Gefäß wieder leer.		

Weiterführende Aufgaben

4 Vervollständigen Sie die Tabelle. Wählen Sie für die letzte Zeile ein eigenes Beispiel.

Abhängige Größe als momentane Änderungsrate	Unabhängige Größe	Deutung des bestimmten Integrals
Anzahl Geburten b(t) pro Tag	Zeit t in Tagen	
	Weg in km	$\frac{1}{100} \cdot \int_{s_1}^{s_2} v(s)\,ds$ beschreibt den Gesamtkraftstoffverbrauch im Intervall $[s_1; s_2]$
Momentangeschwindigkeit v(t) in m/s		
Momentaner Schadstoffaustausch a(t) in mg/min	Zeit t in Minuten	
	Zeit t in Minuten	

5 Der Zu- und Abfluss einer Flüssigkeit in einen Behälter kann durch Ventile gesteuert werden. Die momentane Änderungsrate im Zeitintervall [0 min; 5,5 min] wird näherungsweise beschrieben durch die Funktion $f(t) = 0{,}5t \cdot (t - 3) \cdot (t - 5)$.

a) Geben Sie an, in welchen Zeiträumen Zufluss bzw. Abfluss zu verzeichnen ist.

Zufluss: _____

Abfluss: _____

b) Berechnen Sie die Volumenbilanz im Zeitraum [0 min; 5,5 min].

6 Die von einer Ölquelle geförderte Ölmenge geht von 450 Tonnen pro Tag kontinuierlich um eine halbe Tonne pro Tag zurück.
Interpretieren Sie die 2. und 3. Zeile der CAS-Rechnung im Sachzusammenhang.

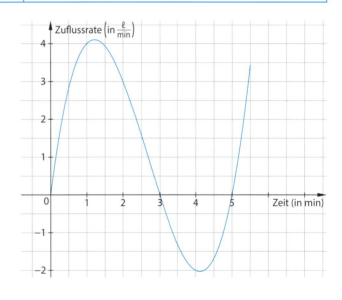

7 Test – Integralrechnung

1 Die Abbildung zeigt die Änderungsrate einer Staulänge in Abhängigkeit von der Zeit.
Tragen Sie im Satz die Zeitpunkte a, b oder c passend ein.
Ergänzen Sie die Begründungen.

a) Der Stau erreicht seine größte Länge zum Zeitpunkt ___

da bis zu diesem Zeitpunkt die Änderungsraten _____

_____

b) Der Stau nimmt zum Zeitpunkt ___ am stärksten zu, da an

diesem Zeitpunkt die Änderungsrate _____

c) Zusatzaufgabe: Vervollständigen Sie den Satz.
Die Funktion ist zur Modellierung des Staus geeignet, weil …

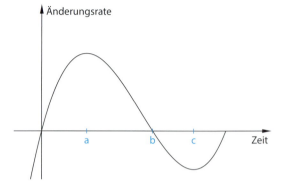

2 Kreuzen Sie alle wahren Aussagen über Obersummen bzw. Untersummen an.
Zusatzaufgabe: Korrigieren Sie falsche Aussagen.

☐ Für $f(x) = x^2$ im Intervall [0; 1] gilt: $O_2 = \frac{1}{2}\left(\frac{1}{4} + 1\right)$.

☐ Für $f(x) = x^2$ im Intervall [0; 1] gilt: $O_2 = \frac{1}{2}\left(f\left(\frac{1}{2}\right) + f(1)\right)$.

☐ Für $f(x) = x^2$ im Intervall [0; 1] gilt: $U_2 = \frac{1}{2}\left(f\left(\frac{1}{2}\right) + f(1)\right)$.

☐ Für $f(x) = x^2$ im Intervall [−1; 0] gilt: $U_2 = \frac{1}{2}\left(f\left(-\frac{1}{2}\right) + f(-1)\right)$.

☐ Jede Untersumme ist größer als jede Obersumme.

☐ Eine Untersumme mit mehr Zwischenwerten ist größer als die Untersumme mit weniger Zwischenwerten, wenn man jeweils den Betrag betrachtet.

3 Ordnen Sie den Funktionen mindestens eine Stammfunktion zu.
Ergänzen Sie bei Bedarf eine Stammfunktion.

| $f(x) = 7x^8$ | $f(x) = x \cdot 5x^4$ | $f(x) = \frac{1}{\sqrt{x}} + 1$ | $f(x) = \frac{1}{\sqrt{x^3}} + x^4$ |

| $F(x) = 5 + \frac{7}{9}x^9$ | $F(x) = 2\sqrt{x} + x + \frac{7}{8}$ | $F(x) = \frac{5}{6}x^6 + \frac{7}{9}$ | |

4 Vervollständigen Sie die Tabelle.

Funktion Intervall	Nullstellen im Intervall	Flächeninhalt gleich Integral?	Begründung
$f(x) = x$ [−1; 1]			
$f(x) = 3x^2$ [−1; 1]			
$f(x) = -x^2 + 1$ [−1; 1]			
$f(x) = -x^2 + 1$ [−2; 2]			

5 Berechnen Sie den Flächeninhalt zwischen dem Graphen der Funktion f und der x-Achse im Intervall [−5; 5].
f(x) = 2x + 3

Integrationsgrenzen: −5; _____

Stammfunktion mit C = 0: F(x) = _____

Einsetzen der Integrationsgrenzen in F: F(−5) = _____

A = _____

6 Kreuzen Sie alle korrekten Berechnungen des Inhalts der Fläche zwischen beiden Funktionsgraphen an.

☐ f(x) = x^2, g(x) = 4   d(x) = f(x) − g(x) = x^2 − 4 = (x + 2)(x − 2), Intervall [−2; 2], D(x) = −4x + $\frac{1}{3}x^3$,
A = D(2) − D(−2) = $\left|\frac{16}{3}\right| - \left|\frac{16}{3}\right| = \frac{32}{3}$ [FE]

☐ f(x) = −x^2 + 1, g(x) = −3   d(x) = −3 + x^2 − 1 = x^2 − 4 = (x + 2)(x − 2), Intervall [−3; 3], D(x) = $\frac{1}{3}x^3$ − 4·x,
A = D(3) − D(−3) = $\left|\frac{1}{3}3^3 - 4 \cdot 3\right| - \left|\frac{1}{3}(-3)^3 - 4 \cdot (-3)\right|$ = |9 − 12| − |−9 + 12| = 0 [FE]

☐ f(x) = −x^2 + x + 14, g(x) = x + 5   d(x) = −x^2 + 9; Intervall [−3; 3]; D(x) = −$\frac{1}{3}x^3$ + 9x;
A = D(3) − D(−3) = 18 − (−18) = 36

7 Ermitteln Sie den Inhalt der Fläche zwischen den beiden Funktionsgraphen im Intervall I = [−2; 4].

a) f(x) = $\frac{1}{4}x^3$ + 2, g(x) = x + 2

d(x) = _____   Integrationsgrenzen: _____

D(x) = _____   A = _____

b) f(x) = $\frac{1}{4}x^3$ − 2, g(x) = x − 2   A = _____

8 Die Graphen der Funktionen f mit f(x) = −$\frac{2}{3}x^3$ + 2x^2
und g mit g(x) = −$\frac{2}{3}x^3$ − x^2 − 3x + 60 schließen ein Flächenstück
ein. Es ist ein künstlich angelegter See.

a) Bestätigen Sie rechnerisch, dass das zu berechnende
Flächenstück über dem Intervall [−5; 4] begrenzt wird.

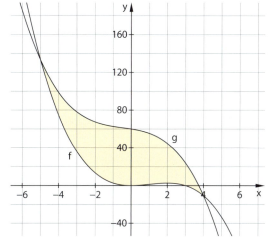

_____

_____

_____

b) Berechnen Sie den Flächeninhalt des eingeschlossenen Flächenstücks.

Differenzfunktion: d(x) = _____

Stammfunktion: D(x) = _____

Flächeninhalt: A = _____

9 Bestimmen Sie den Wert des Parameters k so, dass die Gleichung erfüllt ist: $\int_{-k}^{k} (3x^2 + 2x)dx = 54$

_____

_____

8 Natürliche Exponentialfunktion und Kettenregel

 Exponentialfunktion Kettenregel

Grundlagentraining

1 Ableitung beliebiger Exponentialfunktionen: In der Abbildung sind die Graphen der Funktionen f, g, h und i dargestellt, die Graphen ihrer Ableitungsfunktionen farblich passend, aber gestrichelt.

a) Ordnen Sie den Funktionsgleichungen die Graphen zu.

$f(x) = 4^x$ ____ $g(x) = 3^x$ ____

$h(x) = 2^x$ ____ $i(x) = 1{,}5^x$ ____

b) Vervollständigen Sie für die Funktionen der Form $f(x) = b^x$.

Für b = ____ und b = ____ gilt $f'(x) < f(x)$.

Für b = ____ und b = ____ gilt $f'(x) > f(x)$.

c) Beurteilen Sie die Behauptung: „Der Graph der Ableitungsfunktion und der Graph der Funktion sind fast gleich."

Das gilt für b ≈ ____ und genau für b = ____ ≈ ____

Je größer x ist, desto ____ ist die Steigung $f'(x)$.

Zusatzaufgabe: Überprüfen Sie die letzte Aussage für $j(x) = 0{,}5^x$.

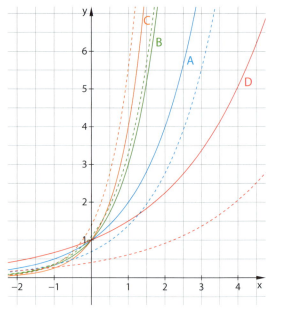

2 Der Graph der Funktion f mit $f(x) = e^{0{,}6x + 2}$ ist rot dargestellt.

a) Kreuzen Sie den Graphen der Ableitungsfunktion f' an und begründen Sie Ihre Wahl.

☐ A   ☐ B   ☐ C   ☐ D

Begründung:

_____

_____

_____

_____

b) Ergänzen Sie einen passenden Buchstaben.
"Die Funktionsgleichung $g(x) = 0{,}6 + e^{0{,}6x + 2}$ kann zum Graphen von ____ gehören."

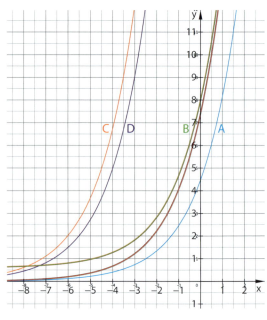

3 Kreuzen Sie die Ableitungsfunktion an.

a) $f(x) = e^x$ ☐ $f'(x) = e^x$ ☐ $f'(x) = x^e$ ☐ $f'(x) = -e^x$
b) $f(x) = e^{-x}$ ☐ $f'(x) = e^{-x}$ ☐ $f'(x) = x^{-e}$ ☐ $f'(x) = -e^{-x}$
c) $f(x) = e^{2x}$ ☐ $f'(x) = 2e^x$ ☐ $f'(x) = 2e^{2x}$ ☐ $f'(x) = -e^{0{,}5x}$
d) $f(x) = e^{0{,}5x}$ ☐ $f'(x) = 0{,}5e^x$ ☐ $f'(x) = x^{0{,}5e}$ ☐ $f'(x) = 0{,}5e^{0{,}5x}$
e) $f(x) = -e^x$ ☐ $f'(x) = -e^x$ ☐ $f'(x) = x^e$ ☐ $f'(x) = e^{-x}$
f) $f(x) = -e^{-x}$ ☐ $f'(x) = e^{-x}$ ☐ $f'(x) = x^e$ ☐ $f'(x) = -e^x$
g) $f(x) = 2e^x$ ☐ $f'(x) = 2e^x$ ☐ $f'(x) = x^{2e}$ ☐ $f'(x) = -e^{2x}$
h) $f(x) = 3 + e^x$ ☐ $f'(x) = e^x$ ☐ $f'(x) = x^e$ ☐ $f'(x) = -e^x$
i) $f(x) = x - e^x$ ☐ $f'(x) = e^x$ ☐ $f'(x) = x^e$ ☐ $f'(x) = 1 - e^x$

Für $f(x) = b^x$ gilt:
$f'(x) = f'(0) \cdot b^x$
($b \in \mathbb{R}$, $b > 0$)
Für $f(x) = e^x$ gilt:
$f'(x) = f(x)$

Exponentialfunktionen und weitere Funktionsklassen 8

4 Lineare Kettenregel: Verbinden Sie Funktionen mit deren Ableitungsfunktionen.

$f(x) = (7x - 3)^4$	○	○	$f'(x) = 28 \cdot (7x - 3)^3$
$f(x) = (28 - 2x)^2$	○	○	$f'(x) = -4 \cdot e^{-4x + 6} + 8x^7$
$f(x) = e^{5x + 1}$	○	○	$f'(x) = 5 \cdot e^{5x + 1}$
$f(x) = e^{-4x + 6} + x^8$	○	○	$f'(x) = -4 \cdot (28 - 2x)$
$f(x) = 4x^2 + \sqrt{1 - x}$	○	○	$f'(x) = 8x - \dfrac{1}{2\sqrt{1 - x}}$
$f(x) = (x - e)^5$	○	○	$f(x) = 5(x - e)^4$

> $f(x) = g(ax + b)$
> $f'(x) = a \cdot g'(ax + b)$
>
> $f(x) = e^{ax + b}$
> $f'(x) = a \cdot e^{ax + b}$
>
> $f(x) = g(ax^2 + bx + c)$
> $f'(x) = (2ax + b) \cdot g'(ax^2 + bx + c)$
>
> $f(x) = e^{ax^2 + bx + c}$
> $f'(x) = (2ax + b) \cdot e^{ax^2 + bx + c}$

Aufbautraining

5 Quadratische Kettenregel: Korrigieren Sie, wenn nötig, die Ableitungsfunktionen.

$f(x)$	$(5x^2 + 4)^6$	$e^{2x^2 - 1}$	$(x^2 - x)^2$	$4 \cdot e^{4x^2}$	$1 + (x^2 - 19)^3$
$f'(x)$	$6 \cdot (5x^2 + 4)^5$	$4x \cdot e^{2x^2 - 1}$	$2x \cdot (x^2 - x)$	$16 \cdot e^{4x^2}$	$6x \cdot (x^2 - 19)^2$

Zusatzaufgabe: Nennen Sie naheliegende Fehlerursachen.

6 Geben Sie die Ableitungsfunktionen an.

a) $f(x) = (9 - x)^3$
   $f'(x) = $ _____

b) $f(x) = e^{7x - 5}$
   $f'(x) = $ _____

c) $f(x) = (4x^2 - 2x)^4$
   $f'(x) = $ _____

d) $f(x) = e^{x^2 + 1}$
   $f'(x) = $ _____

e) $f(x) = \dfrac{1}{(3x + 5)^2}$
   $f'(x) = $ _____

f) $f(x) = \sqrt{8x - 2} + x$
   $f'(x) = $ _____

7 Gegeben ist die Funktion f mit $f(x) = 4e^{-x} - 2$.
Ermitteln Sie, wenn möglich, die Angaben.
Skizzieren Sie den Graphen.

Schnittpunkt P
mit der y-Achse: _____

Schnittpunkt Q
mit der x-Achse: _____

Extremstellen und
Wendepunkte: _____

Verhalten im
Unendlichen: Für $x \to \infty$ gilt $f(x) \to$ ____ | Für $x \to -\infty$ gilt $f(x) \to$ ____

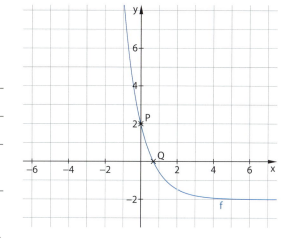

8 Allgemeine Kettenregel: Haben die Funktionen u und v die Ableitungsfunktionen u' und v', dann hat f mit $f(x) = u(v(x))$ die Ableitung $f'(x) = u'(v(x)) \cdot v'(x)$. ($f(x) = e^{v(x)}$ und $f'(x) = e^{v(x)} \cdot v'(x)$)
Bestimmen Sie die Ableitungsfunktion mit dieser Regel.
Überprüfen Sie Ihre Ergebnisse, wenn möglich, mithilfe der linearen oder der quadratischen Kettenregel.

a) $f(x) = (2x^6 - 3x^3)^2$
   $f'(x) = $ _____

b) $f(x) = 2 \cdot e^{x + 2x^2}$
   $f'(x) = $ _____

c) $f(x) = \sqrt{x^6 + 5x^3 + 1}$
   $f'(x) = $ _____

8 Natürlicher Logarithmus und Exponentialgleichungen

Exponentialgleichungen

Basisaufgaben

1 Natürliche Logarithmus: Vereinfachen Sie die Terme.

a) $e^{\ln(3)} =$ _____
b) $\ln(e^7) =$ _____
c) $\ln(e^2 \cdot \sqrt{e}) =$ _____

d) $e^{\ln(6) - \ln(1,5)} =$ _____
e) $\frac{1}{e^{-\ln(7)}} =$ _____
f) $\sqrt{\ln(e^{361})} =$ _____

g) $\ln(e^{\ln(5) + \ln(0,2)}) =$ _____
h) $\ln(\sqrt{e^3}) =$ _____
i) $\ln(e^e) \cdot e^{-1} =$ _____

$\ln(a \cdot c) = \ln(a) - \ln(c)$
$\ln\left(\frac{a}{c}\right) = \ln(a) - \ln(c)$
$\ln(a^r) = r \cdot \ln(a)$
$e^{\ln(a)} = a \qquad \ln(e) = 1$
$\ln(e^a) = a \qquad \ln(1) = 0$

2 Markieren Sie gleichwertige Terme mit der gleichen Farbe oder oder dem gleichen Symbol.

$\ln(\sqrt{e})$	$\ln\left(\frac{e^{x^2}}{e^4}\right)$	$\ln(e^3 \cdot (e^x)^2)$	$\ln(e^{17})$	$e^{3 \cdot \ln(0,5)}$
$\ln(\sqrt[6]{e^2})$	$e^{3 \cdot \ln(5)}$	$4 \cdot e^{3 + \frac{1}{2} \cdot \ln(9)}$	$\ln\left(\frac{\sqrt{e}}{\sqrt[3]{e}}\right)$	$\ln\left(\frac{1}{\sqrt{e}}\right)$

| $\frac{1}{8}$ | $\frac{1}{6}$ | $\frac{1}{3}$ | $\frac{1}{2}$ | $-0,5$ | 17 | 125 | $3 + 2x$ | $x^2 - 4$ | $12e^3$ |

3 Exponentialfunktionen mit der Basis e darstellen: Schreiben Sie die Exponentialfunktion in der Form $f(x) = e^{g(x)}$.

Hilfe: Wegen $b = e^{\ln(b)}$ erhält man: $f(x) = b^x = (e^{\ln(b)})^x = e^{x \cdot \ln(b)}$

a) $f(x) = 5^x =$ _____
c) $f(x) = 7^{3x} =$ _____

b) $f(x) = 3 \cdot 2^x =$ _____
d) $f(x) = 0,2 \cdot 5^{2x - 3} =$ _____

Zusatzaufgabe: Begründen Sie, dass sich die Funktion aus **d** als $f(x) = e^{(2x - 4) \cdot \ln(5)}$ darstellen lässt.

4 Ableitung der Funktion f mit $f(x) = b^x$: Bestimmen Sie die Ableitung mithilfe der linearen Kettenregel.

Hilfe: Wegen $b = e^{\ln(b)}$ erhält man: $f(x) = b^x = e^{\ln(b)\cdot x} = e^{x \cdot \ln(b)}$, $f'(x) = \ln(b) \cdot b^x$

a) $f(x) = 3^x =$ _____ $f'(x) =$ _____

b) $f(x) = 2^{5x} =$ _____ $f'(x) =$ _____

c) $f(x) = \frac{3}{4} \cdot 5^{4x} =$ _____ $f'(x) =$ _____

5 Bestimmen Sie eine Gleichung der Tangente an den Graphen von f mit $f(x) = e^{0,5x}$ im Punkt $B(2 \mid f(2))$.

y-Koordinate von B: $f(2) =$ _____ $B(2 \mid \;\;)$

Ableitung: $f'(x) =$ _____ Tangentensteigung: $m =$ _____

Tangente: _____

6 Exponentialgleichungen: Ordnen Sie den Gleichungen Lösungsmengen zu. Markieren Sie die Paare.

$e^x = 5$	$3e^x = 12$	$5e^{2x - 6} - 3 = 17$	$e^{0,25x} = 7$	$e^{11x} = 1$
$e^{-x} = 2$	$7e^{-x} - 4 = 3$	$e^x + 9 = 7$	$2e^{3x} = 16$	$e^{4x} = 3e^{3x}$

| $L = \{0\}$ | $L = \{\frac{1}{3} \cdot \ln(8)\} = \{\ln(2)\}$ | $L = \{\ln(4)\}$ | $L = \{-\ln(2)\}$ | $L = \{\ln(5)\}$ |
| $L = \{\ln(3)\}$ | $L = \{4 \cdot \ln(7)\}$ | $L = \{\}$ | $L = \{\frac{1}{2} \cdot \ln(4) + 3\} = \{\ln(2) + 3\}$ | |

7 Unterstreichen Sie alle Fehler. Geben Sie die Lösungsmenge an.

a) $e^{3x} = 9$ L = { _____ }

$\ln(e^{3x}) = \ln(9)$

$3x = \ln(9)$

$x = \ln(3)$

$x \approx 0{,}48$

b) $8e^{2x} = 8$ L = { _____ }

$8 \cdot (\ln(e^{2x})) = \ln(8)$

$8 \cdot (\ln(e^{2x})) = 8 \cdot \ln(1)$

$\ln(e^{2x}) = 1 \cdot \ln(1)$

$x = 0$

8 Ermitteln Sie die Lösungsmenge der Gleichung. Nutzen Sie dabei den Satz vom Nullprodukt.

a) $(e^x - e) \cdot (x^2 - 196) = 0$

L = _____

b) $e^x \cdot x^2 + 10 \cdot e^x = e^x \cdot 7x$

L = _____

c) $(e^{2x} - 9) \cdot (x^3 - 16x) = 0$

L = _____

d) $x \cdot e^{2x} + 2x = 3x \cdot e^x$

L = _____

9 Ordnen Sie den Gleichungen Lösungen zu – ohne Rechner oder schriftliche Rechnung.

| $e^{x-1} = e$ | $x^2 \cdot e^x = 0$ | $e^{x+1} = x \cdot e^x$ | $-2e^x = 4$ |

| keine Lösung | x = 2 | x = 0 | x = e |

Aufbautraining

10 Berechnen Sie die gemeinsamen Punkte der Funktionsgraphen.

a) $f(x) = e^{-x^2}$ und $g(x) = e^{1-2x}$

b) $f(x) = e^{x-3}$ und $g(x) = e^{-2x+6}$

11 Kommentieren Sie die Schritte zur Lösung der Gleichung $2 \cdot e^{7x} - 32 \cdot e^{4x} + 126 \cdot e^x = 0$.

$2 \cdot e^x \cdot (e^{6x} - 16 \cdot e^{3x} + 63) = 0$

$2 \cdot e^x \cdot ((e^{3x})^2 - 16 \cdot e^{3x} + 63) = 0$

$e^{3x} = 8 \pm \sqrt{8^2 - 63} = 8 \pm 1$

$2 \cdot e^x \cdot (e^{3x} - 7) \cdot (e^{3x} - 9) = 0$

$e^{3x} - 7 = 0$ oder $e^{3x} - 9 = 0$

$L = \left\{ \frac{\ln(7)}{3}; \frac{\ln(9)}{3} \right\}$

Möglichkeit 1: _____

Möglichkeit 2: _____

8 Natürliche Logarithmusfunktion

Grundlagentraining

1 Ergänzen Sie zu einer wahren Aussage:

a) Die Funktion f mit f(x) = ln(x) mit x > _____ heißt _____
_____. Sie ist die _____ der
natürlichen Exponentialfunktion mit g(x) = e^x. Es gilt ln(e^x) = _____.

b) Zeichnen Sie den Graphen von f mit f(x) = ln(x) in das Koordinatensystem ein.

c) Geben Sie die folgenden Eigenschaften von f mit f(x) = ln(x) an:

Definitionsbereich: _____

Wertebereich: _____

Nullstelle: _____

Monotonie: _____

$\lim_{\substack{x \to 0 \\ x > 0}} \ln(x)$: _____

$\ln(x^r) = r \cdot \ln(x)$
$\ln(a \cdot b) = \ln(a) + \ln(b)$
$\ln\left(\frac{a}{b}\right) = \ln(a) - \ln(b)$

2 Ergänzen Sie zu wahren Aussagen.

Funktion g	Nullstelle von g	Wie geht der Graph von g aus dem Graphen von f mit f(x) = ln(x) hervor?
g(x) = 2 · ln(x)		
g(x) = ln(x − 2)		
g(x) = ln(x + 2)		
g(x) = ln(−x)		
g(x) = ln($\frac{x}{2}$)		
g(x) = ln($\frac{1}{x}$)		
g(x) = ln(−x^2)		
g(x) = −3ln(x − 4)		
g(x) = ln($\sqrt{x}$)		

3 Ordnen Sie den Ungleichungen die richtige Lösungsmenge zu.

| ln(x) > 4 | [ln(x)]² > 4 | ln(x²) > 4 | (ln(x))² < 4 | ln(x²) < 2 |

| x > e^2 oder 0 < x < e^{-2} | x > e^4 | x > e^2 oder x < e^{-2} | 0 < x < e oder −e < x < 0 | $\frac{1}{e^2}$ < x < e^2 |

96

Aufbautraining

4 Ordnen Sie jeder Funktion f die richtige Ableitungsfunktion f' zu.

| f(x) = ln (2x) | f(x) = [ln (x)]² | f(x) = ln (x²) | f(x) = ln(√x) |

$f(x) = \ln(x)$
mit $x \in \mathbb{R}; x > 0$
$f'(x) = \frac{1}{x}$

| f'(x) = $\frac{1}{2x}$ | f'(x) = $\frac{1}{x}$ | f'(x) = $\frac{2 \cdot \ln(x)}{x}$ | f'(x) = $\frac{2}{x}$ |

5 Kreuzen Sie korrekt gebildete Ableitungen von f an der Stelle x_0 an. Korrigieren Sie falsche Lösungen.

f(x)	x_0	f'(x)	richtig?	Korrektur
$\ln(3 \cdot x) + 1$	4	$\frac{1}{4}$		
$\ln(3 \cdot x + 1)$	4	$\frac{1}{4}$		
$\ln(2 \cdot x^2 + x)$	1	$\frac{5}{3}$		
$\ln(\cos(x))$	$\frac{\pi}{4}$	1		
$x^2 \cdot \sqrt{\ln(a \cdot x)}$ mit $a > 0$	1	$\frac{4 \cdot \ln(a+1)}{2 \cdot \sqrt{\ln(a)}}$		
$\frac{\ln(x-2)}{e^x}$	1	$\frac{1}{e}$		

6 Ordnen Sie jeder Funktion f die richtige Stammfunktion F zu.

| f(x) = $\frac{5}{x}$ | f(x) = $\frac{1}{x+5}$ | f(x) = $\frac{1}{x}$ + 5 | f(x) = $\frac{1}{5x}$ |

$\int \frac{1}{x} dx = \ln(|x|) + c$
mit $x \in \mathbb{R}; x \neq 0$

F(x) = $\frac{\ln|x|}{5}$ F(x) = $5 \cdot \ln|x| + 5$ F(x) = $\ln|x| + 5x$ F(x) = $\ln|x + 5| + 5$

7 Die Funktion f mit $f(x) = x^x$ mit $x \in \mathbb{R}; x > 0$ kann weder als Potenz- noch als Exponentialfunktion differenziert werden. Im Folgenden wird die 1. Ableitung mithilfe eines „Tricks" gebildet. Kommentieren Sie die Umformungsschritte.

$f(x) = x^x$	Angabe der Funktionsgleichung.
$f(x) = x^x = \left(e^{\ln(x)}\right)^x$	
$f(x) = e^{x \cdot \ln(x)}$	
$f'(x) = \left[e^{x \cdot \ln(x)}\right]'$	
$\left[e^{x \cdot \ln(x)}\right]' = e^{x \cdot \ln(x)} \cdot \left[1 \cdot \ln(x) + x \cdot \frac{1}{x}\right]$	
$f'(x) = \left[e^{x \cdot \ln(x)}\right]' = x^x \cdot [\ln(x) + 1]$	

8 Produktregel

Basisaufgaben

1 Produktregel: Gegeben ist die Funktion $f(x) = (x^3 - 2x) \cdot e^{-x}$.
Ergänzen Sie die Schritte zur Bestimmung von f'.

Produktregel: $(u \cdot v)' = u' \cdot v + u \cdot v'$

$u(x) = x^3$ _____ und $u'(x) =$ _____ laut der Summenregel und Ableitung der Potenzfunktion

$v(x) =$ _____ und $v'(x) =$ _____ laut der Ableitung der e-Funktion und Kettenregel

$f'(x) =$ _____ laut der Produktregel

$f'(x) = ($ _____ $) \cdot e^{-x}$ nach dem Ordnen und Zusammenfassen

2 Vervollständigen Sie die Ermittlung der ersten Ableitung der Funktion.

a) $f(x) = e^{2x-1} \cdot (3x^2 - 1)$
b) $g(x) = (x^4 + 4x^5) \cdot e^{-x}$
c) $h(t) = (t - e^t) \cdot e^{3t-2}$

$u(x) =$ _____ $u'(x) =$ _____ $u(x) =$ _____ $u'(x) =$ _____ $u(t) =$ _____ $u'(t) =$ _____

$v(x) =$ _____ $v'(x) =$ _____ $v(x) =$ _____ $v'(x) =$ _____ $v(t) =$ _____ $v'(t) =$ _____

$f'(x) =$ ___ $e^{2x-1} \cdot (3x^2 +$ ___ $)$ $g'(x) = (-4x^5 +$ ___ $+$ ___ $) \cdot e^{-x}$ $h'(t) = -($ ___ $-1) \cdot e$___

3 Berechnen Sie die erste Ableitung zuerst mit Produktregel und danach ohne Produktregel.

a) $f(x) = x^5 \cdot (3 - x)$
b) $g(x) = e^{-x} \cdot e^{x+1}$
c) $h(x) = (x^2 + 5) \cdot (x^2 - 5)$

Berechnung der ersten Ableitung mit der Produktregel:

$u(x) =$ _____ $u'(x) =$ _____ $u(x) =$ _____ $u'(x) =$ _____ $u(x) =$ _____ $u'(x) =$ _____

$v(x) =$ _____ $v'(x) =$ _____ $v(x) =$ _____ $v'(x) =$ _____ $v(x) =$ _____ $v'(x) =$ _____

$f'(x) =$ _____ $g'(x) =$ _____ $h'(x) =$ _____

Berechnung der ersten Ableitung ohne die Produktregel (beispielsweise erst ausmultiplizieren, danach ableiten):

$f(x) =$ _____ $g(x) =$ _____ $h(x) =$ _____

$f'(x) =$ _____ $g'(x) =$ _____ $h'(x) =$ _____

4 Kreuzen Sie die korrekt gebildeten 1. Ableitungen an. Korrigieren Sie gegebenenfalls die Fehler.

☐ $f(x) = (2x + 3) \cdot e^x$
    $f'(x) = 2 \cdot e^x$

☐ $g(x) = (x^2 + 1) \cdot e^{2x}$
    $g'(x) = (2x) \cdot e^{2x} \cdot 2$

☐ $h(x) = (x^3 + x) \cdot e^{-2}$
    $h'(x) = (3x^2 + 1) \cdot e^{-2}$

5 Ordnen Sie den Funktionen ihre 2. Ableitung zu. Rechnen Sie, wenn nötig, auf einem zusätzlichen Blatt.

| $f(x) = (x^3 - 4x) \cdot e^{1-x}$ | $f(x) = (x^3 - 3x + 1) \cdot e^{-x+1}$ | $f(x) = (x - 3) \cdot (3 + x) \cdot \frac{e}{e^x}$ |

| $f''(x) = (x^2 - 4x - 7) \cdot e^{1-x}$ | $f''(x) = (x^3 - 6x^2 + 3x + 7) \cdot e^{1-x}$ | $f''(x) = (x^3 - 6x^2 + 2x + 8) \cdot e^{1-x}$ |

98

Exponentialfunktionen und weitere Funktionsklassen 8

6 Gegeben ist eine Stammfunktion F einer Funktion f.
Ermitteln Sie die zugehörige Funktion f.

F'(x) = f(x)

a) $F(x) = (x-1) \cdot e^x + 1$

   f(x) = _____

b) $F(x) = x^2 \cdot e^{x^2} + c$

   f(x) = _____

7 Bilden Sie die ersten fünf Ableitungen von $f(x) = x \cdot e^{-x}$.
Welchen Term vermuten Sie für die n-te Ableitung dieser Funktion? Schreiben Sie ihn auf.

f'(x) = _____   f''(x) = _____

f'''(x) = _____ $f^{(4)}(x)$ = _____

$f^{(5)}(x)$ = _____ $f^{(n)}(x) = (-1)^n \cdot$ _____

Weiterführende Aufgaben

8 Gegeben ist eine Stammfunktion einer Funktion f. Kreuzen Sie passende Funktionen an.

$F(x) = \frac{1}{2} e^x \cdot (2x - e^x - 2)$ ☐ $f(x) = (x - e^x) \cdot e^x$ ☐ $f(x) = (x-1) \cdot e^x + x - 2$ ☐ $f(x) = x \cdot e^x - e^{2x}$

9 Markieren Sie zuerst alle Fehler. Ermitteln Sie danach die Ableitungsfunktionen von f und g.

$f(x) = \frac{x+1}{e^{x^2}} = (x+1) \cdot e^{-x^2}$

$f'(x) = 1 \cdot e^{-x^2} + (x+1) \cdot (-x^2) \cdot e^{-x^2}$

$f'(x) = (1 - x^3 + x^2) \cdot e^{-x^2}$

_____

_____

$g(x) = \frac{e^{x+2}}{2x}$

$g(x) = e^{x+2} \cdot 2x^{-1}$

$g'(x) = 2e^{x+2} \cdot \frac{1}{x}$

_____

_____

10 Die Produktregel gilt auch für Produkte aus drei oder mehr Faktoren, z. B. ist $(u \cdot v \cdot w)' = u' \cdot v \cdot w + u \cdot v' \cdot w + u \cdot v \cdot w'$.
Berechnen Sie f' von $f(x) = x^2 \cdot x^4 \cdot x^6$ zuerst mit und danach ohne diese Produktregel.
Geben Sie eine allgemeine Begründung für das Ergebnis an.

Berechnung von f' mit der Produktregel:

u(x) = ___   u'(x) = ___   v(x) = ___   v'(x) = ___   w(x) = ___   w'(x) = ___

f'(x) = _____

Berechnung von f' ohne die Produktregel (erst ausmultiplizieren, danach ableiten):

f(x) = _____   f'(x) = _____

Allgemeine Begründung von $(u \cdot v \cdot w)' = u' \cdot v \cdot w + u \cdot v' \cdot w + u \cdot v \cdot w'$ mithilfe der Produktregel für zwei Faktoren:

$(u \cdot v)' = u' \cdot v + u \cdot v'$ laut der Produktregel für die Faktoren ___ und ___

$((u \cdot v) \cdot w)' = (u \cdot v)' \cdot w + $ _____   laut der Produktregel für die Faktoren ___ und ___

$((u \cdot v) \cdot w)' = (u' \cdot v + u \cdot v') \cdot$ _____

8 Quotientenregel

Basisaufgaben

1 Die Bestimmung der Ableitung von f mit $f(x) = \frac{1}{2x}$ mit $x \in \mathbb{R}; x \neq 0$ wird auf mehreren Wegen begonnen. Vervollständigen Sie jeden Rechenweg.

Mit Faktorregel:	Mit Kettenregel:
$f(x) = \frac{1}{2x} = \frac{1}{2} \cdot \frac{1}{x} = \frac{1}{2} \cdot x^{\boxed{}}$	$f'(x) = (-1) \cdot (2x)^{-2} \boxed{}$
$f'(x) = \frac{1}{2} \boxed{}$	$f'(x) = \boxed{}$
$f'(x) = -\frac{1}{2x^2}$	$f'(x) = -\frac{1}{2x^2}$

Hinweis:
$\left(\frac{1}{x^r}\right)' = (x^{-r})' = -r \cdot x^{-r-1}$
$(u \cdot v)' = u' \cdot v + u \cdot v'$
$\left(\frac{u}{v}\right)' = \frac{u' \cdot v - u \cdot v'}{v^2}$

Mit Produktregel und	Mit Quotientenregel und
$f(x) = \frac{1}{2x} = \frac{1}{2} \cdot \frac{1}{x}$:	$f(x) = \frac{1}{2x}$:
$f'(x) = \left(\frac{1}{2}\right)' \cdot \boxed{}$	$f'(x) = \frac{2x - 1 \cdot \boxed{}}{(2x)^2}$
$f'(x) = \boxed{} = -\frac{1}{2x^2}$	$f'(x) = \boxed{} = -\frac{1}{2x^2}$

2 Kreuzen Sie alle Funktionen f' an, welche Ableitungsfunktionen zu f sind.

a) $f(x) = \frac{1}{2x-3} + \frac{4}{x}$

☐ $f'(x) = \frac{2}{(2x-3)^2} - \frac{4}{x^2}$ ☐ $f'(x) = \frac{-2}{(2x-3)^2} - \frac{4}{x^2}$ ☐ $f'(x) = \frac{-6 \cdot (3x^2 - 8x + 6)}{x^2 \cdot (2x-3)^2}$

b) $f(x) = \frac{x}{2x-3}$

☐ $f'(x) = \frac{-3}{(2x-3)^2}$ ☐ $f'(x) = \frac{3x}{(2x-3)^2}$ ☐ $f'(x) = \frac{-3}{4x^2 - 12x + 9}$

c) $f(x) = \frac{x^2}{2x-3}$

☐ $f'(x) = \frac{2x \cdot (x-3)}{(2x-3)^2}$ ☐ $f'(x) = \frac{2x^2 - 6x}{(2x-3)^2}$ ☐ $f'(x) = 2 \cdot \frac{-3x + x^2}{4x^2 - 12x + 9}$

3 Ordnen Sie jeder Funktionsgleichung einer Funktion f eine Funktionsgleichung einer Stammfunktion F zu.

| $f(x) = -\frac{2}{x^3}$ | $f(x) = \frac{2}{(x+1)^2}$ | $f(x) = \frac{2x - x^2}{(x-1)^2}$ |

| $F(x) = \frac{x-1}{x+1}$ | $F(x) = \frac{x^2}{1-x}$ | $F(x) = \frac{1}{x^2}$ |

4 Bestimmen Sie die Ableitung der Funktion f. Geben Sie jeweils an, welche Regeln Sie verwenden.

a) $f(x) = \frac{4}{x^2}$

b) $f(x) = \frac{1}{4x^2}$

c) $f(x) = \frac{1}{x-4}$

d) $f(x) = \frac{9}{x^2 - 4}$

Weiterführende Aufgaben

5 Gegeben sind die Funktionen f und g mit $f(x) = x + 2x^{-1}$ und $g(x) = \frac{x^2 + 2}{x}$.

a) Zeigen Sie, dass f und g identisch sind.

$g(x) = \frac{x^2 + 2}{x} = \rule{2cm}{0.15mm} = \rule{2cm}{0.15mm} = f(x)$

b) Zeigen Sie: Die Berechnung der Ableitungsfunktion führt für beide Terme zum gleichen Ergebnis.

$f'(x) = \rule{10cm}{0.15mm}$

$g'(x) = \rule{10cm}{0.15mm}$

6 Zeigen Sie, dass die beiden voneinander verschiedenen Funktionen f und g mit $f(x) = \frac{4}{x^2 - 4}$ und $g(x) = \frac{x^2}{x^2 - 4}$ die gleiche Ableitungsfunktion besitzen.

$f'(x) = \rule{10cm}{0.15mm}$

$g'(x) = \rule{10cm}{0.15mm}$

7 Kreuzen Sie die richtige Lösung an.

Die Tangente an den Graphen der Funktion f mit $f(x) = \frac{x^2 + 3}{x - 1}$ an der Stelle $x = 2$ hat die Gleichung

☐ $y = 3x - 13$ ☐ $y = -3x - 13$ ☐ $y = -3x + 13$ ☐ $y = 13x - 3$

8 Für die Funktionen f_a wurden die 2. Ableitungen gebildet. Beurteilen Sie, ob die Lösungen richtig sind. Korrigieren Sie falsche Lösungen.

$f_a(x)$	$f_a''(x)$	wahr/falsch	Korrektur
$\frac{a}{(x-2)^2}$	$\frac{4a}{(x-2)^4}$		
$\frac{2}{(x-a)^2}$	$\frac{12}{(x-a)^4}$		
$\frac{x+a}{(x+a)^2}$	$\frac{2}{(x+a)^3}$		
$\frac{a-x}{(2x+a)^2}$	$\frac{8x-32a}{(2x+a)^2}$		

9 Mit einem CAS wurde die Ableitung einer Funktion f gebildet. Prüfen Sie handschriftlich nach, ob das Ergebnis samt Definitionsbereich korrekt angezeigt wurde.

$f(x) := \frac{x^2 - 1}{x^2 + 1} \mid -2 \leq x \leq 2$ Fertig

$\frac{d}{dx}(f(x))$ ⚠ $\left\{ \frac{4 \cdot x}{(x^2 + 1.)^2}, -2. < x < 2. \right.$

8 Integration durch Substitution und partielle Integration

Basisaufgaben

1 Integration durch Substitution: Vervollständigen Sie den Satz zu einer wahren Aussage:
Wenn f mit $f(x) = g(a \cdot x + b)$ eine verkettete Funktion mit einer linearen Funktion als innerer Funktion ist, dann ist $F(x) = $ _____ eine Stammfunktion von f.

2 Geben Sie die innere Funktion von f(x) an.

Verkettete Funktion	$f(x) = \sqrt{3 - 2x}$	$f(t) = 2 \cdot e^{-t+1}$	$f(x) = \cos(5x)$
Innere Funktion			

3 Ergänzen Sie die Lücken im Beispiel: $\int (2x+4)^{10}\, dx$
Innere Funktion: $z(x) = 2x + 4$, also ist a = ___ Äußere Funktion: $g(z) = z^{10}$

Stammfunktion der äußeren Funktion: $G(z) = $ ___ $\cdot z^{11}$

$\int (2x+4)^{10}\, dx = $ ___ $\cdot ($ ___ $)^{11} + c = $ _____

Probe: Es muss gelten $F'(x) = f(x)$.

$($ _____ $)' = $ _____ $= (2x+4)^{10}$

$\int f(a \cdot x + b)\, dx$
$= \frac{1}{a} \cdot F(a \cdot x + b) + c$

4 Ordnen Sie jeder Funktion f durch Pfeile eine mögliche Stammfunktion F zu.

$f(x) = (1-x)^5$	$f(x) = \left(\frac{1}{2}x - 5\right)^5$	$f(x) = \frac{(x-10)^5}{2}$

$F(x) = \frac{(x-10)^6}{192}$	$F(x) = \frac{(x-10)^6}{12} - 1$	$F(x) = -\frac{(x-1)^6}{6} + 4$

5 Kreuzen Sie richtige Ergebnisse an.

a) $\int_2^3 \sqrt{2x-3}\, dx$ ☐ $\frac{3^{\frac{3}{2}} - 1^{\frac{3}{2}}}{3}$ ☐ $3^{\frac{3}{2}} - 1$ ☐ $\sqrt{3} - \frac{1}{3}$ ☐ $\frac{3\sqrt{3} - 1}{3}$

b) $\int_5^7 \frac{2}{4-x}\, dx$ ☐ $2 \cdot \ln(3)$ ☐ $-2 \cdot \ln(3) - 2 \cdot \ln(1)$ ☐ $\ln(3)$ ☐ $-2 \cdot \ln(3)$

c) $\int_0^{\frac{\pi}{2}} \sin(2x)\, dx$ ☐ -1 ☐ $-\frac{\cos(2\pi)}{2} + \frac{\cos(0)}{2}$ ☐ 1 ☐ 0

d) $\int_{-3}^1 e^{1-x}\, dx$ ☐ $1 - e^4$ ☐ $-e^0 - (-e^4)$ ☐ $e^2 - 1$ ☐ $e^4 - 1$

e) $\int_{-1}^2 \left(\frac{1}{2}x + 1\right)^{-2}\, dx$ ☐ $-\frac{4}{4} - \left(\frac{4}{1}\right)$ ☐ $-1 - \left(-\frac{4}{-1+2}\right)$ ☐ 3 ☐ -5

6 Ermitteln Sie die Menge aller Stammfunktionen von $f(x) = (1-x)^{-2}$. Erklären Sie die Anzeige des CAS.

_____

_____

$\int_{-2}^{2} (1-x)^{-2}\, dx \quad \infty$

_____

_____

Exponentialfunktionen und weitere Funktionsklassen 8

7 Partielle Integration: Vervollständigen Sie den Text: Bei der Berechnung von Integralen, bei denen der Integrand das _____ zweier Funktionen ist, führt in vielen Fällen die _____ Integration zum Ziel. Man wählt eine der Funktionen im Integranden als u(x), die andere als v'(x). Die Auswahl sollte so erfolgen, dass sich die weitere Berechnung _____ .

$$\int u(x) \cdot v'(x)\, dx = u(x) \cdot v(x) - \int u'(x) \cdot v(x)\, dx$$

Vervollständigen Sie die Berechnung von $\int x \cdot \sin(x)\, dx$.

Wahl von u und v':   u(x) = x   v'(x) =

Bestimmung von u' und v: u'(x) =   v(x) = −cos(x).

Partielle Integration: $\int x \cdot \sin(x)\, dx$ = x · ( ) − ∫ dx

Vereinfachung: $\int x \cdot \sin(x)\, dx$ =   = −x · cos(x) + sin(x) + c

Probe (Ableitung mit Produktregel): (−x · cos(x) + sin(x) + c)'

= _____

Hilfe: Produktregel: (u · v)' = u' · v + u · v'.

= x · sin(x)

Begründen Sie kurz: Die Wahl von u(x) = sin(x) und v'(x) = x wäre nicht zielführend für die Integration.

_____

_____

Weiterführende Aufgaben

8 Ergänzen Sie die Berechnung von $\int \sin^2(x)\, dx$.

$\sin^2(x)$ als Produkt: sin(x) · sin(x) mit u(x) = ___ und v'(x) = ___   u'(x) = ___ und v(x) = ___

$\int \sin^2(x)\, dx$ = _____ + $\int \cos^2(x)\, dx$. Mit $\cos^2(x) = 1 - \sin^2(x)$ („Winkelpythagoras") folgt:

$\int \sin^2(x)\, dx$ = −sin(x) · cos(x) + ∫ ___ dx = −sin(x) · cos(x) + ∫ 1 dx − $\int \sin^2(x)\, dx$ Auf beiden Seiten $\int \sin^2(x)\, dx$ addieren: ___ $\int \sin^2(x)\, dx$ = −sin(x) · cos(x) + x   Durch 2 dividieren: $\int \sin^2(x)\, dx$ = _____

9 Ordnen Sie den unbestimmten Integralen die richtige Stammfunktion zu.

| $\int \sin(x) \cdot e^x\, dx$ | $\int \cos(x) \cdot e^x\, dx$ | $\int \cos(x) \cdot e^{-x}\, dx$ |

| $\frac{e^{-x}}{2} \cdot (\sin(x) - \cos(x))$ | $\frac{e^x}{2} \cdot (\sin(x) - \cos(x))$ | $\frac{e^x}{2} \cdot (\sin(x) + \cos(x))$ |

10 Für die Berechnung der folgenden Integrale können Sie die angegebenen Hilfen anwenden. Rechnen Sie auf einem Extrablatt und geben Sie hier die Ergebnisse an.

a) $\int x \cdot \sqrt{2x - 1}\, dx$

= _____

b) $\int x^2 \cdot \sin(2x)\, dx$

= _____

c) $\int \frac{\sin(x)}{e^x}\, dx$

= _____

Hilfe:

a) Integration durch lineare Substitution und partielle Integration

b) Integration durch lineare Substitution und zweimal partielle Integration

c) Schreiben Sie den Quotienten als Produkt und wenden Sie partielle Integration an.

8 Bestände und Änderungsraten bei verknüpften Funktionen

Basisaufgaben

1 Die Funktion $f(t) = 60 \cdot e^{-0,02t}$ beschreibt den Zerfallsprozess einer Substanz, wobei t die Zeit in Tagen und f(t) die Menge der Substanz in Milligramm angibt. Der Zeitpunkt t = 0 stellt den Beobachtungsbeginn dar. Vervollständigen Sie die Tabelle.

Sachverhalt	Mathematisches Modell	Ergebnis
Menge der Substanz 20 Tage nach Beobachtungsbeginn.	$f(20) = 60 \cdot e^{-0,02 \cdot 20}$	$f(20) \approx 40,2$ mg
Menge der Substanz 24 Stunden nach Beobachtungsbeginn.		
	$48 = 60 \cdot e^{-0,02t}$	
		$t \approx 34,66$ Tage
Menge der Substanz sechs Stunden vor Beobachtungsbeginn.		
Zeitpunkt, an dem die Zerfallsgeschwindigkeit $-1 \frac{mg}{Tag}$ beträgt.		

2 Die Abbildung zeigt den stark vereinfachten Graphen der Änderungsrate des Wasservolumens in einem zum Zeitpunkt t = 0 min leeren Gefäß.
Kreuzen Sie wahre Aussagen an.

- Zum Zeitpunkt t = 1,5 min beträgt die Zuflussgeschwindigkeit 1 Liter/min. ☐
- Nach 3 min sind 2 Liter im Gefäß. ☐
- Nach 4 min sind 4 Liter im Gefäß. ☐
- Im Zeitraum [4s; 7s] fließen 1,5 Liter Wasser aus dem Gefäß ab. ☐
- Nach 7 min. ist das Gefäß wieder leer. ☐
- Am schnellsten fließt das Wasser zwischen der dritten und vierten Minute ab. ☐
- Zwischen der sechsten und siebten Minute verringert sich der Abfluss und kommt dann ganz zum Erliegen. ☐
- Nach 7 min sind 2,5 Liter Wasser im Gefäß. ☐
- Zur sechsten Minute ist die Abflussgeschwindigkeit am größten. ☐

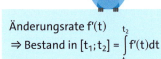

Änderungsrate f'(t)
$\Rightarrow$ Bestand in $[t_1; t_2] = \int_{t_1}^{t_2} f'(t)dt$

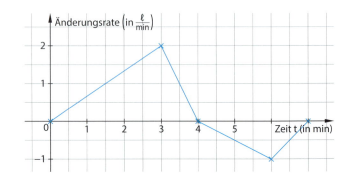

3 Eine Pflanze ist zum Beobachtungsbeginn 6 cm hoch. In den nächsten zehn Tagen vergrößert sich das Wachstum mit einer Wachstumsgeschwindigkeit v mit $v(t) = e^{0,2t}$. Gesucht ist die Höhe der Pflanze nach zehn Tagen. Streichen Sie falsche Ansätze durch und berechnen Sie die gesuchte Höhe.

| $e^{0,2 \cdot 10} + 6$ | $6 + \int_0^{10} e^{0,2t} dt$ | $\int_0^{10} e^{0,2t} dt$ | $\int_0^{10} (\sqrt[5]{e})^t dt + 6$ |

Höhe: h = _____

Weiterführende Aufgaben

4 Die Geschwindigkeit eines Fahrzeugs in m/s auf gerader Strecke wird für 0 ≤ t ≤ 10 (t in s) durch die in der Abbildung grafisch dargestellte Funktion $v(t) = 2 \cdot e^{0,1t}$ mathematisch modelliert.

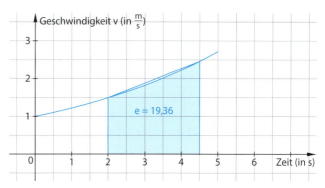

a) Der im Intervall [4s, 9s] zurückgelegte Weg kann durch den Flächeninhalt der blauen Trapezfläche näherungsweise bestimmt werden. Ermitteln Sie diesen Näherungswert.

_____

b) Berechnen Sie den genauen Wert dieses Weges durch eine geeignete Integration von v(t).

_____

_____

c) Von t = 10 s ab bremst das Fahrzeug mit konstanter (negativer) Beschleunigung und kommt bei t = 14 s zum Stillstand. Veranschaulichen Sie diesen Bremsvorgang im v-t-Diagramm. Berechnen Sie die Größe der Bremsbeschleunigung sowie die Länge des Bremsweges.

Bremsbeschleunigung: _____

Bremsweg: _____

5 Die produzierte Gesamtmenge einer neuen Ware lässt sich nach dem Anlaufen der Produktion für die ersten 15 Tage durch die Funktion $p(t) = \frac{t}{2} \cdot e^{-(0,2t-3)^2}$ (t in Tagen; p in 1000 Stück) mathematisch näherungsweise beschreiben.

a) Vervollständigen Sie die Tabelle. Stellen Sie mithilfe der Tabelle den Warenbestand für die ersten 15 Tage grafisch dar.

Tag	2	4	6	8	10	12	15
Menge							

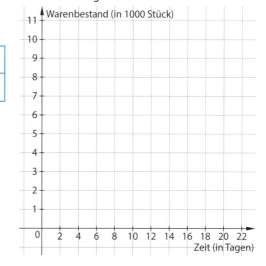

b) Schätzen Sie anhand der Grafik, zu welchem Zeitpunkt der Zuwachs der Produktionsmenge am größten war.

_____

6 In ein zu Beginn mit 40 Liter gefülltes Becken fließt in den ersten zehn Minuten Wasser gemäß der Funktion $w(t) = 8 \cdot t$ Wasser zu (w(t) in Litern pro Minute, t in Minuten).
Nach zehn Minuten wird der Zufluss beendet. Danach fließen vier Liter Wasser pro Minute ab.

a) Geben Sie eine Funktion an, die die Wassermenge im Becken beschreibt.

_____

_____

b) Ermitteln Sie, wann das Becken leer ist.

_____

8 Verknüpfungen mit Logarithmusfunktionen

Basisaufgaben

1 Ergänzen Sie wahre Aussagen über den Definitionsbereich D_f und die Nullstellen der Funktion.

f(x)	D_f	Nullstellen von f
$(2x-1)\cdot \ln(1-x)$		
$\sqrt{x^2-1}\cdot \ln(x^2-4)$		
$(e^{-x}-2)\cdot \ln(\sqrt{x+2})$		
$(e^{-x}-2)\cdot \ln(\sqrt{x-2})$		

Für x > 0 ist
ln(x) definiert.
Es gilt
ln(1) = 0.

2 Ergänzen Sie wahre Aussagen über den Definitionsbereich D_f und das Verhalten der Funktionswerte von f an den Rändern des Definitionsbereiches.

f(x)	D_f	Verhalten von f an den Rändern von D_f
$\ln(4x-8)$		
$x^3 \cdot \ln(3x+2)$		
$x^4 \cdot \ln(x^2)$		
$\dfrac{\ln(x-2)}{x^3}$		

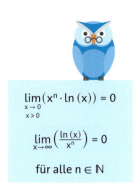

$\lim\limits_{\substack{x\to 0\\ x>0}}(x^n\cdot \ln(x))=0$

$\lim\limits_{x\to\infty}\left(\dfrac{\ln(x)}{x^n}\right)=0$

für alle $n\in \mathbb{N}$

3 Prüfen Sie, ob die Ableitungen von f richtig gebildet wurden. Korrigieren Sie falsche Ergebnisse.

f(x)	f'(x)	richtig?	Korrektur
$x^4 \cdot \ln(4x)$	$x^3 \cdot (4\cdot \ln(4x)+1)$		
$\dfrac{x^4}{\ln(4x)}$	$\dfrac{x^3 \cdot (4\cdot \ln(4x)+1)}{[\ln(4x)]^2}$		
$\dfrac{\ln(4x)}{x^4}$	$\dfrac{1-4\cdot \ln(4x)}{x^5}$		
$e^{-x}\cdot \ln(\sqrt{x})$	$\left(\dfrac{1}{x}+\dfrac{\ln(x)}{2}\right)\cdot e^{-x}$		

4 Beurteilen Sie diese Anzeige einer Mathematiksoftware.
Hinweis: *domain(f(x),x)* gibt den Definitionsbereich von f zurück.

$f(x):=(x^2-1)\cdot \ln(x)$ Fertig

$\text{domain}(f(x),x)$ $0<x<\infty$

$\text{solve}(f(x)=0,x)$ $x=-1 \text{ or } x=1$

_____
_____
_____

5 Betrachten Sie die Funktion g mit $g(x) = \ln(\ln(x))$. Bestimmen Sie, falls möglich, die Nullstelle von g sowie den Definitionsbereich von g.

_____
_____

Weiterführende Aufgaben

6 Vervollständigen Sie die Rechnungen für die Funktion f mit $f(x) = x^3 \cdot \ln(x)$.
Skizzieren Sie den Graphen von f mindestens im Intervall $0 < x \leq 1$.

Definitionsbereich: _____

Ableitungen:

$f'(x) = x^2 \cdot ($ _____ $+1)$ $f''(x) = x \cdot$ _____

Extremstelle: $x_e =$ _____

Wendestelle: $x_e =$ _____

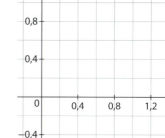

7 Die Abbildung zeigt den mit einer Mathematiksoftware erstellten Graphen G_f der Funktion f mit $f(x) = 10 \cdot x^2 \cdot \ln(|x|)$.
Beurteilen Sie, ob die Aussagen wahr sind.

a) G_f ist symmetrisch zur y-Achse.

_____
_____

b) G_f hat die Tiefpunkte $T_1\left(-e^{-\frac{1}{2}}\Big| -5\,e^{-1}\right)$ und $T_2\left(-e^{-\frac{1}{2}}\Big| -5\,e^{-1}\right)$.

_____
_____
_____

c) G_f hat den Hochpunkt $H(0|0)$.

_____

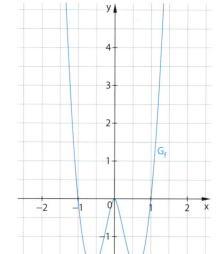

8 Nehmen Sie mithilfe einer Rechnung Stellung zur Behauptung von Mark:
„Der Graph von f mit $f(x) = x \cdot \ln(x^2 - x)$ besitzt keinen Wendepunkt, denn der grafischen Darstellung kann man entnehmen, dass der Graph überall rechtsgekrümmt ist."

Definitionsbereich: _____

2. Ableitung: _____

Mögliche Wendestellen: _____

_____
_____

Hinreichende Bedingung: _____

Ergebnis: _____

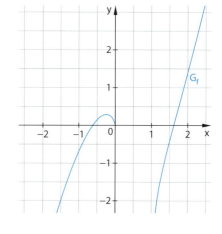

8 Verknüpfungen mit Wurzelfunktionen

Basisaufgaben

1 Gegeben ist die Funktion f mit $f(x) = (x + 1) \cdot \sqrt{1 - x}$.

a) Kreuzen Sie an, wenn die 1. und 2. Ableitung f' bzw. f'' von f korrekt gebildet ist. Korrigieren Sie ggf. falsche Lösungen.

☐ $f'(x) = \frac{1 - 3x}{2 \cdot \sqrt{1 - x}}$ _____ ☐ $f''(x) = \frac{3x - 5}{2 \cdot (1 - x)}$ _____

b) Ergänzen Sie: Für die Definitionsbereiche von f, f' und f'' gilt:

$D_f = $ _____ $D_{f'} = $ _____ $D_{f''} = $ _____

c) Ermitteln Sie die Koordinaten des lokalen Hochpunktes H von f.

_____
_____
_____
_____

Definitionsbereich:
Radikand ≥ 0
Nenner ≠ 0

d) Begründen Sie, dass f keinen Wendepunkt besitzt.

_____
_____
_____
_____

2 Gegeben ist die Funktion f mit $f(x) = 10 \cdot (x - x^2) \cdot \sqrt{2x + 1}$.

a) Ergänzen Sie in den Ableitungstermen die fehlenden Zählerfunktionen.

$f'(x) = \dfrac{}{\sqrt{2x + 1}}$ $f''(x) = \dfrac{}{(2x + 1)^{\frac{3}{2}}}$

b) Ordnen Sie den x-Werten die passende Eigenschaft zu.

| Extremstelle | Nullstelle | Wendestelle |

| x = 1 | x = −0,6 | x = 0 | x ≈ −0,36 | x ≈ 0,56 | x = −0,5 |

c) Begründen Sie, weshalb ein x-Wert übrig bleibt.

_____
_____
_____
_____

3 Ordnen Sie den Funktionstermen jeweils eine der Funktionsbezeichnungen f, f'', g bzw. g' zu.

| $f'(x) = \frac{3 \cdot x + 3}{2 \cdot \sqrt{x}}$ | $g''(x) = \frac{0,75 \cdot x + 3}{(x + 3) \cdot \sqrt{x + 3}}$ | $= \frac{3 \cdot x - 3}{4 \cdot x \cdot \sqrt{x}}$ |

| $= x \cdot \sqrt{x + 3}$ | $= \frac{1,5 \cdot x + 3}{\sqrt{x + 3}}$ | $= (x + 3) \cdot \sqrt{x}$ |

Exponentialfunktionen und weitere Funktionsklassen 8

Weiterführende Aufgaben

4 Gegeben ist die Funktion f mit $f(x) = x^2 \cdot \sqrt{4 - x^2}$.

a) Beurteilen Sie, ob die folgende Aussagen über f die Funktion f und ihren Graphen G_f korrekt sind.
Korrigieren Sie falsche Aussagen.

Aussage	wahr/falsch	Korrektur
$f'(x) = \dfrac{8x - 3x^3}{\sqrt{4 - x^2}}$		
$f''(x) = \dfrac{6x^4 - 36x^2 + 32}{(4 - x^2)^{\frac{3}{2}}}$		
Definitionsbereich von f': $x \in \mathbb{R}; -2 \leq x \leq 2$		
G_f ist symmetrisch zur y-Achse.		
Alle Extremstellen: $x = \pm\dfrac{2\sqrt{6}}{3}$		
G_f hat Wendepunkte bei $x \approx \pm 2{,}22$ und $x \approx \pm 1{,}04$.		

b) Ergänzen Sie die Tabelle der Funktionswerte von f und zeichnen Sie den Graphen G_f.

x	f(x)
	0
$\pm\dfrac{2\sqrt{6}}{3} \approx 1{,}63$	
± 1	
$\pm\dfrac{1}{2}$	

5 Gegeben ist die Funktion f_a mit $f_a(x) = 5 \cdot \sqrt{x^2 - a} \cdot e^{-x^2}$ mit dem reellen Parameter a.

a) Untersuchen Sie, wie bei f_a der Definitionsbereich von a abhängt.

b) Beschreiben Sie, welche Schlüsse sich aus dem Term von $f'_a(x)$ (siehe Abbildung) hinsichtlich der Anzahl möglicher Extremstellen von f_a in Abhängigkeit von a ziehen lassen.

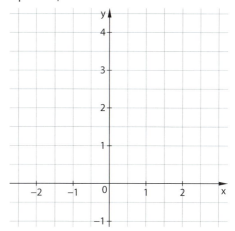

8 Test – Exponentialfunktionen und weitere Funktionsklassen

1 Kreuzen Sie Zutreffendes an. Rechnen Sie, wenn nötig, auf einem zusätzlichen Blatt.

a) $f(x) = e^{-4x+5} - 3$ ☐ $f'(x) = 5e^{-4x+5}$ ☐ $f'(x) = -4e^{-4x+5}$ ☐ $f''(x) = 16e^{-4x+5}$

b) $f(x) = (2x-1)^3$ ☐ $f''(x) = 12(2x-1)$ ☐ $f'(x) = 3(2x-1)^2$ ☐ $f'(x) = 6(2x-1)^2$

c) $f(x) = \sqrt{3x}$ ☐ $f'(x) = \frac{3}{2\sqrt{3x}}$ ☐ $f'(x) = \frac{3}{\sqrt{3x}}$ ☐ $f''(x) = \frac{1}{2\sqrt{3x}}$

d) $f(x) = x^5 + \sqrt{x}$ ☐ $f'(x) = 5x^4 + \frac{1}{2\sqrt{x}}$ ☐ $f''(x) = 20x^3 - \frac{1}{4\sqrt{x^3}}$ ☐ $f'(x) = \frac{5x^4}{2\sqrt{x}}$

e) $f(x) = (-x^2 - 2)^2$ ☐ $f''(x) = 12x^2 + 8$ ☐ $f'(x) = 4x^3 + 8x$ ☐ $f'(x) = -4x \cdot (-x^2 - 2)$

f) $f(x) = \sqrt{(x^2+3)}$ ☐ $f'(x) = \frac{x^2}{2\sqrt{x^2+3}}$ ☐ $f'(x) = \frac{x}{\sqrt{x^2+3}}$ ☐ $f''(x) = 2x \cdot \sqrt{x^2+3}$

g) $f(x) = e^x + e^{-x^3}$ ☐ $f''(x) = e^x - e^{-x^3}$ ☐ $f'(x) = e^x - 3e^{-x^3}$ ☐ $f'(x) = e^x - 3x^2 e^{-x^3}$

h) $f(x) = 3e^{x^3 - x}$ ☐ $f'(x) = 9x^2 \cdot e^{x^3 - x}$ ☐ $f'(x) = 3x \cdot e^{x^3 - x}$ ☐ $f'(x) = (9x^2 - 3) \cdot e^{x^3 - x}$

i) $f(x) = \frac{1}{4x^2 - 5x}$ ☐ $f'(x) = -\frac{8x-5}{(4x^2-5x)^2}$ ☐ $f'(x) = \frac{8x-5}{4x^2-5x}$ ☐ $f'(x) = (5-8x)(4x^2-5x)^{-2}$

2 Vervollständigen Sie die Gleichungen.

a) $\ln(a \cdot c) = \ln(a) \;\underline{}\; \ln(c)$ b) $e^{\ln(a)} + \ln(\underline{}) = a$ c) $\ln(a^r) - \ln(\underline{}) = \underline{} \ln(a) - 1$ d) $\ln\left(\frac{a}{c}\right) = \ln(a) \underline{}$

3 Kreuzen Sie alle wahren Aussagen über Exponentialfunktionen der Form $f(x) = c \cdot e^{a \cdot x + b}$, $c > 0$ an.

☐ f ist streng monoton fallend für $a < 0$.   ☐ $(0 \mid c)$ liegt auf dem Graphen von f.

☐ f hat die Nullstelle $-\frac{b}{a}$.   ☐ $\left(-\frac{b}{a} \mid c\right)$ liegt auf dem Graphen von f.

☐ f hat den Wertebereich $W = \mathbb{R}^{>0}$.   ☐ $(0 \mid b)$ liegt auf dem Graphen von f.

4 Kreuzen Sie alle richtig angegebenen Werte an. Zusatzaufgabe: Korrigieren Sie falsche Werte.

a) $f(x) = 2^x$ ☐ $f(1) = 4$ ☐ $f(10) = 1024$ ☐ $f(0,1) \approx 2{,}07$

b) $f(x) = e^x$ ☐ $f(1) \approx 2$ ☐ $f(10) \approx 22026$ ☐ $f(0,1) \approx 2{,}1$

c) $f(x) = e^{3x+5}$ ☐ $f(1) \approx 2981$ ☐ $f(2) \approx 598$ ☐ $f(0,1) \approx 200$

d) $f(x) = 5 \cdot e^{7x-2}$ ☐ $f(1) \approx 742$ ☐ $f(0) \approx 0{,}68$ ☐ $f(0,1) \approx 3{,}4$

5 Stellen Sie nach x um.

a) $6 \cdot e^x = 3$

b) $5 \cdot e^{7x-2} = 30$

c) $x^2 \cdot e^{2x} + 36 \cdot e^{2x} = 12x \cdot e^{2x}$

d) $e^{8x} - 4 \cdot e^{4x} + 3 = 0$

6 Kreuzen Sie alle wahren Aussagen an.

☐ Die Wachstumsgeschwindigkeit eines exponentiellen Wachstums ist proportional zum Bestand.

☐ Die Wachstumsgeschwindigkeit eines exponentiellen Wachstums ist selbst nicht exponentiell.

☐ Für $f(x) = a \cdot e^{k \cdot t}$ gilt: $f'(x) = k \cdot f(t)$.

☐ Für $f(x) = a \cdot e^{k \cdot t}$ gilt: $f'(x) = a \cdot k \cdot e^{k \cdot t}$.

7 Gesucht ist der Extrempunkt des Graphen der Funktion f mit $f(x) = e^x - e \cdot x$.

$f'(x) = \underline{}$ $f''(x) = \underline{}$

Nullstelle(n) von f': $f'(x) = 0$ _____

Hinreichende Bedingung: $f'() = 0$ und $f''() = \underline{}$, also hat f an der Stelle _____

8 Das Bevölkerungswachstum eines Landes verläuft über einen gewissen Zeitraum exponentiell: $f(t) = 12{,}7 \cdot e^{0{,}0149 \cdot t}$.
Dabei gibt t die Zeit in Jahren und f(t) die Bevölkerungszahl in Millionen an.

a) Berechnen Sie, um wie viel Prozent die Bevölkerung pro Jahr zunimmt.

b) Berechnen Sie, nach wie vielen Jahren die Bevölkerungszahl auf ca. 15 Millionen angestiegen ist.

c) Berechnen Sie die Wachstumsgeschwindigkeit der Bevölkerung nach 10 Jahren.

d) Tatsächlich ist die Bevölkerung nach 10 Jahren auf 18,3 Millionen angewachsen.
Geben Sie die Wachstumsfunktion für den Fall an, das dieses Wachstum exponentiell verlaufen ist.

9 Bestimmen Sie die Extrem- und Wendestellen der Funktion f mit $f(x) = 2 \cdot (x-1)^2 \cdot e^{-0{,}5 \cdot x}$.
Sie können die Ableitungen ohne Nachweis verwenden (oder selbst bestimmen und vergleichen).
$f'(x) = (x-1) \cdot (5-x) \cdot e^{-0{,}5 \cdot x}$; $f''(x) = \frac{1}{2} \cdot (x^2 - 10x + 17) \cdot e^{-0{,}5 \cdot x}$; $f'''(x) = -\frac{1}{4} \cdot (x^2 - 14x + 37) \cdot e^{-0{,}5 \cdot x}$

Extremstellen: f'( ) = 0 und f''( ) = _____

f'( ) = _____

Notwendige Bedingung für eine Wendestelle: _____

10 In toten Organismen wird der Anteil am radioaktiven Kohlenstoffisotop ^{14}C, der in lebenden Organismen nahezu konstant ist, mit einer Halbwertzeit von 5730 Jahren abgebaut.
Der Rest an ^{14}C wird durch die Funktion f mit $f(t) = 100 \cdot e^{-k \cdot t}$ beschrieben (t in Jahren und f(t) in Prozent).

a) Zeigen Sie, dass der Wert der Wachstumskonstante $k \approx 0{,}000121$ ist.
f(5730) = 50, also ist

b) Im Schwarzlaichmoor bei Peiting in Oberbayern wurde ein Sarg mit der gut erhaltenen Moorleiche einer etwa 25-jährigen Frau gefunden. Bei der Untersuchung des Sarges ergab sich, dass noch ca. 90 % der ^{14}C-Atome vorhanden waren. Bestimmen Sie einen Näherungswert für das Alter.

c) In der Höhle von Lascaux in Frankreich wurden Höhlenmalereien gefunden. Ein Kunsthistoriker stellt auf Grund stilistischer Vergleiche die These auf, dass die Höhlenmalereien ca. 10 000 Jahre alt sind.
Berechnen Sie, wie viel Prozent der ursprünglichen ^{14}C-Atome nach dieser These in einer Materialprobe noch vorhanden sein müssten.

d) Bei einer Gewebeprobe aus dem Turiner Grabtuch wurde ein Gehalt von 92 % der ursprünglichen ^{14}C-Atome festgestellt. Wie alt ist diese Gewebeprobe?

Notizen